(a) 原图像　　　　　　　　(b) 直方图均衡化结果

图 1.7　直方图均衡化处理

(a) 原图像　　　　　　　　(b) 伪彩色图像增强结果

图 1.8　伪彩色图像处理

图 1.11　图像逻辑运算及模板运算的结果

(a) 原始图像 (b) 图像分割结果

图 1.17　图像分割示例

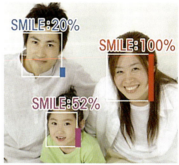

图 1.18　多目标图像识别示例

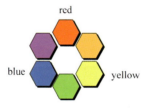

图 2.7　色料配色基本规律

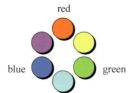
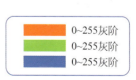

图 2.8　光色配色规律

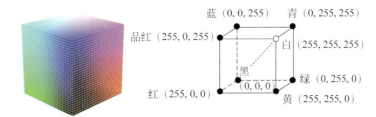

图 2.9 RGB 颜色模型

(a) 真彩色图像　　(b) 红色通道分量图像

(c) 绿色通道分量图像　　(d) 蓝色通道分量图像

图 2.10 RGB 三通道图像显示

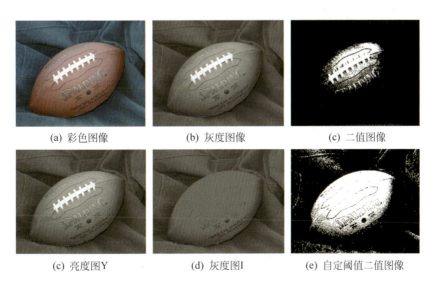

(a) 彩色图像　　(b) 灰度图像　　(c) 二值图像

(c) 亮度图Y　　(d) 灰度图I　　(e) 自定阈值二值图像

图 2.30 不同类型图像间的转换

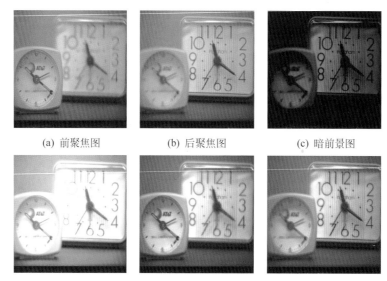

图 3.1 图像加法运算示例

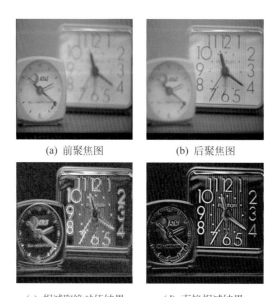

图 3.2 图像减法运算示例

(a) 背景图　　　　　　　(b) 模板　　　　　　　(c) 相乘结果

图 3.3　图像乘法运算示例

(a) 背景图　　　　　　　(b) 模板　　　　　　　(c) 相除结果

图 3.4　图像除法运算示例

(a) 原图　　　　　　　　(b) 模板　　　　　　　(c) 求反

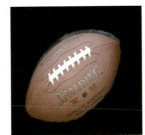  

(d) 相与　　　　　　　　(e) 相或　　　　　　　(f) 异或

图 3.5　逻辑运算结果

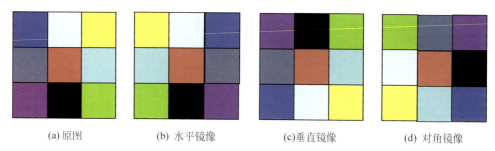

(a) 原图　　　(b) 水平镜像　　　(c) 垂直镜像　　　(d) 对角镜像

图 3.19　图像镜像变换示意图

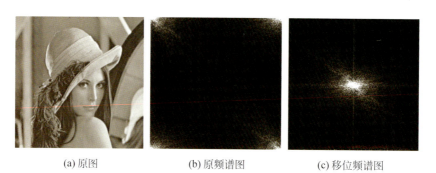

(a) 原图　　　(b) 原频谱图　　　(c) 移位频谱图

图 4.6　离散傅里叶变换频谱图

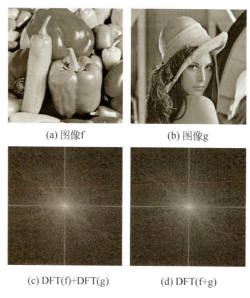

(a) 图像f　　　(b) 图像g

(c) DFT(f)+DFT(g)　　　(d) DFT(f+g)

图 4.7　傅里叶变换线性变换性质示意图

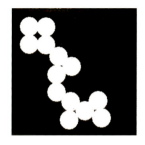  

(a) 原图　　　　　(b) 用fft2实现二维离散傅里叶变换　　　(c) 用fft实现二维离散傅里叶变换

图 4.9　验证二维离散傅里叶变换可分离为两个一维离散傅里叶变换

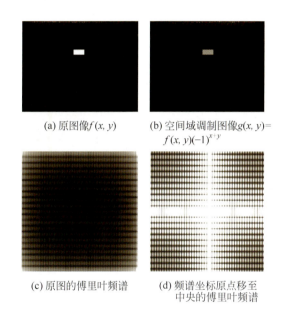

(a) 原图像 $f(x,y)$　　　(b) 空间域调制图像 $g(x,y)=f(x,y)(-1)^{x+y}$

(c) 原图的傅里叶频谱　　　(d) 频谱坐标原点移至中央的傅里叶频谱

图 4.10　单缝图像傅里叶变换的平移特性

(a) 原图　　　　　(b) 一级分解　　　　　(c) 一级重构

图 4.25　cameraman 图像的一级分解及重构程序运行结果

(a) 原图　　　　　　(b) 二级分解　　　　　　(c) 二级重构

图 4.26　cameraman 图像的二级分解及重构程序运行结果

(a) 原图　　　　(b) 两个模板边缘检测　　(c) 八个模板边缘检测

(d) 两个模板边缘锐化　　(e) 八个模板边缘锐化

图 5.50　MATLAB 编程实现模板边缘锐化

(a) 原始图像　　　　　　(b) 梯形高通滤波图像

图 5.61　梯形高通滤波结果

(a) 原始图像　　　　　　　　(b) 同态滤波图像

图 5.64　同态滤波增强效果示意图

(a) 原图　　　　　　(b) 估计光照分量　　　　(c) 单尺度Retinex增强量

图 5.65　单尺度 Retinex 图像增强

(a) 原始图像　　　　　　　　(b) 密度分割的伪色彩图像增强

图 5.68　密度分割处理结果

(a) 0°、30°、60°和90°方向运动20个像素产生的模糊图像

(b) 0°、30°、60°和90°方向运动20个像素产生的模糊图像频谱图

(c) 90°方向运动5、20、40、80个像素产生的模糊图像频谱图

图 6.3　运动模糊图像与其频谱特点

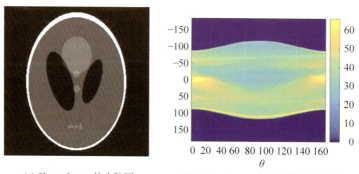

(a) Shepp-Logan的大脑图　　　(b) Shepp-Logan大脑图的Radon变换

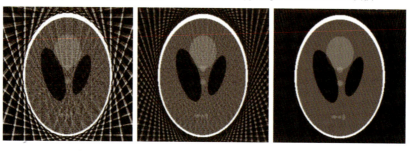

(c) R1重构图像　　　(d) R2重构图像　　　(e) R3重构图像

图 6.13　Radon 的逆变换重构图像

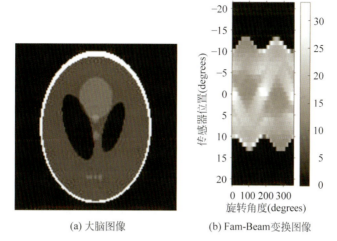

(a) 大脑图像 (b) Fam-Beam变换图像

图 6.16　图像的 Fan-Beam 变换效果

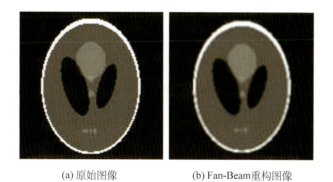

(a) 原始图像 (b) Fan-Beam重构图像

图 6.17　Fan-Beam 重构效果

(a) 原图像　　　(b) 梯度算子检测结果　　(c) Roberts算子检测结果

(d) Sobel算子检测结果　　(e) Prewitt算子检测结果

(f) Laplacian算子检测结果　　(g) Canny算子检测结果

图 8.6　6种边缘检测算子边缘提取示例

21世纪高等学校数字媒体专业系列教材

数字图像处理 MATLAB版

朱福珍 ◎ 编著

清华大学出版社
北京

内 容 简 介

本书是依据作者十余年从事数字图像处理教学及科学研究经验,结合本科教学和研究生培养工作需求,并参考相关经典文献编写而成。

全书共 8 章,主要介绍数字图像处理的基础内容,具体包括绪论、数字图像处理基础、图像运算与图像几何变换、图像正交变换、图像增强、图像复原与图像重建、图像压缩编码、图像分割。本书理论教学与具体实践相结合,内容清晰易懂,详略得当、代码正确可复现,并提供了大量应用实例,每章后均附有习题。

本书适合作为高等院校电子信息工程、通信工程、计算机科学与技术、自动化、电子科学与技术等相关专业本科生教材,也可作为研究生科研参考教材,同时可供图像处理、模式识别等工程技术人员参考。

本书封面贴有清华大学出版社防伪标签,无标签者不得销售。
版权所有,侵权必究。举报: 010-62782989,beiqinquan@tup.tsinghua.edu.cn。

图书在版编目(CIP)数据

数字图像处理:MATLAB 版/朱福珍编著. —北京:清华大学出版社,2023.1(2025.1重印)
21 世纪高等学校数字媒体专业系列教材
ISBN 978-7-302-61950-5

Ⅰ.①数… Ⅱ.①朱… Ⅲ.①数字图像处理-高等学校-教材 Ⅳ.①TN911.73

中国版本图书馆 CIP 数据核字(2022)第 178718 号

责任编辑:安 妮
封面设计:刘 键
责任校对:郝美丽
责任印制:刘海龙

出版发行:清华大学出版社
    网 址: https://www.tup.com.cn,https://www.wqxuetang.com
    地 址: 北京清华大学学研大厦 A 座   邮 编: 100084
    社 总 机: 010-83470000   邮 购: 010-62786544
    投稿与读者服务: 010-62776969,c-service@tup.tsinghua.edu.cn
    质量反馈: 010-62772015,zhiliang@tup.tsinghua.edu.cn
    课件下载: https://www.tup.com.cn,010-83470236
印 装 者:大厂回族自治县彩虹印刷有限公司
经 销:全国新华书店
开 本: 185mm×260mm   印 张: 17   插 页: 6   字 数: 421 千字
版 次: 2023 年 1 月第 1 版   印 次: 2025 年 1 月第 3 次印刷
印 数: 2301～3100
定 价: 59.00 元

产品编号: 093950-01

前言

数字图像处理技术是当今信息社会需求和科学研究的热点,数字图像处理课程已成为各高等院校计算机、电子信息、自动化等多个专业的一门重要专业课程。本书编者一直从事数字图像处理的教学实践及科学研究工作,完成了多项与图像处理相关的国家自然科学基金项目、校企合作等科研项目,积累了丰富的图像处理科研经验。本书编者根据本科教学和研究生培养过程中的实践经验,基于实际教学工作需求以及数字图像处理课程教学特点,编写了本书,归纳梳理了数字图像处理教学内容,兼顾基础和实践应用,既侧重图像处理经典内容,又引入了一些新的图像处理应用成果,使本书内容具有一定的深度、广度和普适性。

本书共 8 章,主要内容有绪论、数字图像处理基础、图像运算与图像几何变换、图像正交变换、图像增强、图像复原与图像重建、图像压缩编码、图像分割。本书内容循序渐进,各章节按具体内容可分为三部分:第一部分是数字图像处理基本概念,具体包括绪论、数字图像处理基础,该部分内容可以使读者对数字图像的相关基本概念有初步认识,为数字图像处理方法和应用建立必要基础;第二部分是图像处理运算方法,具体包括图像运算与图像几何变换、图像正交变换,该部分内容是后续数字图像处理具体操作和实现的工具和基础;第三部分是数字图像处理的典型研究方向,包括图像增强、图像复原与图像重建、图像压缩编码、图像分割,通过此部分内容介绍,可使读者了解数字图像处理的典型研究和应用领域,以及不同领域的相应处理方法。

黑龙江大学朱福珍教授编著全书,并负责全书的统稿、校对及修改等工作。在编写过程中得到所在"遥感图像处理课题组"研究生王晨、崔靖怡、李慧玲等同学的大力协助,在此表示感谢。同时,本书得到了黑龙江大学电子工程学院电子信息工程专业省级重点专业的大力支持,也得到了黑龙江省自然科学基金联合基金项目(PL2024F027)、黑龙江大学学位与研究生教育教学改革研究重点项目(科研素养提升导向下的研究生精品课建

设探索与实践)、黑龙江大学研究生精品课程建设项目(遥感技术及图像处理)的资助和支持,在此一并表示衷心的感谢。此外,本书还参考和引用了一些经典论文和书籍,凝集了众多前辈和青年学者的研究成果,在此对他们表示敬意和感谢。

  本书侧重基础,内容组织合理清晰、原理易懂、详略得当、代码正确可复现,相关学习配套资源完整,使读者结合具体示例更好地理解和掌握图像处理的相关知识点。数字图像处理技术实践性很强,希望读者阅读本书后,动手实践练习一下书中代码,适量做些课后习题,以更好地掌握和理解图像处理内容。根据编者多年实践教学经验,本书的教学可以安排32~48学时,如果课程设置教学学时较少,可以适当删减第5、7、8章的部分内容。如果教学条件允许,可以在教学中加入上机练习,使学生尝试完成数字图像处理的具体实验题目。

  需要补充的是,MWORKS作为新一代、自主可控的科学计算与系统建模仿真平台,已广泛应用于航天、航空、能源等行业,作为高等教育教学也要未雨绸缪,因此对本书示例补充了MWORKS平台下的程序,可在本书配套资源包中获取,供广大读者学习和参考。

  本书适合作为高等院校电子信息工程、通信工程、计算机科学与技术、自动化、电子科学与技术等相关专业本科生教材,也可作为研究生科研参考教材,同时可供图像处理、模式识别等工程技术人员参考。由于编者水平有限,书中不妥之处望广大同行和读者批评指正,编者会根据读者意见适时地对本书内容进行修订和补充。

朱福珍
2022年6月

目 录

第1章 绪论 ... 1

1.1 数字图像处理基本概念 ... 1
1.1.1 图像定义及分类 ... 1
1.1.2 数字图像处理 ... 3
1.2 数字图像处理与其他相关学科的关系 ... 3
1.3 数字图像处理方法和研究方向 ... 4
1.3.1 数字图像处理方法 ... 4
1.3.2 数字图像处理的主要研究方向 ... 7
1.4 数字图像处理技术的发展历程 ... 12
1.5 数字图像处理的应用实例 ... 14
1.6 本章小结 ... 18
习题 ... 18

第2章 数字图像处理基础 ... 19

2.1 人眼视觉系统 ... 19
2.1.1 人眼基本构造 ... 19
2.1.2 视觉过程 ... 20
2.1.3 人眼视觉特性 ... 20
2.1.4 颜色视觉 ... 22
2.1.5 立体视觉 ... 23
2.2 颜色模型 ... 24
2.2.1 颜色基础知识 ... 24
2.2.2 颜色模型 ... 25
2.3 图像的数字化 ... 31
2.3.1 采样 ... 31
2.3.2 量化 ... 32

		2.3.3 数字图像的表示及类型 ⋯⋯⋯⋯⋯⋯⋯⋯⋯⋯⋯⋯⋯⋯⋯⋯⋯⋯⋯⋯⋯⋯⋯⋯⋯⋯ 33
		2.3.4 采样、量化与数字图像质量之间的关系 ⋯⋯⋯⋯⋯⋯⋯⋯⋯⋯⋯⋯⋯⋯ 36
	2.4	数字图像的存储格式 ⋯⋯⋯⋯⋯⋯⋯⋯⋯⋯⋯⋯⋯⋯⋯⋯⋯⋯⋯⋯⋯⋯⋯⋯⋯⋯⋯⋯⋯⋯ 37

2.4 数字图像的存储格式

- 2.4.1 常见数字图像格式 ⋯ 38
- 2.4.2 BMP 位图文件 ⋯ 42
- 2.4.3 不同格式图像的使用 ⋯ 45
- 2.5 MATLAB 数字图像处理基础函数 ⋯ 46
- 2.6 本章小结 ⋯ 48
- 习题 ⋯ 49

第 3 章　图像运算与图像几何变换 ⋯ 50

- 3.1 图像的代数和逻辑运算 ⋯ 50
  - 3.1.1 图像的加法运算 ⋯ 51
  - 3.1.2 图像的减法运算 ⋯ 52
  - 3.1.3 图像的乘法运算 ⋯ 54
  - 3.1.4 图像的除法运算 ⋯ 54
  - 3.1.5 逻辑运算 ⋯ 55
- 3.2 图像的邻域运算和模板运算 ⋯ 57
  - 3.2.1 像素间的基本关系 ⋯ 57
  - 3.2.2 邻点和邻域 ⋯ 58
  - 3.2.3 邻域运算和模板运算 ⋯ 59
- 3.3 图像的几何变换 ⋯ 60
  - 3.3.1 图像几何变换的基础 ⋯ 60
  - 3.3.2 基本的图像几何变换 ⋯ 63
- 3.4 本章小结 ⋯ 73
- 习题 ⋯ 73

第 4 章　图像正交变换 ⋯ 75

- 4.1 图像的傅里叶变换 ⋯ 75
  - 4.1.1 一维傅里叶变换 ⋯ 76
  - 4.1.2 二维傅里叶变换 ⋯ 78
  - 4.1.3 傅里叶变换的性质 ⋯ 80
  - 4.1.4 离散傅里叶变换的应用 ⋯ 86
- 4.2 图像的离散余弦变换 ⋯ 88
  - 4.2.1 一维离散余弦变换 ⋯ 88
  - 4.2.2 二维离散余弦变换 ⋯ 89
  - 4.2.3 离散余弦变换的应用 ⋯ 90
- 4.3 图像的 K-L 变换 ⋯ 92
  - 4.3.1 基本概念 ⋯ 92

  4.3.2 K-L 变换的应用 ································· 93

 4.4 图像的小波变换 ······································· 95

  4.4.1 离散小波变换 ··································· 96

  4.4.2 二维小波变换 ··································· 97

 4.5 沃尔什-哈达玛变换 ··································· 100

  4.5.1 沃尔什变换 ····································· 101

  4.5.2 哈达玛变换 ····································· 104

 4.6 本章小结 ··· 105

习题 ·· 106

第 5 章　图像增强 ··· 107

 5.1 基于灰度级变换的图像增强 ··························· 107

  5.1.1 线性灰度级变换 ································· 107

  5.1.2 非线性灰度级变换 ······························· 112

  5.1.3 直方图修正增强 ································· 114

 5.2 图像平滑 ··· 124

  5.2.1 图像中的噪声 ··································· 125

  5.2.2 空间域平滑滤波 ································· 127

  5.2.3 频率域平滑滤波 ································· 137

 5.3 图像锐化 ··· 145

  5.3.1 图像的边缘 ····································· 145

  5.3.2 微分算子与边缘检测 ····························· 146

  5.3.3 频率域锐化增强 ································· 155

 5.4 基于照度-反射模型的图像增强 ························ 160

  5.4.1 基于同态滤波的增强 ····························· 160

  5.4.2 基于 Retinex 理论的增强 ························· 163

 5.5 彩色图像增强 ··· 166

  5.5.1 彩色图像 ······································· 166

  5.5.2 伪彩色图像增强 ································· 167

  5.5.3 真彩图像增强 ··································· 172

 5.6 本章小结 ··· 174

习题 ·· 174

第 6 章　图像复原与图像重建 ······························· 176

 6.1 图像退化的数学模型 ································· 176

  6.1.1 图像降质因素 ··································· 177

  6.1.2 图像退化模型 ··································· 177

 6.2 图像退化模型的估计 ································· 179

  6.2.1 基于模型的估计方法 ····························· 179

             6.2.2 基于退化图像特性的估计法 ……………………… 182
　　6.3 图像复原的代数方法 …………………………………… 183
             6.3.1 图像的无约束复原 ………………………………… 183
             6.3.2 图像的有约束复原 ………………………………… 186
             6.3.3 盲解卷积复原 …………………………………… 193
　　6.4 图像重建 ……………………………………………… 195
             6.4.1 投影重建图像背景 ………………………………… 195
             6.4.2 基于 Radon 变换的图像重建 ……………………… 196
             6.4.3 基于 Fan-Beam 投影的图像重建 …………………… 200
　　6.5 本章小结 ……………………………………………… 204
　　习题 ……………………………………………………… 204

第 7 章　图像压缩编码 ………………………………………… 205

　　7.1 图像编码的基本理论 …………………………………… 205
             7.1.1 图像数据的冗余 …………………………………… 205
             7.1.2 图像压缩的可能性 ………………………………… 206
             7.1.3 图像压缩的性能评价 ……………………………… 207
             7.1.4 图像编码方法的分类 ……………………………… 208
             7.1.5 图像编码术语 …………………………………… 209
　　7.2 图像的无损压缩编码 …………………………………… 209
             7.2.1 无损压缩编码理论基础 …………………………… 209
             7.2.2 霍夫曼编码 ……………………………………… 210
             7.2.3 算术编码 ………………………………………… 215
             7.2.4 游程编码 ………………………………………… 218
             7.2.5 LZW 编码 ……………………………………… 220
　　7.3 图像的有损压缩编码 …………………………………… 221
             7.3.1 有损预测编码 …………………………………… 222
             7.3.2 变换编码 ………………………………………… 223
　　7.4 JPEG 编码压缩 ………………………………………… 224
             7.4.1 JPEG 编码方法 ………………………………… 225
             7.4.2 JPEG2000 ……………………………………… 227
　　7.5 本章小结 ……………………………………………… 228
　　习题 ……………………………………………………… 228

第 8 章　图像分割 ……………………………………………… 230

　　8.1 阈值分割法 …………………………………………… 231
             8.1.1 直方图阈值选择法 ………………………………… 231
             8.1.2 迭代阈值法 ……………………………………… 234
             8.1.3 全局阈值法 ……………………………………… 235

  8.1.4 最大方差阈值法 ·· 236
 8.2 边缘检测分割法 ·· 238
 8.3 基于数学形态学的图像分割法 ·································· 240
  8.3.1 形态学基础 ·· 240
  8.3.2 二值形态学基础 ·· 241
  8.3.3 二值形态学图像分割 ···································· 248
  8.3.4 形态学分水岭图像分割 ·································· 249
 8.4 区域分割法 ·· 253
  8.4.1 区域生长 ·· 253
  8.4.2 区域分裂与合并 ·· 256
 8.5 本章小结 ·· 258
 习题 ·· 258

参考文献 ·· 260

第1章 绪论

"百闻不如一见""耳闻不如目见""一目了然"等俗语都反映了图像在信息传递过程中具有的重要作用。据统计在人类所获得的信息中,视觉信息占据了75%左右,而其余的部分是听觉信息、味觉信息、触觉信息和嗅觉信息等。相比于文字,图片为用户提供的信息更加生动有趣、容易理解、更具艺术感。从图片来源来看,多种多样的数字电子设备(如数码相机、智能手机、摄像机等)能够很方便地获取并分享图片,能够提供高清图片的广播级摄像机在影视产业也是不可或缺的。除了各式各样的消费级相机,还有各种针对专业领域(如汽车、安防及医学内窥仪器等)的相机。有的相机不仅能够捕获可见光,而且能够通过捕获红外光来可视化热能分布进行热成像,同样也有能够进行紫外线或X光成像的相机。还有成像给机器用的相机,如自动驾驶、机器视觉所用的相机等。可见,在科技发达的今天,图像已经成为人们日常生产生活获取信息不可或缺的重要手段。

在实际应用中,获取的图像往往存在一定程度的噪声、模糊等,因此需要对图像进行一系列的操作和处理,以达到预期的实用效果,因此,数字图像处理技术应运而生。数字图像处理技术自20世纪60年代开始作为一门学科,一直到现在依然是前沿、热门的研究领域,随着人工智能、无人驾驶、深度学习等技术的发展和应用,再次掀起了图像处理技术的研究热潮,图像处理已广泛应用于工业、农业、医学、遥感、计算机视觉、人工智能、军事目标打击、娱乐等民用、军用的各个领域中。

1.1 数字图像处理基本概念

1.1.1 图像定义及分类

图像在英语词典中与三个词有关,即 picture、image 和 pattern,通常用 image 描述。图像有多种定义,"图""像"分离时定义为:"图"是物体投射或反射光的分布;"像"是人的视觉系统对"图"在大脑中形成的印象或反映。根据电磁波能量定义,图像是客观世界能量或状态以可视化形式在二维平面上的投影。依据 2005 年 Gonzalez 的定义,图像是对客观对象的一种相似性的描述和写真,包含了被描述或写真对象的信息。因此,可以说图像是各种图形和影像的总称,是对客观存在物体的一种相似性的、生动的写真或描述,是人类获取信息、表达信息和传递信息的重要手段。图 1.1 给出了不同成像设备的典型图像。

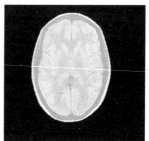

(a) 光学图像Lena　　　　　　(b) 大脑断层图像

(c) 卫星光学图像　　　　　　(d) 雷达（SAR）图像

图 1.1　不同成像设备的数字图像示例

图像的种类如图 1.2 所示。根据人眼视觉特性可分为可见图像、不可见物理图像和数学函数图像，其中可见图像是采用透镜、光栅、全息技术等产生的光学图像，包括图片、照片、图、画等；不可见物理图像包括不可见光成像（如红外图像、微波图像、X 光图像等）和不可见测量值（如温度、湿度、压力等）的分布图像。

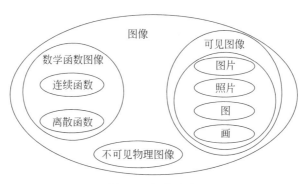

图 1.2　图像种类

人类的感知能力仅限于电磁波谱的可见光波段（400～700nm）范围，成像机器则可覆盖几乎全部电磁波谱，从 γ 射线到无线电波。图 1.3 是电磁波谱图。电磁波谱按照波长递增频率递减的顺序可以划分为 γ 射线、X 射线、紫外线、可见光、红外线、微波和无线电波。不同波长的电磁波特性差别很大，但也有共同性。

按照图像所含波段数可分为单波段图像、多波段图像和超波段图像。单波段图像每个点只有一个亮度值；多波段图像每个点具有多个亮度值，如彩色图像上的每个点具有红、绿、蓝三个亮度值；超波段图像每个点具有几十或几百个亮度值，是在同一时间以几

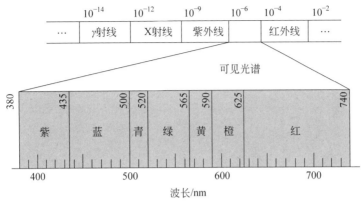

图 1.3 电磁波谱

十或几百个波长拍摄的图像的集合。

按图像空间坐标和亮度的连续性可以分为模拟图像和数字图像。模拟图像指空间坐标和亮度都连续变化的图像；数字图像指空间坐标和亮度均为离散的整数表示的图像。

按图像是否随时间变化，可以分为静止图像和活动图像，静止图像如照片、图片等；活动图像如电影、动画、各种视频画面等。

1.1.2 数字图像处理

图像处理指对图像信息进行加工处理，以满足人的视觉心理和实际应用的要求，可分为模拟图像处理和数字图像处理。模拟图像处理是利用光学、照相等方法对模拟图像进行光学图像处理的方法。这种光学图像处理技术已经日臻完善，且并行速度快、信息容量大、分辨率高，但也存在着精度低、稳定性差、操作不便等问题，一定程度上阻碍了光学模拟图像处理方法的研究。随着计算机的普及和数字信号处理技术的发展，数字图像处理技术应运而生，数字图像处理又称为计算机图像处理，指利用计算机对数字图像进行一系列操作，达到某种预期的使用目的。

1.2　数字图像处理与其他相关学科的关系

数字图像处理是一门新的交叉学科，它涉及数学、物理学、生理学、心理学、电子学、计算机科学等学科。研究范围上，它与模式识别、计算机视觉、计算机图形学等既有联系又有区别。

数字图像处理与相关学科的联系如图 1.4 所示。根据抽象程度的不同，数字图像处理可分为三个层次：狭义图像处理、图像分析和图像理解。随着抽象程度的提高，处理的数据量逐渐减少。

狭义图像处理是一种图像到图像的过程，指对图像进行一系列的操作，以改善图像

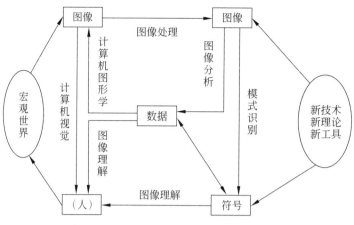

图1.4 数字图像处理与相关学科的联系

的视觉效果或对图像进行压缩编码,以便存储和传输。狭义图像处理属于图像处理最底层的操作,主要在像素级上进行操作,处理数据量大。

图像分析是从图像到数据或符号的过程,指对图像中感兴趣的目标进行检测和测量,建立起对目标的描述过程。图像分析属于图像处理的中层操作,把原来以像素形式构成的图像转变成简洁的、非图像形式的描述。

图像理解则是在图像分析的基础上,采用人工智能技术和认知理论研究图像中各目标的性质和它们之间的相互联系,理解图像内容的含义并对客观场景加以解译,以指导和规划行动。图像理解属于图像处理的高层操作,是对描述中抽象出来的符号进行推理,处理过程和方法与人类的思维类似。

数字图像处理的三个层次与计算机图形学、模式识别、计算机视觉等学科联系紧密。图形学研究用图形、图表、绘图等形式表达数据信息。计算机图形学(computer graphics,CG)研究如何利用计算机技术由非图像形式的数据生成图像;计算机图形学与图像分析相比,二者处理对象和输出结果恰好相反。模式识别是通过计算机用数学技术方法来研究模式的自动处理和判读,把图像抽象成符号描述的类别;计算机视觉是研究如何使机器"看"的科学,指用摄影机和计算机代替人眼对目标进行识别、跟踪和测量等,并做进一步处理,使其成为更适合人眼观察或传送给仪器检测的图像。

可见,以上学科相互交叉、相互联系,各有侧重但又互为补充,相互之间没有绝对的界限。近年来,随着人工智能、自动驾驶、机器学习、深度学习、遗传算法等新技术、新理论的发展,以上学科发展迅速、成果卓越。

1.3 数字图像处理方法和研究方向

1.3.1 数字图像处理方法

数字图像处理的方法根据不同的分类标准可以得到不同的分类结果。常见的分类方法是根据所处理内容的作用域不同,将数字图像处理方法分为空间域图像处理方法和变换域图像处理方法。

1. 空间域图像处理方法

空间域图像处理方法指直接对数字图像的像素进行处理，是一种像素级上的操作。空间域图像处理方法主要分为两大类：邻域处理法和点处理法。

邻域处理法是一种常见的图像运算方法，输出图像的每一个像素由对应输入图像中的像素及其某个邻域像素共同决定。邻域处理法通常取一个模板，然后平移这个模板，每次平移都进行一次计算，将计算的结果赋给模板中心的像素代替其原来的值。邻域处理法实际就是卷积相关的运算，用信号分析的观点就是滤波。常见的邻域处理法有均值滤波、中值滤波等，中值滤波去噪声处理效果如图 1.5 所示。还有一些模板可以用于图像的边缘检测，较常用的边缘检测算子如 Sobel 算子、Roberts 算子、Prewitt 算子等，其中 Sobel 算子图像边缘提取处理效果如图 1.6 所示。

(a) 原图像　　　　　　(b) 中值滤波结果

图 1.5　中值滤波去噪声处理效果

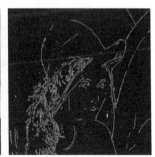

(a) 原图像　　　　　　(b) 边缘提取结果

图 1.6　Sobel 算子图像边缘提取

点处理法是作用于单个像素的空间域处理方法，主要包括图像灰度变换法、直方图处理法、伪彩色图像处理法等技术。图像灰度变换法是将每一个像素的灰度值按照一定的数学变换公式转换为一个新的灰度值，达到增强图像的效果。其变换公式通常包括线性变换、对数变换、指数变换、分段线性变换等。在直方图处理法中，常用的是直方图均衡化和直方图规定化。其中，直方图均衡化是将原图像的直方图通过变换函数校正为均匀直方图，然后按校正后的均匀直方图修正原图像，使每个灰度级都具有近似相同的频率，直方图均衡化图像增强效果如图 1.7 所示。伪彩色图像处理指将灰度图像的灰度级变换为彩色,以便于提高人眼对图像的细节分辨能力,达到图像增强的目的。将单色映射为彩色的方法很多,最常用的是密度分割法,将不同的灰度级范围人为地赋予不同的颜色,最终产生一幅伪彩色图像,如图1.8所示。

(a) 原图像　　　　　　　　(b) 直方图均衡化结果

图1.7　直方图均衡化处理

(a) 原图像　　　　　　　　(b) 伪彩色图像增强结果

图1.8　伪彩色图像处理

2. 变换域图像处理方法

变换域图像处理方法是将图像像素通过正交变换的方法变换到变换域,得到变换域系数,然后对变换域系数进行处理和操作,再将处理后的变换域系数反变换回空间域,得到最终的图像处理结果。常用的正交变换有离散傅里叶变换、离散余弦变换、小波变换、沃尔什变换等。变换域图像处理方法主要用于与图像频率有关的处理中,如图像恢复、图像重建、边缘增强、图像锐化、图像平滑、噪声抑制、频谱分析、纹理分析等。完整的基于傅里叶变换的低通滤波去除高斯噪声效果如图1.9所示。

(a) 含高斯噪声图像　　　　(b) 傅里叶频谱　　　　(c) 低通滤波结果

图1.9　基于傅里叶变换的低通滤波去除高斯噪声效果图

1.3.2 数字图像处理的主要研究方向

随着图像获取设备和图像显示设备成本的降低和普及，低成本的数字图像处理技术得以广泛应用，数字图像处理的研究方向不断深入和扩展，主要研究方向如下。

1. 图像运算与变换

图像运算指对图像中的所有像素进行的操作，运算结果是一幅与原来参与运算图像灰度分布不同的新图像，通过改变像素的值来得到图像增强的效果。图像运算主要包括图像算术运算、逻辑运算、邻域和模板运算等。两幅图像间的算术运算示例如图 1.10 所示，逻辑运算及模板运算的结果如图 1.11 所示。

(a) 前聚焦图　　　　　(b) 后聚焦图　　　　　(c) 直接相减结果

图 1.10　图像算术运算的结果

图 1.11　图像逻辑运算及模板运算的结果

图像变换是图像处理和图像分析的一个重要分支，也是图像特征提取的重要手段，主要包括图像几何变换和图像频率域变换。图像几何变换包括空间位置变换和图像形状变换,图1.12给出了图像插值变换的示例。图像频率域变换常见的有傅里叶变换、离散余弦变换、小波变换等,图1.13给出了图像傅里叶变换的幅度谱和相位谱的示例。

(a) 原图像　　　　　　(b) 2倍插值运算结果

图 1.12　图像插值变换

(a) 原图像　　　　(b) 图像的幅度谱　　　　(c) 图像的相位谱

图 1.13　图像傅里叶变换的幅度谱和相位谱示例

2. 图像增强

图像增强的目的是提高图像的视觉质量,如去除噪声、提高清晰度等。图像增强不考虑图像降质的原因,主要是突出图像中所感兴趣的部分,减弱或去除图像中的无用信息。图像增强大致可分为空间域增强和频率域增强两大类。典型的空间域增强算法有均值滤波法和中值滤波法等;典型的频率域增强算法有低通、高通、带通、带阻等滤波增强算法。图像频率域增强算法如强化图像高频分量,可使图像中物体轮廓和细节更加清晰;如强调低频分量可减少图像中噪声影响。图像增强效果示例如图1.14所示。

(a) 原图像　　　　　　(b) 图像增强效果

图 1.14　图像增强示例

3. 图像复原

图像复原也是为了改善图像的视觉质量,这一点与图像增强相似,但与其不同的是,图像复原需要考虑图像降质过程,根据退化过程的先验知识建立"退化模型",再针对退化过程,采取相应的技术手段按照图像退化的逆过程进行处理,尽量恢复或重建原图像。因此,图像增强是一个主观的过程,而图像复原却是一个客观过程。含有周期噪声、几何形变、运动模糊的图像复原示例如图 1.15 所示。

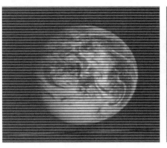

(a) 周期噪声图像及其复原结果图像

(b) 几何形变图像及其复原结果图像

(c) 运动模糊图像及其复原结果图像

图 1.15 图像复原示例

4. 图像编码与压缩

图像编码与压缩以信息论为基础,目的是更好地消除冗余数据,以更少的数据量描述图像信息或近似描述图像信息,进而节省图像存储的空间、降低图像传输的时间。图像编码与压缩很大程度上降低了图像的数据量,同时又不影响人们肉眼的观察效果。根据编码方法作用域不同,图像编码分为空间域编码和变换域编码两大类。图 1.16 所示是图像编码与压缩的典型应用示例,压缩前图像的大小为 256KB,而压缩后的图像大小变为 21KB,压缩比为 12∶1。在不太影响人对图像的内容理解的同时可以大大降低存储空间、提高传输效率。因此,图像压缩与编码技术的研究在信息化、网络化普及的今天将大有用武之地。

(a) 未压缩图像(256KB)　(b) 压缩图像(21KB,压缩比12:1)　(c) 压缩图像(6KB,压缩比43:1)

图 1.16　图像编码与压缩示例

5. 图像分割

图像分割是把图像分成若干个特定的、具有独特性质的区域并提取出感兴趣目标的技术。图像分割可将图像中有意义的特征如物体的边缘、区域等提取出来是进行图像识别、分析和理解的基础。图像分割主要有阈值分割、区域分割、边缘检测分割等。基于阈值的分割方法指确定一个合适的阈值,将大于某阈值的像素作为物体或背景,生成一个二值图像;基于区域的分割方法指使用区域生长法和分裂合并法从图像中划分出某个物体的区域;基于边缘检测的分割方法指使用边缘检测提取技术确定图像的边缘,然后再把这些像素连接在一起就构成了区域边界。图像分割的示例如图 1.17 所示。

(a) 原始图像　　　　　　　　(b) 图像分割结果

图 1.17　图像分割示例

6. 图像检测与识别

图像检测与识别指对图像进行处理、分析和理解,进而识别各种不同模式的目标和对象的技术。其主要过程是对图像进行某些预处理(如增强、复原、压缩)后,依次进行图像分割、特征提取和判决分类。目前主要有统计模式识别、结构模式识别、模糊模式识别、神经网络图像识别等图像识别方法。多目标图像识别的应用示例如图 1.18 所示。

7. 图像融合

图像融合是通过图像处理技术将两幅或多幅图像合成一幅新的图像,该方法可以最大限度地综合各幅图像中的有利信息,提升原始图像的空间分辨率和光谱分辨率,提高

图 1.18　多目标图像识别示例

图像信息的利用率。典型的多聚焦图像融合示例如图 1.19 所示。

(a) 前聚焦图像　　　　　(b) 后聚焦图像　　　　　(c) 融合结果图像

图 1.19　图像融合示例

8. 图像超分辨

图像超分辨是在不改变成像硬件设备条件的情况下,利用软件处理的方法将单帧或多帧低分辨率图像重建为一帧高分辨率图像的技术,重建后的高分辨率图像含有更多的细节信息,视觉效果远远超过参与重建的低分辨率图像。需要注意的是,图像超分辨率一定会使图像放大,但图像的放大不一定都是图像超分辨率,例如,能实现图像放大的图像处理技术并不是图像超分辨率,图像超分辨示例如图 1.20 所示。

(a) 原始图像　　(b) 2倍超分辨重建结果图像

图 1.20　图像超分辨示例

1.4 数字图像处理技术的发展历程

数字图像处理技术最早起源于20世纪20年代，在报纸业引入 Bartlane 电缆图片传输系统，图像第一次通过海底电缆横跨大西洋从伦敦送往纽约，传送一幅图片所需要的时间从一个多星期减少到3个小时。电缆在传输图片时，首先对图片进行编码，然后在接收端用特殊的打印设备重构该图片。图1.21就是使用这种方法传送并使用电报打印机通过字符模拟中间色调而还原出来的图像。这个应用中已经包含了数字图像处理的知识，但还称不上真正意义的数字图像处理，因为它没有涉及计算机处理。

图1.21 电报打印机打印的数字图像

1921年底，采用电报打印机打印图像的方法被彻底淘汰了，出现了一种基于光学还原的技术，该技术在电报的接收端使用穿孔纸带打印出图片。图1.22就是利用这种方法得到的数字图像，可以看出图1.22相对于图1.21，在图像色调和分辨率上具有明显的改进。而在1929年，图像编码的灰度等级从早期的5个灰度级增加到了15个灰度级，引入了一种用编码图像纸带去调制光束从而使底片感光的系统，明显改善了图像质量。图1.23就是从伦敦到纽约通过电缆传递15级色调的照片图像。数字图像处理的历史与计算机的发展密切相关，随着计算机数据存储、显示和传输等相关技术的飞速发展，人们对信息传递的要求越来越高，这加快了数字图像处理技术的发展。

图1.22 穿孔纸带得到的数字图像　　　图1.23 15级色调设备传输得到的图像

数字图像处理技术真正出现于20世纪50年代，当时的计算机已经发展到了一定的水平，人们开始利用计算机来处理图形和图像信息。随着大型计算机的使用和空间项目的开发，数字图像处理技术的潜能日益凸显。1964年，美国加利福尼亚喷气推进实验室使用计算机对"游骑兵7号"卫星传回地面的大批月球照片进行处理，校正航天器上电视摄像机中各类图像畸变。图1.24为1964年7月31日上午（东部白天时间）9点9分摄取的第一张月球图像，也是美国航天器获取的第一张月球图片，该图像使用了图像增强和图像复原方法来改善图像视觉效果。

20世纪60年代末到70年代初，数字图像处理技术开始应用于医学影像、地球遥感

图 1.24　美国航天器获取的第一张月球图像

监测和天文学等领域。70 年代发明了计算机轴向断层术,简称计算机断层(computer tomograph,CT),是图像处理在医学诊断领域重要的应用之一。人在做 CT 时,一个检测器环围着一个病人,同时一个与检测器环同心的 X 射线源绕着物体旋转。X 射线穿过病人并由位于对面环中的检测器搜集起来,X 射线源旋转时,此过程不断重复。CT 技术由一些算法组成,该算法用感知的数据去重建通过物体的"切片图像"。这些切片图像组成了物体内部的再现图像。CT 技术由 Godfrey N. Hounsfield 先生和 Allan M. Cormack 教授发明,他们共同在 1979 年获得了诺贝尔生理学或医学奖。脑 CT 图像如图 1.25 所示。X 射线是 1895 年德国物理学家 Wilhelm Conrad Röntgen 发现的,为开创医疗影像技术铺平了道路。其 1901 年被授予诺贝尔物理学奖。两项重大医学发现引领了医学图像处理技术的发展,此后,超声图像、激光显微图像、磁共振图像、PET 图像等在医学诊疗上相继得到了应用,对提高临床诊疗水平、造福人类做出了巨大贡献。

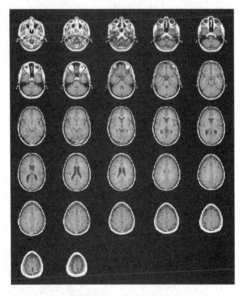

图 1.25　脑 CT 图像

从20世纪70年代中期至今，随着计算机技术、人工智能、机器学习的迅速发展，图像处理研究领域生机勃勃。数字图像处理技术成功应用于天文学、生物学、核医学、国防及工业等领域，在航空航天、生物医学工程、工业检测、机器人视觉、公安司法、军事制导、文化艺术等领域中取得了瞩目成绩，使数字图像处理技术成为一门欣欣向荣、蓬勃发展、前景远大的新型学科。

1.5 数字图像处理的应用实例

随着计算机软件技术、硬件技术、网络技术、通信技术的飞跃式发展，数字图像处理技术在科学研究、工业生产、军事国防、安全系统、计算机视觉、人工智能、现代管理决策等军用、民用的各个领域都得到了广泛的应用。可以预测，数字图像处理技术在不久的将来会发挥更大的作用。下面简要介绍数字图像处理技术的主要应用领域。

（1）航天和航空领域。各个国家派出很多侦察机对地球上各地区进行空中摄影，如图1.26所示。对得来的照片进行处理分析，以前需要雇用几千人，而现在改用为配有图像处理系统的计算机来判读分析，这样既节省了人力，又加快了速度，还可以从照片中提取人工所不能发现的大量有用信息。

图1.26　遥感图像、导航制导图像

（2）物理和化学领域。数字图像处理在物理和化学领域的应用主要有结晶分析和谱分析等。可以采用数字图像处理技术对相应的图像进行处理以达到某种预期的目的，图1.27就是结晶图像检测示例。

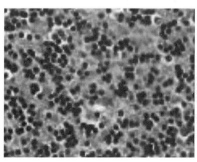
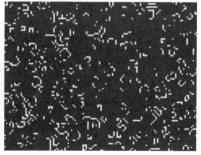

图1.27　结晶图像检测示例

(3) 生物学领域。数字图像处理在生物医学工程方面的应用十分广泛,而且很有成效,如红细胞、白细胞分类,染色体分析,癌细胞识别等,可以对图像进行相应的处理,达到预期效果。图 1.28 是细胞图像分割的示例。

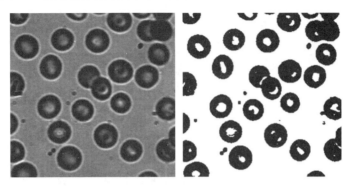

图 1.28　细胞图像分割示例

(4) 医学领域。数字图像处理在医学领域的应用主要有 DNA 显示分析,癌细胞识别,心血管数字减影和其他减影技术,内脏大小形状及异常检测,微循环的分析判断,心脏活动的动态分析,热成像、红外成像分析,X 光图像分析等。最突出的临床应用就是超声、核磁共振、γ 相机和 CT 等技术,如图 1.29 所示,三维测量可视化软件系统可对各类医学断层图像进行分析处理,提供诊断依据等。

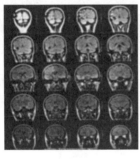 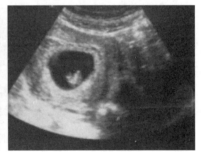

(a) 核磁图像　　　　　(b) B超图像

图 1.29　医学图像

(5) 通信领域。数字图像处理在通信领域上的应用是将电话、电视和计算机以三网合一的方式在数字通信网上传输。由于图像的数据量巨大,例如,传送彩色电视信号的速率达 100Mb/s 以上,所以图像通信是最为复杂和困难的。要将高速率的数据实时传送出去,可以采用图像压缩与编码技术来压缩图像信息的数据量。通信领域应用示例如图 1.30 所示。

(6) 工业和工程领域。数字图像处理在工业和工程领域中有着广泛的应用,例如,工业质量缺陷检测如图 1.31 所示。此外,常用的工业和工程领域的应用还包括自动装配线中检测零件的质量、对零件进行分类、印刷电路板疵病检查、弹性力学照片的应力分析、流体力学图片的阻力和升力分析等。

(7) 文化艺术领域。数字图像处理在文化艺术方面的应用很多,包括电视画面的数字编辑、电子图像游戏、动画的制作、纺织工艺品设计、服装设计与制作、发型设计、文物

图 1.30　可视电话、数字电视示例

图 1.31　工业质量缺陷检测示例

资料照片的复制和修复、运动员动作分析和评分等,示例如图 1.32 所示。

图 1.32　动画、游戏制作示例

(8) 农林领域。数字图像处理在农林领域的应用主要有植被分布调查、农作物估产、林区火灾监测等。可以通过数字图像处理技术对图像进行处理,从而判断该片树林是否遭受病害或者虫害。通过火焰与烟雾特征分析,可以进行森林火灾图像识别,再通过模式识别实现森林火灾预警。图 1.33 是森林火灾图像进行火焰特征识别的图像。

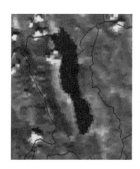

图 1.33　森林火灾起火点及火焰特征识别

（9）军事领域。数字图像处理在军事领域中主要用于导弹的精确制导,各种侦察照片的判读,具有图像传输、存储和显示的军事自动化指挥系统,飞机、坦克和军舰模拟训练系统等,如图 1.34 所示。

图 1.34 先进的控制和制导系统

（10）机器人视觉。数字图像处理在机器人视觉领域有着重要的应用,机器人视觉作为智能机器人的重要感觉器官,主要进行三维景物的理解和识别,这是目前的热点研究课题。并且,机器人视觉主要用于军事侦察、危险环境的自主机器人,邮政、医院和家庭服务的智能机器人,装配线工件识别、定位,太空机器人的自动操作等。智能机器人、智能垃圾分类示例如图 1.35 所示。

图 1.35 智能机器人、智能垃圾分类示例

（11）监控和公安领域。数字图像处理在公安领域中的应用主要为指纹识别、人脸鉴别、印章鉴别、不完整图片的复原、交通监控、安全检查、事故分析等。图 1.36 为视频监控和安检图像示例。

图 1.36 视频监控、安检图像示例

（12）气象、交通领域。数字图像处理在气象领域的应用主要有云图分析、灾害监测等；在交通领域的应用主要有铁路选线、交通指挥、汽车车牌识别等，如图 1.37 所示。

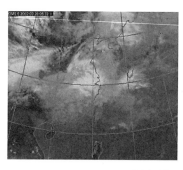

图 1.37　气象、交通应用示例

总之，数字图像处理在我们的日常生活和生产过程中扮演着越来越重要的角色，发挥着越来越重要的作用，有着无限的开发潜力。

1.6　本章小结

本章介绍了图像的定义、表示方法及图像的分类，同时概述了数字图像处理技术的基本概念和发展历程，并且讲述了数字图像处理的方法和主要内容，最后列出了部分数字图像处理的应用领域。

习题

1. 什么是图像？图像可分成哪些类别？
2. 图像处理、图像分析和图像理解各有什么特点？它们之间有哪些区别和联系？
3. 结合生活经历，列举说明获取数字图像的方法。
4. 列举数字图像处理的方法。
5. 列举数字图像处理的研究内容。

第 2 章 数字图像处理基础

数字图像是以数字形式存储和表达的图像。本章介绍与数字图像处理密切相关的基本概念和基础知识,主要包括人眼视觉系统、色度学基础与颜色模型、数字图像的表示、数字图像的数值描述等。

2.1 人眼视觉系统

数字图像处理的目的是改善图像的视觉质量,这就需要利用人眼视觉系统的特性,因此了解人眼的基本构造、视觉过程和视觉特性,对图像处理技术很有启发。

2.1.1 人眼基本构造

人眼直径约为 24mm,由三层薄膜包围着,人的眼球截面图如图 2.1 所示。

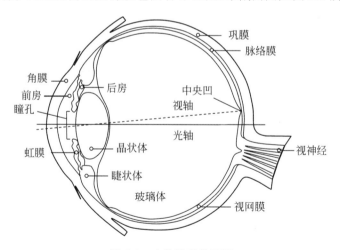

图 2.1 人的眼球截面图

人眼球外层保护着眼的内部,前部称为角膜,后部称为巩膜;中间层包括虹膜、睫状体和脉络膜;内层为视网膜。虹膜中央的圆孔是瞳孔,控制进入人眼内部的光通量。睫状体位于虹膜后,可以调解晶状体曲率。角膜和虹膜之间、虹膜和晶状体之间充满的水样透明液称为房水。角膜、房水、晶状体、玻璃体可看成是折射率不同的光学介质,可以将不同远近的物体清晰地成像在视网膜上,被称为人眼屈光系统;视网膜是人眼的感光系统,能将光能转换并加工成神经冲动,传入大脑的视觉中枢,产生视觉。视网膜表面分布有大量光敏细胞,这些光敏细胞按照形状可以分为锥状细胞和杆状细胞两大类。锥状细胞既可以分辨光的强弱,也可以分辨色彩,白天视觉过程主要靠椎状细胞来完成;杆状细胞不能感觉色彩,无法分辨图像中的细微差别,但它对低照度景物比较敏感,夜晚所观察到的景物只有黑白、浓淡之分,看不清颜色差别,这是由于夜晚的视觉过程,主要由杆状细胞完成。

2.1.2 视觉过程

人眼在观察景物时,光线由角膜进入眼球,依次通过前室、水晶体、后室玻璃体最后才到达视网膜上的锥状细胞和杆状细胞。视网膜上的光敏细胞感受到强弱不同的光刺激,产生强度不同的电脉冲,经神经纤维传送到视神经中枢,大脑便形成了一幅景物的感觉。整个视觉过程可以分为光学过程、化学过程和神经处理过程。光学过程由人眼实现光学成像,确定了成像的尺寸。化学过程与人眼视网膜中的感光细胞有关,确定了成像的亮度和颜色。神经处理过程是大脑神经系统进行的转换过程。人眼在观察景物时,从物体反射光到光信号传入大脑神经,经过屈光、感光、传输、处理等一系列过程,产生物体大小、形状、亮度、颜色、运动等感觉。

2.1.3 人眼视觉特性

本节主要介绍人眼有关的视觉特性,即人眼的亮度适应特性、视觉暂留特性、主观亮度和客观亮度的非线性关系特性。

1. 亮度适应特性

亮度是人眼视觉中最基本的信息,人眼亮度适应特性包括暗适应和亮适应。暗适应指眼睛从亮处进入暗处时,一开始几乎看不见任何物体,一段时间内逐渐恢复视觉的现象。暗适应过程人眼由锥状细胞起作用转变为杆状细胞起作用,一般持续时间可达30min左右。亮适应则指人由暗处进入亮处,感觉光亮刺眼,一段时间后恢复正常的现象。亮适应过程人眼由杆状细胞起作用转变为锥状细胞起作用,持续过程约为1min。

因此,在光亮条件下,人眼的锥状细胞起作用,称为明视觉。在暗条件下,人眼的杆状细胞起作用,称为暗视觉,杆状细胞能感受微光的刺激,但不能分辨颜色和细节。在明视觉和暗视觉之间的亮度水平下,称为中间视觉,锥状细胞和杆状细胞共同起作用。

2. 视觉暂留特性

人眼的视觉暂留特性,也称视觉惰性,指人眼对亮度改变进行跟踪的滞后性质。人眼所看到的影像消失后,人眼仍能继续保留其影像约 $0.1 \sim 0.5s$。例如,先看纹理丰富的窗帘,再看白色墙壁,很短的时间内会感觉窗帘的花纹重叠在墙上。视觉暂留特性是动态图像产生的原因,具体应用是电视、电影的拍摄和放映,例如,电影等视频每秒钟播放 25 帧图片,就是利用了人眼的视觉暂留特性,形成了流畅的动作感觉。

3. 主观亮度和客观亮度的非线性关系特性

亮度是一种外界辐射的物理量在视觉中反映出来的心理主观感觉。主观亮度与客观亮度之间呈非线性关系，这种非线性关系在马赫带效应（Mach band effect）和同时对比度中有所体现。

当人们凝视窗棂，会觉得在木格的外面镶上了一条明亮的线，而在木格的里侧却更浓黑。观察影子的时候，在轮廓线的两侧也会有类似的现象。1868年，奥地利物理学家Mach第一次观察研究了这种现象，所以这种现象被叫作"马赫带"。马赫带效应指的是一种主观的边缘对比效应，如图2.2所示。当观察两块亮度不同的区域时，主观上会产生靠近亮暗边界的亮侧更亮，暗侧更暗的错觉现象，从而使轮廓表现得特别明显。马赫带效应的出现是人类的视觉系统造成的，它夸大了人的亮暗对比度感知能力，使我们主观感觉马赫带条带内亮度是不均匀的。生理学对马赫带效应的解释是：人类的视觉系统有增强边缘对比度的机制。

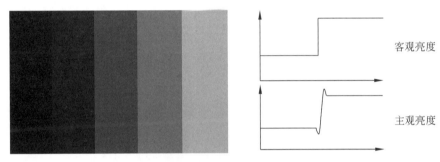

图2.2 马赫带效应展示图

同时对比度如图2.3所示，相同亮度的小方块放在不同亮度背景下，主观上感觉小方块亮度不一样，暗背景下的小方块要亮一些，亮背景下的小方块要暗一些。这说明人眼对某个区域感觉到的亮度不仅仅依赖于区域本身的亮度，同时受到背景的影响。

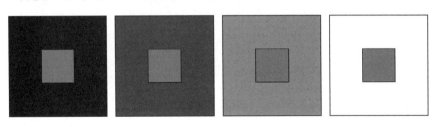

图2.3 同时对比度

人眼的视错觉现象也很常见。视错觉特性指在特定条件下产生的对客观事物的歪曲知觉。当信息进入人的视觉中，人不仅要快速分析画面包含的信息，大脑还会及时地对未过时的信息构建下一步行动。当视觉提取到的信息量不够或不够快速时，大脑会对其进行构建、填补，这就是人会产生视错觉的原因。图2.4是一组人眼视错觉现象示例图。

视错觉就是当人观察物体时，基于经验主义或不当的参照形成的错误的判断和感知，是观察者在客观因素干扰下或者自身的心理因素支配下，对图形产生的与客观事实

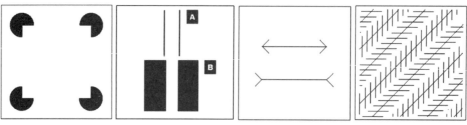

(a) 没线的正方形轮廓　　(b) 等缝隙空间　　(c) 等长线（莱伊尔错觉）(d) 平行线（松奈错觉）

图 2.4　人眼视错觉现象示例图

不相符的错误的感觉。生活中有很多利用视错觉原理的应用例子,也彰显了视错觉原理的独特魅力。例如,利用图 2.4(b)的等缝隙视错觉原理,同一个姑娘穿铅笔裙要比穿百褶裙更显瘦,如图 2.5(a)所示；利用图 2.4(c)的莱伊尔错觉原理,同一个姑娘穿同一件衣服把拉链拉下来,呈现 V 领衫更显修长,如图 2.5(b)所示。还有很多视错觉的生活应用,如 3D 错觉艺术馆、街头视错觉绘画、3D 超现实手绘等。

(a) 铅笔裙比百褶裙更显瘦　　　　　(b) V领衫更显修长

图 2.5　人眼视错觉的生活应用

（摘自日本杂志 Steady）

2.1.4　颜色视觉

颜色视觉指人的视网膜受不同波长光线刺激后产生的一种主观感觉。本节介绍颜色视觉原理、颜色恒常性和色适应特性。

1. 颜色视觉原理

人眼视网膜上的锥状细胞可感知物体并分辨颜色。实验证明,视网膜上有三种不同类型的锥状细胞,分别含有三种不同的视色素,具有不同的光谱敏感性。三种视色素光谱吸收峰分别在 440~450nm、530~540nm、560~570nm 处,分别称这三种视色素为亲蓝视色素、亲绿视色素、亲红视色素。外界光辐射进入人眼时被这三种锥状细胞按它们各自的吸收特性所吸收,细胞色素吸收光子后引起光化学反应,视色素被分解漂白,同时触发生物能,引起视神经活动。人体对不同色彩的感觉就是不同的光辐射对三种视色素不同程度综合作用的结果。人眼的明亮感觉是三种锥状细胞提供的亮度之和。

杆状细胞只有一种,它含有视紫红色素,其光谱吸收峰在 500nm 左右,暗视觉条件下,只有杆状细胞起作用。所以暗视觉时不能分辨颜色,只有明亮感觉。杆状细胞中的视紫红色素需要维生素 A 来合成,所以缺乏维生素 A 的人常患有夜盲症。

2. 颜色恒常性

颜色恒常性指当外界条件发生变化时,人们对颜色的知觉仍保持稳定,人们仍会根据物体固有颜色和亮度来感知它们。例如,一面红旗,不管是置于黑天还是白天,人们都会把它感知为红色。颜色恒常性与人对物体颜色的知觉,与人的知识经验、心理倾向有关,不是物体本身颜色的恒定不变。某一个特定物体,由于光照环境的变化,该物体表面的反射谱会有所不同,但人类的视觉识别系统能够识别出这种变化,并能够判断出该变化是由光照环境变化而产生的,从而认为该物体表面颜色是恒定不变的。

3. 色适应特性

人眼对某一色光适应后再观察另一物体颜色时,不能立即获得客观的颜色印象,而是带有原适应色光的补色成分,经过一段时间适应后,才能获得客观的颜色感觉,这就是色适应过程。例如,在图 2.6(a)中,注视图中央的四个黑点 30s,不要眨眼。然后转头看着白色的墙壁,并不停地眨眼,人的头像图像就会慢慢地显现。人眼在视觉中看到的其实是与原图"互补"的图案,如图 2.6(b)所示。

(a) 原图　　　　　(b) 补色图

图 2.6　人眼色适应示例

2.1.5　立体视觉

立体视觉指人眼观察物体的立体形状,判断距离远近的视觉能力或者说指人眼从二维视网膜像中获得物体的深度距离信息的能力。人类并没有直接或专门感知距离的器官,对空间的感知不仅依靠视力,还借助于一些外部客观条件和自身机体内部条件来判断物体的空间位置。人每只眼睛的视网膜上,会各自形成一个独立的视像,由于双眼相距约 65mm,两个视像相当于从不同角度观察,因而两眼视像不同,即双眼视差。双眼视差和物体的深度之间存在一定关系,可以感知距离,从而产生立体视觉。

立体视觉是机器视觉的重要研究内容,研究思想就是仿照人眼利用双目线索感知距离的方法实现对三维信息的感知,在实现中,采用基于三角测量的方法,运用两个或多个摄像机对同一景物从不同位置成像,进而从视差中恢复距离,形成立体视觉效果。

总之,人眼视觉系统是一个很复杂的系统,除了能够产生明暗、颜色、立体等视觉信息,还可以感知形状,运动等信息,甚至是产生视错觉。

2.2 颜色模型

颜色是光作用于人眼引起的视觉特性,不是纯物理量,涉及观察者的视觉生理、心理、照明、观察条件等许多问题。学习图像处理,首先要了解颜色的相关知识。本节主要介绍在课程学习和研究中常用的一些概念和颜色模型。

2.2.1 颜色基础知识

1. 三原色

自然界中物体本身没有颜色,人们之所以能看到物体的颜色,是由于物体不同程度地吸收和反射了某些波长的光线所致。表2.1列出了红、橙、黄、绿、青、蓝、紫七种色光对应的波长范围。

表2.1 颜色的波长范围

颜 色	波长范围/nm	颜 色	波长范围/nm
红	620～676	青	470～500
橙	590～620	蓝	430～470
黄	560～590	紫	380～430
绿	500～560		

原色包含两个系统,即色料三原色系统和光的三原色系统,两个系统分别隶属于各自的理论范畴。

(1) RYB色料三原色。在绘画中使用RYB(red,yellow,blue)三种基本色料,可以搭配出多种颜色,这就是所谓的色料三原色。色料是绘画的基本原料,掌握色料的三原色搭配是绘画的基本功。色料配色的基本规律如图2.7所示,具体规律是:红+黄=橙;黄+蓝=绿;蓝+红=紫;红+黄+蓝=黑。

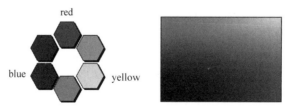

图2.7 色料配色基本规律

(2) RGB光三原色。RGB(red,green,blue)三种颜色构成了光线的三原色。计算机显示器就是根据这个原理制造的,光三原色又叫计算机三原色,其配色规律如图2.8所示,具体规律为:红+绿=黄;绿+蓝=湖蓝;蓝+红=紫;红+绿+蓝=白。

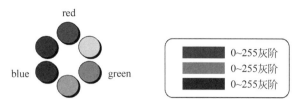

图 2.8 光色配色规律

在光色搭配中,参与搭配的颜色越多,其明度越高。在图像处理软件和动作制作软件中,都符合光三原色的搭配规律。

2. 色彩三要素

明度、色相、纯度构成了色彩三要素。

明度指色彩的明暗程度。恰到好处地处理好物体各部位的明度,可以产生物体的立体感。白色是影响明度的重要因素,当明度不足时,添加白色可增加明度。

色相是颜色的相貌,用于区别颜色的种类。色相只和波长有关,当某一颜色的明度、纯度发生变化时,该颜色的波长不会改变,也就是说色相不变。不同波长的色相给人以不同的感觉,色相的应用主要表现在色彩冷暖氛围的制造、色彩的丰富多彩、某种情感的表达等方面。

纯度指色彩的饱和程度,也称鲜艳度、纯净度。自然光中的红、橙、黄、绿、青、蓝、紫色光是纯度最高的颜色。色料中,红色的纯度最高,橙、黄、紫次之,蓝、绿色的纯度相对较低。人眼对不同颜色的纯度感觉不同,红色醒目,纯度感觉最高;绿色尽管纯度高,但人眼对该色不敏感;黑、白、灰色是没有纯度的颜色。

色彩的明度能够对纯度产生不可忽视的影响。明度降低,纯度也随之降低,反之亦然。色相和纯度也有关系,纯度不够实,色相区分不明显。纯度又和明度有关,三者相互制约,相互影响。

2.2.2 颜色模型

颜色模型是用一定规则来描述(排列)颜色的方法,是为了不同的研究目的确立了某种标准,并按这个标准用基色表示颜色。颜色模型也称彩色空间,一种颜色模型用一个三维坐标系统和系统中的一个子空间来表示,每种颜色是这个子空间的一个单点。国际照明委员会(英语:International Commission on illumination,法语:Commisson Internationale De L'Eclairage,采用法语简称 CIE),是一个集技术、科学及文化于一休的非营利性组织。CIE 在做了大量的色彩测试实验后,提出了一系列的颜色模型,不同的颜色模型可以通过数学方法进行相互转换,下面介绍几种常见的颜色模型。

1. RGB 颜色模型

RGB 颜色模型是基于 RGB 三基色的颜色模型。CIE 规定以 700nm(红)、546.1nm(绿)、435.8nm(蓝)三个色光为三基色,自然界的所有颜色都可以通过选用红、绿、蓝三种基色按不同比例混合而成。红光、绿光、蓝光是白光分解后的主要色光,三者相互独立,其中一种色光不能用另外两种色光混合而成。RGB 颜色模型是一个正立方体形状,如图 2.9 所示,立方体中任一个点都代表了一种颜色,每种颜色都含有 R、G、B 三个分量,每个分量都是 8bit 量化,因此 RGB 彩色图像也称 24bit 真彩色图像。坐标原点为黑色(0,0,0),坐标轴的顶点分别为红(255,0,0)、绿(0,255,0)、蓝(0,0,255);另外三个坐标面上的顶点为紫(255,0,255)、青(0,255,255)、黄(255,255,0);白色(255,255,255)在此立方体原点(0,0,0)的对角线上。从黑到白的连线上,颜色 R=G=B 的各点为不同明暗的灰色,R=G=B=128 为中灰,R=G=B<128 为不同程度的深灰,R=G=B>128 为不同程度的浅灰。所以灰度图像也可以认为是三个颜色分量 RGB 相等的彩色图像。计算机、监视器、摄像机、手机等电子显示产品上用的就是这种 RGB 颜色模型。

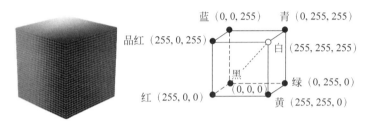

图 2.9 RGB 颜色模型

【例 2-1】 显示 RGB 图像以及 R、G、B 三个通道的灰度图像。

解:MATLAB 代码如下所示:

```
%读取一张彩色图片分别显示RGB三个通道图像
image=imread('peppers.png');
image_R=image(:,:,1);
image_G=image(:,:,2);
image_B=image(:,:,3);
imwrite(image_R,'image_R.png');
imwrite(image_G,'image_G.png');
imwrite(image_B,'image_B.png');
```

程序运行结果如图 2.10 所示。

2. CMY 和 CMYK 颜色模型

CMY 分别为青色(cyan)、品红(magenta)、黄色(yellow)的缩写,这三种颜色是 CMY 模型的三基色。这种颜色模型基于相减混色原理,白光照射到物体上,物体吸收一部分光线,并将剩下的光反射,反射光线的颜色即是物体的颜色。例如,白光照射到青色颜料涂覆的表面上,该表面反射的不是红光,而是从反射的白光中减去红色,白光本身就是等量的红、绿、蓝光的组合。CMY 三种染料混合会吸收所有可见光,即产生黑色,但实际中不能产生纯黑色,这是由于实际工艺水平的限制,所以单独生产黑色油墨,在 CMY 基础上加入黑色形成 CMYK 彩色模型。大多数纸张印刷、彩色打印机和复印机设备上用的都是这种 CMYK 颜色模型。

RGB 颜色模型和 CMYK 模型是可以相互转换的。例如,计算机中用 RGB 数据表示

(a) 真彩色图像　　　　　　　　　(b) 红色通道分量图像

(c) 绿色通道分量图像　　　　　　(d) 蓝色通道分量图像

图 2.10　RGB 三通道图像显示

颜色,而彩色打印机要求输入 CMYK 数据,这就需要将 RGB 数据转换成 CMYK 数据,二者间变换可以表示为

$$\left.\begin{array}{l} K=\min(1-R,1-G,1-B) \\ C=(1-R-K)/(1-K) \\ M=(1-G-K)/(1-K) \\ Y=(1-B-K)/(1-K) \end{array}\right\} \tag{2-1}$$

3. YIQ 颜色模型

YIQ 模型利用人的可视系统对亮度变化比对色调和饱和度变化更敏感而设计的,被北美的国际电视标准委员会(National Television Standard Committee,NTSC)制式电视机系统所采用。该模型中,Y 指亮度(brightness),即图像的灰度值;I(in-phase)和 Q (quadrature-phase)都指色调,描述色彩及饱和度。YIQ 颜色模型用于北美的电视广播系统,Y 分量包含了亮度信息,所以黑白电视机只使用了 Y 分量信号;I 分量包含了橙-青色彩信息,提供鲜艳色彩的敏感度;Q 分量给出了绿-品红色彩信息。由于人眼对亮度的变化比对色度的变化更敏感,因此在 NTSC 信号中,亮度信息的编码精度高于色度信息,NTSC 用较低的精度传输色度信息并没有造成图像颜色质量的明显降低。YIQ 颜色模型和 RGB 颜色模型之间可以相互转换,公式如下。

(1) RGB 颜色空间到 YIQ 颜色空间的转换公式为

$$\begin{pmatrix} Y \\ I \\ Q \end{pmatrix} = \begin{pmatrix} 0.299 & 0.587 & 0.114 \\ 0.596 & -0.275 & -0.321 \\ 0.212 & -0.523 & 0.311 \end{pmatrix} \begin{pmatrix} R \\ G \\ B \end{pmatrix} \tag{2-2}$$

(2) YIQ 颜色空间到 RGB 颜色空间的转换公式为

$$\begin{pmatrix}R\\G\\B\end{pmatrix}=\begin{pmatrix}1 & 0.956 & 0.621\\1 & -0.272 & -0.647\\1 & -1.106 & 1.703\end{pmatrix}\begin{pmatrix}Y\\I\\Q\end{pmatrix} \quad (2-3)$$

4. YUV 颜色模型

由于 NTSC 制式的模拟视频信号中分配给色度信息较低的带宽，NTSC 图像的颜色质量有些受到影响，因此提出了多种 YIQ 编码的变体来提高视频传输的颜色质量，其中的一种变体就是 YUV 颜色模型，它为逐行倒相(phase alteration line，PAL)广播制式提供视频传输的颜色组合。PAL 制式是电视广播中色彩编码的一种方法。模型中，Y 指亮度，与 YIQ 的 Y 相同；U 和 V 也指色调，与 YIQ 中的 I 和 Q 不同，U、V 可以进行下采样，在不影响视觉效果的同时降低数据量。YUV 颜色模型和 RGB 颜色模型之间可以相互转换，公式如下。

(1) RGB 颜色空间到 YUV 颜色空间的转换公式为

$$\begin{pmatrix}Y\\U\\V\end{pmatrix}=\begin{pmatrix}0.299 & 0.587 & 0.114\\-0.148 & -0.289 & 0.437\\0.615 & -0.515 & -0.100\end{pmatrix}\begin{pmatrix}R\\G\\B\end{pmatrix} \quad (2-4)$$

(2) YUV 颜色空间到 RGB 颜色空间的转换公式为

$$\begin{pmatrix}R\\G\\B\end{pmatrix}=\begin{pmatrix}1 & 0.587 & 1.140\\1 & -0.395 & -0.581\\1 & 2.032 & 0\end{pmatrix}\begin{pmatrix}Y\\U\\V\end{pmatrix} \quad (2-5)$$

5. YCbCr 颜色模型

YCbCr 颜色模型是 YUV 模型经过缩放和偏移的具体实现，是世界数字组织视频标准研制过程中作为 ITU-RBT.601(国际电信联盟(International Telecommunication Union)，无线电部(Radio communication sector)，电视广播服务(Broadcasting service Television))标准的一部分而制定的。YCbCr 颜色模型中，Y 指亮度；Cb 指蓝色色度分量；Cr 指红色色度分量。YCbCr 颜色模型是计算机系统中应用最多的，JPEG、MPEG 格式均采用此颜色模型。YCbCr 颜色模型和 RGB 颜色模型之间可以进行相互转换，具体转换依据以下公式。

(1) RGB 颜色空间到 YCbCr 颜色空间的转换公式为

$$\left.\begin{aligned}Y &= 0.299R+0.587G+0.114B\\Cb &= 0.564(B-Y)\\Cr &= 0.713(R-Y)\end{aligned}\right\} \quad (2-6)$$

(2) YCbCr 颜色空间到 RGB 颜色空间的转换公式为

$$\left.\begin{aligned}R &= Y+1.402Cr\\G &= Y-0.344Cb-0.714Cr\\B &= Y+1.772Cb\end{aligned}\right\} \quad (2-7)$$

6. HSI 颜色模型

HSI 颜色空间是从人的视觉系统出发，用色调(hue)、色饱和度(saturation)和亮度(intensity)来描述颜色。通常把色调和色饱和度通称为色度，用来表示颜色的类别与深浅程度。由于人的视觉对亮度的敏感程度远强于对颜色浓淡的敏感程度,为了便于颜色处理和识别,人的视觉系统经常采用 HSI 颜色空间,它比 RGB 颜色空间更符合人的视觉特性。在图像处理和计算机视觉中大量算法都可在 HSI 颜色空间中方便地使用,它们可以分开处理而且是相互独立的。因此,在 HSI 颜色空间可以大大简化图像分析和处理的工作量。

HSI 颜色空间如图 2.11 所示,空间圆柱体的横截面称为色环,色环更加清晰地展示了色调和色饱和度两个参数,如图 2.12 所示。色调 H 由角度表示,反映了该颜色最接近哪个光谱波长。在色环中,0°表示红色光谱,120°表示绿色光谱,240°表示蓝色光谱。色饱和度 S 由色环的圆心到颜色点的半径表示,距离越长表示色饱和度越高,则颜色越鲜明。亮度 I 由颜色点到圆柱底部的距离表示。在 HSI 颜色空间圆柱体中,圆柱体底部的圆心表示黑色,顶部圆心表示白色。

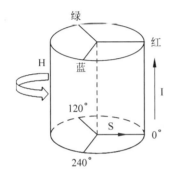
图 2.11 HSI 颜色空间

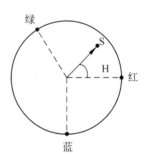
图 2.12 HSI 颜色空间中的色环

HSI 颜色空间和 RGB 颜色空间只是同一物理量的不同表示方法,因而它们之间可以相互转换。

(1) RGB 颜色空间到 HSI 颜色空间的转换为

$$I = \frac{1}{3}(R+G+B)$$

$$S = 1 - \frac{3}{R+G+B}[\min\{R,G,B\}]$$

$$H = \begin{cases} \theta, & G \geqslant B \\ 2\pi - \theta, & G < B \end{cases}$$

$$\theta = \arccos\left[\frac{[(R-G)+(R-B)]/2}{\sqrt{(R-G)^2+(R-B)(G-B)}}\right]$$

(2-8)

(2) HSI 颜色空间到 RGB 颜色空间的转换为

当 0°≤H<120°时,

$$R = I\left[1 + \frac{S\cos H}{\cos(60°-H)}\right]$$

$$G = 3I - (B+R)$$

$$B = I(1-S)$$

(2-9)

当 120°≤H<240°时,

$$R = I(1-S)$$
$$G = I\left[1 + \frac{S\cos(H-120°)}{\cos(180°-H)}\right] \quad (2\text{-}10)$$
$$B = 3I - (R+G)$$

当 $240° \leqslant H < 360°$ 时,

$$R = 3I - (G+B)$$
$$G = I(1-S) \quad (2\text{-}11)$$
$$B = I\left[1 + \frac{S\cos(H-240°)}{\cos(300°-H)}\right]$$

【例 2-2】 RGB 图像转换为 HSI 图像。

解：MATLAB 代码如下所示：

```
img = imread('peppers.png');
figure,subplot(2,3,1);imshow(img);title('RGB 图像');

%抽取图像分量
rgb = im2double(img);
r = rgb(:, :, 1);
g = rgb(:, :, 2);
b = rgb(:, :, 3);

%执行转换方程
%实现 H 分量
num = 0.5 * ((r - g) + (r - b));
den = sqrt((r - g).^2 + (r - b) .* (g - b));
%防止除数为 0
theta = acos(num./(den + eps));

H = theta;
H(b > g) = 2 * pi - H(b > g);
H = H/(2 * pi);
subplot(2,3,4);imshow(H);title('H 分量');
%实现 S 分量
num = min(min(r, g), b);
den = r + g + b;
%防止除数为 0
den(den == 0) = eps;
S = 1 - 3.* num./den;
subplot(2,3,5);imshow(S);title('S 分量');
H(S == 0) = 0;
%实现 I 分量
I = (r + g + b)/3;
subplot(2,3,6);imshow(I);title('I 分量');
%将 3 个分量联合成为一个 HSI 图像
hsi = cat(3, H, S, I);
subplot(2,3,2);imshow(hsi);title('HSI 图像');
```

```
imwrite(H,'H.png');
imwrite(S,'S.png');
imwrite(I,'I.png');
imwrite(hsi,'HSI.png');
```

程序运行结果如图 2.13 所示。

(a) RGB图像　　　　　　　　(b) HSI图像

(c) H分量　　　　(d) S分量　　　　(e) I分量

图 2.13　RGB 图像转换为 HSI 图像

2.3　图像的数字化

现实场景图像在时间、空间、波长、幅度上都是连续的，但计算机只能处理空间、时间、波长、幅值都是离散的情况。因此，为了能够进行数字图像处理，首先需要把连续的模拟图像数据转换成空间和幅值上都是离散的数字形式，该过程称为图像的数字化。图像数字化过程主要包括采样和量化两个步骤。

2.3.1　采样

采样(sampling)指将图像空间坐标离散化的过程，是在图像水平和垂直两个方向上进行。图像采样水平方向上称为行(M)，垂直方向上称为列(N)，这样一幅图像被分成$M\times N$个小块，每个小块被称为图像的像素，像素是构成图像的基本单位。采样的过程可以看作将图像平面划分成规则网格，每个网格中心点的位置由一对笛卡儿坐标(x,y)所决定，而根据某种规则，利用连续图像在(x,y)及其附近的值来确定$f(x,y)$的值，其中，x和y均为整数。当抽样时，若每行(即横向)像素为M个，每列(即纵向)像素为N个，则图像大小为$M\times N$像素，称此图像的尺寸空间分辨率为$M\times N$。例如，$2560\times 1920=4\,915\,200$，也称为 500 万像素分辨率。分辨率不一样，数字图像的质量也不一样。采样示意图如图 2.14 所示。

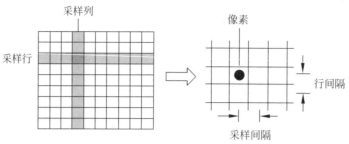

图 2.14 采样示意图

图像是二维信号,因此图像在水平和垂直方向上采样需满足二维采样定理。实际采样时,怎样选择抽样点的间隔是个非常重要的问题。数字化图像包含何种程度的细微变化,取决于希望真实反映连续图像的程度,它将直接影响到采样后的图像质量。严格地说,这是一个根据抽样定理加以讨论的问题。以一维信号为例,若一维信号 $f(t)$ 的最大频率为 ω,根据采样定理得到的式子为

$$f(t) = \sum_{i=-\infty}^{+\infty} f(iT)s(t-iT) \tag{2-12}$$

式中,$s(t)=\sin(2\pi\overline{\omega}t)/(2\pi\omega t)$。以 $T \leqslant 1/(2\omega)$ 为间隔进行采样,能够根据采样结果 $f(iT)(i=\cdots,-1,0,1,\cdots)$ 完全恢复 $f(t)$。但是往往成像过程中,并不清楚最高信号频率,因此为了达到较好的近似,需要更多个采样点,但这样会带来成像装置成本的增加,也给数据存储带了极大的压力。

采样时,采样间隔和采样孔径是两个非常重要的参数。采样间隔指当对图像进行实际抽样时如何选择抽样点的间隔,是一个非常重要的问题。图像包含何种程度的细微深浅变化,取决于希望实际反映图像的程度。采样孔径通常有圆形、正方形、长方形、椭圆形四种,如图 2.15 所示。实际使用时,由于受到光学系统特性的影响,采样孔径会在一定程度上产生畸变,出现边缘模糊、图像信噪比降低的现象。采样方式指采样间隔确定后相邻像素间的位置关系,具体包含有缝、无缝、重叠采样三种方式,如图 2.16 所示。

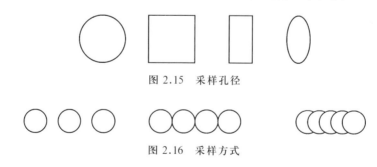

图 2.15 采样孔径

图 2.16 采样方式

2.3.2 量化

经过采样处理图像被分割成空间上离散的像素点,但图像像素灰度仍是连续变化的,还不能直接用计算机进行处理。还需要将采样后的像素灰度转换成离散的整数值,

该过程称为量化。一般情况下,量化后每个像素的灰度值用二进制 bit 表示,一幅 8bit 量化的图像灰度级为 $G=256=2^8$。像素灰度级取值范围为 $0\sim255$,则用 8bit 就能表示这幅图像各像素的灰度值,常称 8bit 量化。一般采用大于或等于 6bit 量化的灰度图像,其视觉效果就能令人满意,小于或等于 3bit 量化的灰度图像容易产生伪轮廓现象。量化示意图如图 2.17 所示。

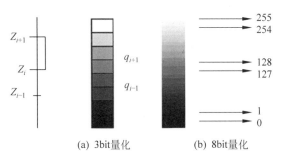

(a) 3bit量化   (b) 8bit量化

图 2.17　量化示意图

图像的数字化就是需要决定图像大小(即行数 M 和列数 N)和灰度级数 G 的取值。一般数字图像灰度级数为 2 的整数幂,即 $G=2^k$,k 为量化 bit 数。则一幅大小为 $M\times N$、灰度级为 G 的图像所需的存储空间为 $M\times N\times k$,称为图像的数据量。

2.3.3　数字图像的表示及类型

一幅数字图像 $f(x,y)$ 左上角像素中心为坐标原点,其数字化示意图如图 2.18 所示。其中,像素中心沿水平向右方向离远点的单位距离称为列数,沿垂直向下方向离远点的单位距离数称为行数,则一幅 $M\times N$ 的数字图像,用矩阵可以表示为

$$f(x,y)=\begin{pmatrix} f(0,0) & f(0,1) & \cdots & f(0,N-1) \\ f(1,0) & f(1,1) & \cdots & f(1,N-1) \\ \vdots & \vdots & & \vdots \\ f(M-1,0) & f(M-1,1) & \cdots & f(M-1,N-1) \end{pmatrix} \quad (2\text{-}13)$$

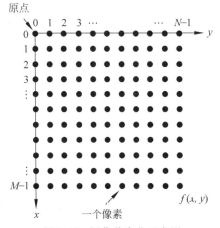

图 2.18　图像数字化示意图

数字图像采用矩阵表示的优点在于能应用矩阵理论对图像进行分析处理。数字图像中的每个像素对应于矩阵中相应的元素。在表示数字图像的能量、相关等特性时,采用图像的矢量(向量)表示比用矩阵表示方便。

数字图像根据量化层次的不同,每个像素点的取值范围不同,对应不同的图像类型。一般情况下,图像类型可分为黑白图像、灰度图像、彩色图像、索引图像。这些不同类型的图像可以相互转化,这是因为在实际图像处理操作中,为了方便图像处理操作,从输入图像到最终输出结果,图像的表示形式可以不断发生变化,这些会在后续图像处理算法中陆续讲到,在此,先介绍数字图像的基本类型。

(1) 黑白图像也叫二值图像,图像的每个像素只能是黑或白,没有中间的过渡。黑白图像如图 2.19 所示,像素值为 0 或 1。二值图像简单,在机器视觉与机器人视觉中经常用到,涉及很多图像处理相关知识,常见的二值图像处理分析包括轮廓分析、对象测量、轮廓匹配与识别、形态学处理与分割、各种形状检测与拟合、投影与逻辑操作、轮廓特征提取与编码等。

图 2.19　二值图像

(2) 灰度图像是包含灰度级的图像,指每个像素的信息由一个量化的灰度来描述,没有彩色信息。例如,当像素灰度级用 8bit 表示时,每个像素的取值就是 256 种灰度中的一种,即每个像素的灰度值为 0~255 中的一个,如图 2.20 所示。灰度图像处理方便,很多图像处理算法都是面向灰度图像的。

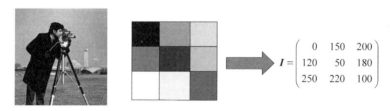

图 2.20　8bit 灰度图像

(3) 彩色图像是由红、绿、蓝(分别用 R、G、B 表示)三分量构成的图像,彩色图像上每个像素的颜色由其 R、G、B 对应的像素灰度级决定,把一幅彩色图像中各点的 R、G、B 分量对应提取出来,则变成 3 幅灰度图像。RGB 真彩色图像是 24bit 图像,R、G、B 分量分别占用 8bit,理论上可以包含 16M 种不同的颜色。RGB 图像合成的真彩色图像如图 2.21 所示。

彩色图像色彩丰富、信息量大,对彩色图像处理一般是分别对彩色图像的 R、G、B 三个分量图像进行处理,处理结果再进行合成,因此对彩色图像处理数据量较大。

(4) 索引图像又称为映射图像,是一种把像素值直接作为 RGB 调色板下标的图像。一幅索引图像包含一个数据矩阵和调色板矩阵,数据矩阵可以是 uint8、uint16 或双精度

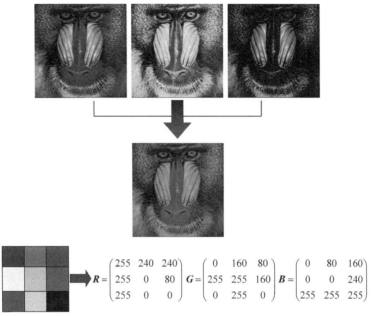

图 2.21 真彩色图像

类型;调色板矩阵是一个 256×3 的双精度矩阵,每一行代表着一种颜色,因此索引图像可表示 256 种颜色,该矩阵中的每个元素的取值范围为[0,1],矩阵的三列分别为 R、G、B 颜色分量值。索引图像可以把像素值直接映射为 1 表示索引矩阵第一行,数值 2 表示索引矩阵第二行等。索引图像的数据矩阵和索引表矩阵如图 2.22 所示。如果看到的数据矩阵(1,1)为 156,则该点像素颜色为调色板矩阵第 156 行所定义的颜色。

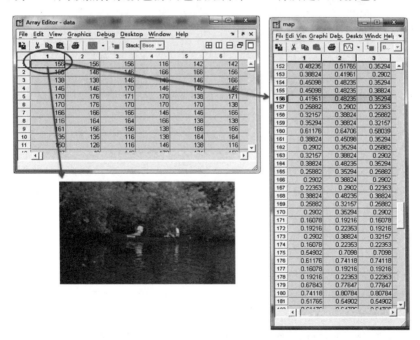

图 2.22 索引图像数据和索引表矩阵

2.3.4 采样、量化与数字图像质量之间的关系

图像数字化方式可分为均匀采样、量化和非均匀采样、量化。均匀指采样、量化为等间隔;非均匀指采样和量化为非等间隔。图像数字化一般采用均匀采样和量化的方式。非均匀采样和量化会使问题变得复杂,因此很少采用。

一般情况下,采样间隔越大,所得图像像素数量越少,图像空间分辨率低,质量较差,严重时会出现像素呈现块状的棋盘效应;采样间隔越小,所得图像像素数越多,图像空间分辨率高,质量好,但数据量大。对于不同分辨率的图像,可能会在低分辨率图像的边缘处发现棋盘效应,这一效应出现与图像本身内容和分辨率有关。图像空间分辨率对图像质量是有影响的,如图 2.23(a)所示,一幅 256×256 的图像,行、列依次减半,从图 2.23(c)可以看出,在帽檐处、肩部、头发等边缘区域看出明显的锯齿现象,随着分辨率降低,图像质量进一步下降,图 2.23(d)已经很难分辨出原图相貌,图 2.23(e)几乎不能分辨出是人脸,图 2.23(f)已完全看不出是什么。可见,图像空间采样点数越多,图像越清晰,视觉效果越好,图像数据量越大。

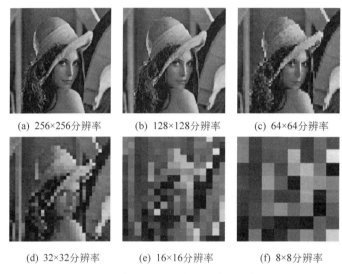

(a) 256×256分辨率　　(b) 128×128分辨率　　(c) 64×64分辨率

(d) 32×32分辨率　　(e) 16×16分辨率　　(f) 8×8分辨率

图 2.23　图像空间分辨率对图像质量的影响

量化等级越多,所得图像层次越丰富,灰度分辨率越高,质量越好,但数据量大;量化等级越少,图像层次欠丰富,灰度分辨率低,质量变差,有时会出现虚假轮廓现象,但数据量小。通常量化等级在 64 以上时,图像质量可以满足人的视觉需求,但是当量化等级低于 64 时,灰度缓慢变化区域常会出现一些虚假轮廓现象。图像量化位数对图像质量的影响如图 2.24 所示,该图显示的是量化位数分别是 8bit、7bit、6bit、5bit、4bit、3bit、2bit、1bit 时,图像质量变化情况,对应的图像灰度等级分别是 256、128、64、32、16、8、4、2。可以看出,当灰度量化等级小于或等于 32 时,在脸部、肩部就出现了虚假轮廓。可见,量化位数越高,图像灰度等级越丰富,细节信息越清楚。

一般情况下,当限定数字图像的大小时,为了得到质量较好的图像,可采用如下

图 2.24 图像量化位数对图像质量的影响

原则：

(1) 对缓变的图像应该细量化、粗采样，以避免假轮廓；

(2) 对细节丰富的图像，应细采样、粗量化，以避免模糊（混叠）。

采样与量化后，图像的数据量 b 可以通过下面公式计算：

$$b = M \times N \times k \tag{2-14}$$

其中，M 为图像的行数；N 为列数；k 为量化的位数；b 的单位为 bit。

2.4 数字图像的存储格式

图像格式指计算机图像信息的存储格式。同一幅图像可以用不同的格式存储，但不同格式之间所包含的图像信息并不完全相同，其图像质量也不同，文件大小也有很大差别。图像分为像素图和矢量图两类，这两类图像有本质区别。

像素图，也叫位图，是使用像素点阵列拼合的图像。通过设备捕捉得到的图像（如拍摄、截图）都是像素图。像素图在放大到一定程度后会出现模糊。常见的像素图格式包括 JPEG、PSD、PNG、TIFF 等。

矢量图是使用点线面构成的图像。矢量图往往是使用矢量软件绘制得到的。点线面都是数字化的，因此放大后不会模糊。常见的矢量图格式包括 AI、EPS、SVG 等。

无论是哪种格式，数字图像的存储一般包括两部分：文件头和图像数据。文件头是图像的自我说明，一般包含图像的维数、类型、创建日期和某类标题，也可以包含解释像素值的颜色表或编码表，甚至包含如何建立和处理图像的信息。图像数据一般为像素颜色值或压缩后的数据。

图像压缩对于图像信号来讲十分重要。图像数据量大，许多格式提供了对图像数据的压缩，可以使图像数据减少到原来的 30%，甚至减少到 3%，具体压缩率取决于需要的图像质量和所用的压缩方法。压缩方法分为有损压缩和无损压缩,无损压缩方法,在解压时能完全恢复出原始信号;而有损压缩,不能完全恢复原始信号。数字图像丢失或改变几位数据,不会影响人或机器对图像内容的理解。

2.4.1 常见数字图像格式

计算机中的图像是一组数据的集合,根据不同的开发者和不同的使用场合,数据的结构和格式也不尽相同,这就形成了多种数据格式的图像文件。常见的图像数据格式有BMP、TIFF、TGA、GIF、PCX、JPEG 等。

1. BMP(﹡.bmp)格式

BMP 是 Bitmap 的缩写,意为"位图"。BMP 格式的图像文件是美国微软(Microsoft)公司特别为 Windows 环境应用图像而设计的,并且为了更方便地使用 BMP 格式,在 Windows 系统软件中,内置了大量支持 BMP 格式图像处理的 API 函数。目前,随着 Windows 系统的普及和进一步发展,BMP 格式已经成为应用非常广泛的图像数据格式。

BMP 格式有如下特点。

(1) BMP 格式的图像文件以".bmp"作为文件扩展名。

(2) 文件结构简单,每个文件只能存放一幅图像,因此该文件所表示的图像是静止的。

(3) 使用者可根据需要选择图像数据是否采用压缩形式存放。一般情况下,BMP 格式的图像是非压缩格式。

(4) 当使用者决定采用压缩格式存放 BMP 格式的图像时,使用 RLE4 压缩算法,可得到 16 色模式的图像;若采用 RLE8 压缩算法,则得到 256 色的图像。

(5) 可以多种彩色模式保存图像,如 16 色、256 色、24bit 真彩色(16 777 216 色),最新版本的 BMP 格式允许 32bit 真彩色(4 294 967 296 色)。

(6) 数据排列顺序与其他格式的图像文件不同,从图像左下角为起点存储图像,而不是像传统的那样,以图像的左上角作为起点。

(7) 调色板数据结构中,RGB 三基色数据的排列顺序恰好与其他格式文件的顺序相反。

(8) 特别适合 Windows 环境对图像数据格式的要求。

BMP 格式的图像文件结构可以分为文件头、调色板数据及图像数据 3 部分,如图 2.25 所示。

文件头的长度为固定的 54 字节;调色板数据用于描述所有不超过 256 色的图像模式,即使是单色图像模式也不例外。但是,一旦图像采用 24bit 真彩色模式或更高模式,该图像文件中的调色板数据就不再描述相关信息了。

BMP 格式的图像文件既可以采用压缩算法对其进行处理,也可以不进行压缩处理。是否采用压缩算法,取决于存储空间的大小和图像处理软件能否处理这两个因素。

图 2.25 BMP 格式图像文件的结构

2. TIFF(＊.tif、＊.tiff)格式

TIFF 是 tag image file format 的缩写,是一种通用的位映射图像文件格式。TIFF 格式的图像文件由 Aldus 公司开发,早在 1986 年就已推出,后来 Aldus 公司与微软公司联手,进一步发展了 TIFF 格式,至今已推出了多种不同版本,现在的版本是 6.0。TIFF 格式具有如下特点。

(1) TIFF 格式图像文件的扩展名是".tif"。

(2) 支持从单色模式到 32bit 真彩色模式的所有图像。

(3) 不针对某一个特定的操作平台,可用于多种操作平台和应用软件。

(4) 适用于多种机型,在 PC 和 Macintosh 计算机之间可互相转换和移植。

(5) 数据结构是可变的,文件具有可改写性,使用者可向文件中写入相关信息。

(6) 具有多种数据压缩存储方式,使解压缩过程变得复杂化。

TIFF 格式图像文件的版本所有权属于 Aldus 公司和美国微软公司,但是,人们可以在公开场合自由免费地使用 TIFF 格式的图像文件。

TIFF 格式图像文件的结构如图 2.26 所示。

TIFF 格式的文件头又叫"IFH",由 8 字节组成。该文件头位置不能移动。文件头中包含了有关 TIFF 文件其他部分的重要说明信息。

在标识信息区 IFD 目录中,有很多由 12 字节组成的标识信息,标识的内容包括指示标识信息的代号、数据类型说明、数据值、文件数据量等。

图像数据区是真正存放图像数据的部分,该区的数据指明了图像使用何种压缩方法、如何排列数据、如何分割数据等项内容。

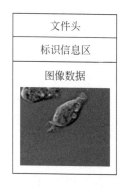

图 2.26 TIF 格式图像文件的结构

3. GIF(＊.gif)格式

GIF 是 graphics interchange format 的缩写,该格式的图像文件由 CompuServe 公司于 1987 年推出,主要是为了网络传输和 BBS 用户使用图像文件而设计的。目前,GIF 格式的图像文件已经是网络传输和 BBS 用户使用最频繁的文件格式。GIF 格式的图像文件适用于各种个人计算机和 UNIX 工作站,并且可以在不同输入、输出设备之间方便地进行传送。

GIF 格式的图像文件是世界通用的图像格式,特别适合于动画制作、网页制作及演示文稿制作等方面。

GIF 格式的图像文件具有如下特点。

(1) GIF 格式图像文件的扩展名是".gif"。

(2) 对于灰度图像表现最佳。

(3) 具有 GIF87a 和 GIF89a 两个版本。GIF87a 版本是 1987 年推出的,一个文件存储一幅图像;GIF89a 版本是 1989 年推出的很有特色的版本,该版本允许一个文件存储多幅图像,可实现动画功能。

(4) 采用改进的 LZW 压缩算法处理图像数据。

(5) 调色板数据有通用调色板和局部调色板之分,有不同的颜色取值。

(6) 不支持 24bit 彩色模式,最多存储 256 色。

(7) 采用两种排列顺序存储图像,一种是顺序排列,另一种是交叉排列。

(8) 图像文件内的各种数据区的数据长度和存储顺序一般不固定,为了便于寻找数据区,将数据区的第一个字节作为标识符号,这样通过识别标识符号,就能迅速找到对应的数据区。GIF 格式的图像文件结构如图 2.27 所示。

GIF 格式的图像文件由 4 部分组成,按照顺序分别是文件头、逻辑屏幕描述区、调色板数据区、图像数据区、结束标志区。5 个数据区中都有特殊标识符号,便于程序辨认。

文件头是一个带有识别 GIF 格式数据流的数据块,用以区分早期版本和新版本。

逻辑屏幕描述区定义了与图像数据相关的图像平面尺寸、彩色深度,并指明后面的调色板数据属于全局调色板还是局部调色板。若使用的是全局调色板,则生成一个 24bit(3 字节)的 RGB 全局调色板,其中一个基色占用 1 字节,这就是调色板数据区信息。

图 2.27 GIF 格式图像文件的结构

图像数据区的内容有两类,一类是纯粹的图像数据,另一类是用于特殊目的的数据块(包含专用应用程序代码和不可打印的注释信息)。在 GIF89a 格式的图像文件中,如果一个文件包含多幅图像,图像数据区将依次重复数据块序列。利用这种承载多幅图像数据的原理,GIF89a 格式可把众多的固定画面连接起来,顺序播放,从而形成动画。在国际互联网上,常使用 GIF89a 格式表现动画,该格式动画还可用在 PowerPoint 演示文稿当中。

结束标志区的作用主要是标记整个数据流的结束。

在 GIF89a 格式的图像文件中,在图像数据区的后面根据实际需要可增加 4 个数据区,使得整个文件的数据区增加到 9 个。增加的 4 个数据区不是必不可少的,如果只是希望存储图像信息,可不使用这 4 个数据区。

GIF 格式图像文件的著作权属于 CompuServe 公司所有,该公司发布的 GIF 格式说明,促进人们了解 GIF 格式的图像文件,并对普及使用 GIF 格式的图像文件起到了推动作用。但是,只有该公司有权修改 GIF 文件格式。

4. TGA 格式(*.tga)

TGA 是 targa image format 的缩写,该格式的图像文件由美国 Truevision 公司开发,最初的目的是支持本公司生产的 Targa 图形卡。该图形卡可以不借助调色板而直接显示 2^{24} 种颜色,是一流的计算机显示设备。由于该格式的图像文件具有一系列明显的特点,并且已经成为世界通用的图像格式,因而目前被广泛应用在多个专门领域,例如,动画制作、模拟显示、影视画面合成等多媒体应用领域。TGA 格式文件结构比较简单,是计算机生成图像向电视转换的一种首选格式。

TGA 格式的图像文件具有如下特点。

(1) TGA 格式图像文件的扩展名是".tga"。

(2) 支持任意尺寸的图像。

(3) 支持 1bit 单色到 32bit 真彩色模式的所有图像,具有很强的颜色表达能力,特别适合影视广播级的动画制作。

（4）图像的存储具有可选择性，图像数据既可以按照从上到下、从左到右的顺序进行存储，也可以按相反的顺序存储。

（5）TGA 格式的图像对硬件的依赖性强，如果显示卡不具备 24bit 或 32bit 的显示能力，该格式图像不能正确显示。

TGA 格式的图像文件经历了 1.0 版和 2.0 版两个版本，目前的版本是 2.0 版。该格式的文件结构如图 2.28 所示。

文件头主要用于说明 TGA 文件的出处、颜色映像表类型、图像数据存储类型、图像数据存储顺序等内容。

调色板数据块信息是可选择部分，其定义在文件头中说明。调色板数据块信息包括 TGA 图像文件格式的调色板数据块构成方式、图像数据的组织方式等。

图像数据区用于存储大量的图像数据，是描述图像的重要区域。

图像数据区后面是数据补充区，该区域是 2.0 版本新增加的区域，用于标明当前文件是新版本文件，并将指针指向图像数据区后面的所有补充区内的数据内容。数据补充区分为开发者目录区和扩充数据区两个区。在保存数据补充区内容时，一般的存储顺序为开发者相关数据（包括开发者私有信息）、开发者目录、扩充数据、数据块指针及文件注脚（位于文件的末尾）。

5. JPEG（*.jpg、*.jpeg）格式

JPEG 是 joint photographic experts group 的缩写，意思是"联合图像专家组"。该格式的图像文件标准由该专家小组提出。JPEG 格式的图像文件具有迄今为止最为复杂的文件结构和编码方式，其编码过程可概括为 4 个阶段：颜色转换阶段、DCT 变换阶段、量化阶段、进行算术编码或霍夫曼编码阶段，具体内容不做赘述。该格式文件采用有损编码方式，原始图像经过 JPEG 编码，使 JPEG 格式的图像文件与原始图像发生很大差别，这不同于其他所有图像格式文件。该格式的文件结构如图 2.29 所示。

图 2.28　TGA 格式图像文件的结构

图 2.29　JPEG 格式图像文件的结构

JPEG 格式的图像文件具有如下特点。

（1）JPEG 格式图像文件的扩展名是".jpg"。

（2）适用性广泛，大多数图像类型都可以进行 JPEG 编码。

(3) 对于使用计算机绘制的具有明显边界的图像而言,JPEG 编码方式的处理效果不佳。

(4) 对于表达自然景观的色彩丰富的图像而言,JPEG 编码方式具有非常好的处理效果。

(5) 当使用 JPEG 格式的图像文件时,需要解压缩过程。

JPEG 图像文件格式一般有两种内部格式。一种是广泛使用的 JPEG 格式,它包含一个常驻的 JPEG 数据流,其作用是提供解码所需的数据,不需要外部数据。另一种是 Aldus 公司于 1992 年公布的 JPEG-in-TIFF 格式,它是 TIFF 格式的从属格式,该格式把 JPEG 图像压缩保存到 TIFF 格式文件中。JPEG-in-TIFF 格式在保存和读出时,易受外部条件的限制和影响。采用有损编码方式的 JPEG 格式文件使用范围相当广泛,由于一个数据量很大的原始图像文件经过编码,能够以很小的数据量存储,因此,这种文件在互联网上经常用于图像传输;在广告设计中,常作为图像素材使用;在存储容量有限的条件下便于携带和传输。

6. PNG(＊.png)格式

PNG(portable network graphic,便携式网络图像格式)是一种无损压缩的位图图像格式,支持索引、灰度、RGB 三种颜色方案及 Alpha 通道等特性。PNG 能提供更大的颜色深度的支持,包括 24bit 和 48bit 真彩色,可以做到更高的颜色精度、更平滑的颜色过渡。加入 Alpha 通道后,可支持每个像素 64bit 的表示。PNG 格式图像因其高保真性、透明性和文件较小等特性被广泛应用于网页设计,平面设计中。

7. PSD(＊.psd)格式

PSD 格式是 Photoshop 中使用的一种标准图像文件格式,可包括层、通道和颜色模式等信息,且该格式是唯一支持全部颜色模式的图像格式。PSD 文件能够将不同的物件以层(layer)的方式来分离保存,便于修改和制作各种特殊效果。PDD 和 PSD 一样,都是 Photoshop 软件中专用的一种图像文件格式,能够保存图像数据的每一个细小部分,包括层、附加的蒙版、通道及其他内容,而这些内容在转存成其他格式时将会丢失。另外,因为这两种格式是 Photoshop 支持的自身格式文件,所以 Photoshop 能以比其他格式更快的速度打开和存储它们。在保存图像时,若图像中含有层信息,则必须以 PSD 格式保存。但是由于 PSD 格式保存的信息较多,因此,其文件非常庞大。

8. PDF(＊.pdf)格式

PDF 格式是由 Adobe 公司推出的专为线上出版而制定的图像格式,它以 PostScript Level 2 语言为基础,因此,可以覆盖矢量式图像和点阵式图像,并且支持超级链接。该格式可以保存多页信息,其中可以包含图形和文本。此外,由于该格式支持超级链接,因此是网络下载经常使用的文件格式。PDF 格式支持 RGB、索引颜色、CMYK、灰度、位图和 Lab 颜色模式,但不支持 Alpha 通道。

2.4.2 BMP 位图文件

本节介绍无压缩的 BMP 图像结构,进一步理解数字图像存储格式和颜色在文件中的表示。典型的 BMP 图像文件由如下四部分组成,其中前三部分是一般意义上的文件头,描述了图像的相关参数,它们的名称和符号如表2.2所示。

(1) 位图文件头(bit map file header),包含BMP图像文件的类型、显示内容等信息;

(2) 位图信息头(bit map info header),包含图像的宽、高、压缩方法及定义颜色等信息;

(3) 调色板(RGBQUAD),这个部分可选,有些位图需要调色板,有些位图,如真彩色图(24bit的BMP)不需要调色板;

(4) 图像数据,这部分的内容根据BMP位图使用的位数不同而不同,在24bit图中直接使用RGB,而其他的小于24bit的使用调色板中颜色索引值。

BMP文件中数据存放采用倒序结构,即低字节在前,高字节在后,例如,十六进制数A02B在BMP中存放就是2BA0。

表2.2 BMP图像文件组成部分的名称和符号

组成部分	结构名称	符号	大小
位图义件头	BITMAPFILEHEADER	bmfh	14字节
位图信息头	BITMAPINFOHEADER	bmih	40字节
调色板	RGBQUAD	aColors[]	4字节
图像数据	BYTE	aBitmapBits[]	由实际图像数据决定

1. 位图文件头

位图文件头包含有关文件类型、文件大小、存放位置等信息,在Windows 3.0以上版本的位图文件中用BITMAPFILEHEADER结构来定义,其形式如下:

```
typedef struct tagBITMAPFILEHEADER {
UINT bfType;
DWORD bfSize;
UINT bfReserved1;
UINT bfReserved2;
DWORD bfOffBits;
} BITMAPFILEHEADER;
```

其中:

bfType 说明文件的类型;

bfSize 说明文件的大小,用字节为单位;

bfReserved1 保留,设置为0;

bfReserved2 保留,设置为0。

bfOffBits 说明从BITMAPFILEHEADER结构开始到实际的图像数据之间的字节偏移量,这个结构长度是固定的,为14字节。

2. 位图信息头

位图信息用BITMAPINFO结构来定义,它由位图信息头和调色板(color table)组成,前者用BITMAPINFOHEADER结构定义,后者用RGBQUAD结构定义。BITMAPINFO结构具有如下形式:

```
typedef struct tagBITMAPINFO {
BITMAPINFOHEADER bmiHeader;
RGBQUAD bmiColors[1];
} BITMAPINFO;
```

其中：

BITMAPINFOHEADER 结构包含有位图文件的大小、压缩类型和颜色格式，其结构定义为

```
typedef struct tagBITMAPINFOHEADER {
DWORD biSize;
LONG biWidth;
LONG biHeight;
WORD biPlanes;
WORD biBitCount;
DWORD biCompression;
DWORD biSizeImage;
LONG biXPelsPerMeter;
LONG biYPelsPerMeter;
DWORD biClrUsed;
DWORD biClrImportant;
} BITMAPINFOHEADER;
```

其中：

bmiHeader 说明 BITMAPINFOHEADER 结构；

bmiColors 说明调色板 RGBQUAD 结构的阵列；

biSize 说明 BITMAPINFOHEADER 结构所需要的字节数；

biWidth 说明图像的宽度，以像素为单位；

biHeight 说明图像的高度，以像素为单位；

biPlanes 为目标设备说明位面数，其值设置为 1；

biBitCount 说明位数/像素，其值为 1、2、4 或者 24；

biCompression 说明图像数据压缩的类型。其值可以是下述值之一：

  BI_RGB：没有压缩；

  BI_RLE8：每个像素 8bit 的 RLE 压缩编码，压缩格式由 2 字节组成（重复像素计数和颜色索引）；

  BI_RLE4：每个像素 4bit 的 RLE 压缩编码，压缩格式由 2 字节组成；

biSizeImage 说明图像的大小，以字节为单位。当用 BI_RGB 格式时，可设置为 0；

biXPelsPerMeter 说明水平分辨率，用像素/m 表示；

biYPelsPerMeter 说明垂直分辨率，用像素/m 表示；

biClrUsed 说明位图实际使用的调色板中的颜色索引数；

biClrImportant 说明对图像显示有重要影响的颜色索引的数目，如果是 0，表示都重要。

3. 调色板

调色板包含的元素与位图所具有的颜色数相同，像素的颜色用 RGBQUAD 结构来定义。对于 24bit 真彩色图像就不使用调色板，因为位图中的 RGB 值就代表了每个像素的颜色。调色板中的颜色按颜色的重要性排序，这可以辅助显示驱动程序为不能显示足够多颜色数的显示设备显示彩色图像。RGBQUAD 结构描述由 R、G、B 相对强度组成的颜色，定义如下：

```
typedef struct tagRGBQUAD {
BMP 文件示例
BYTE rgbBlue;
BYTE rgbGreen;
BYTE rgbRed;
BYTE rgbReserved;
} RGBQUAD;
```

其中：

rgbBlue 指定蓝色强度；

rgbGreen 指定绿色强度；

rgbRed 指定红色强度；

rgbReserved 保留，设置为 0。

4. 图像数据

紧跟在调色板之后的是图像数据字节阵列。图像的每一扫描行由表示图像像素的连续的字节组成，每一行的字节数取决于图像的颜色数目和用像素表示的图像宽度。扫描行是由底向上存储的，也就是说，位图的存储顺序为从左到右、从下到上。图像数据中的第一个数是图像最左下角的像素值。

2.4.3 不同格式图像的使用

每种图像格式都有自己的特点，有的图像质量好，包含信息多，但是存储空间大；有的压缩率较高，图像完整，占用的存储空间少。至于在什么场合使用哪种格式的图像应由每种格式的特点来决定。

BMP 格式图像是古老的像素图格式，由微软公司开发，无压缩，大多数系统都支持。现今它已经过时，基本很少使用，相对来说文件尺寸大，不支持 CMYK。

JPEG 格式图像用途广泛，受到几乎所有平台和系统的支持，支持应用不同级别的压缩，压缩后的文件尺寸较小，适合存储和发送，几乎所有的数码相机和网络环境都支持 JPEG，经常被用作图像预览和制作 HTML 网页，但由于该格式是有损压缩，会随着重新存储次数增多而降低质量的问题，不适合制作印刷品，在相机拍摄照片、网络图片等中广泛使用。

TIFF 格式图像默认设置下在压缩时不会损失信息，但也支持开启有损压缩设置。它支持存储带有图层、透明度等内容的高品质图像，因此尺寸较大。TIFF 支持多页面、多图层和透明度。几乎所有软件都支持该格式，图像品质较高，常被平面设计师用于出版印刷，也可以用于编辑和存储。但因图像尺寸很大，大于 JPEG 甚至 RAW 文件，只有专业软件支持多页面功能。

PNG 格式图像原本是被设计用于替代 GIF 的，支持比 GIF 更多的颜色。PNG 是无损压缩格式，图像尺寸通常比 JPEG 大，而且仅支持 RGB 色彩空间。在网络上最常用，对显示器有优化（相对于印刷来说），适合存储照片和文本。

GIF 格式图像是早期互联网的产物，能被压缩到非常小的尺寸，其加载迅速，支持动画、无损压缩，尺寸较小，支持透明度。适合用于网络图片，尤其是动图，但目前静态 GIF 图像已经基本被 JPEG 取代了。GIF 格式图像最大仅支持 256 色，不支持 CMYK。

PSD 格式图像是 Photoshop 的专用格式，这意味着它能最大限度地保存 Photoshop 编辑的内容，支持透明度，可以组合使用像素图和矢量图，用于 Photoshop 中相关照片的编辑。现在很多打印机开始支持 PSD，但 PSD 格式不能用于网络图片，并且图像尺寸容易变得很大。

RAW 格式图像是现代相机使用的存储格式，相机捕捉的数据不会被压缩也不会被处理，信息可以最大限度地保留下来。不同的相机品牌支持的 RAW 格式不同，后缀可能是 CR2、NEF、DNG 等。因为 RAW 格式可以尽可能保留照片信息，适用于专业摄影，尤其在照片需要后期编辑的时候。但因其图像尺寸非常大，很容易填满存储卡，并不被所有照片编辑器支持，大多打印机也不支持。

EPS 格式图像是矢量图通用文件，大多数矢量编辑软件都支持 EPS。EPS 格式文件支持任何尺寸的图像，有大量软件支持查看，可以轻松地被转换为像素图，因此可以用于保存矢量图，如插画、Logo 和图标。但用于编辑的软件有限，打印机支持性交叉，有些 EPS 文件内部是像素图，只是被"伪装"成了矢量图。

SVG 格式图像基于 XML 格式，尺寸较小，适合用于网络发布。同时，SVG 也非常适用于导出 2D 路径到 3D 软件中。其支持矢量内容，放大缩小不会模糊，也支持文本和像素图，可以添加动画（通过外部代码交互），也可直接作为代码放在 HTML 里，被搜索引擎检索。但其支持的颜色深度有限，不适合用作印刷。

PDF 格式是封装文档用于印刷的通用标准之一。可以同时存储像素图、矢量图和文本。很多软件可以输出 PDF，支持多页查看。可存储文档，用于打印。但其限制用于 Windows 和 macOS，且很难编辑。

2.5 MATLAB 数字图像处理基础函数

MATLAB 图像处理工具箱中有相应的图像读取、显示及不同类型图像相互转换的函数。

（1）imread 函数。其功能为实现多种类型图像文件的读取，如 BMP、GIF、JPEG、PNG、RAS 等。调用格式为 A=imread(FILENAME,FMT)。其中，FILENAME 为图像文件名，若文件不在当前目录或 MATLAB 目录下，则需要列全文件路径；FMT 为文件的扩展名，指定文件类型；A 为图像数据矩阵。

（2）imshow 函数。其功能为显示图像。调用格式包括以下 6 种。

imshow(I)：显示灰度图像 I。

imshow(I,[LOW HIGH])：以规定的灰度级范围[LOW,HIGH]来显示灰度图像 I,小于或等于 LOW 值的显示为黑,大于或等于 HIGH 值的显示为白,默认按 256 个灰度级显示。若未指定 LOW 和 HIGH 值,则将图像中最低灰度显示为黑色,最高灰度显示为白色。

imshow(RGB)：显示真彩色图像 RGB。

imshow(BW)：显示二值图像 BW,像素值为 0 和 1。

imshow(X,MAP)：显示索引图像,X 为索引图像的数据矩阵;MAP 为其颜色映射表。

imshow(FILENAME)：显示 FILENAME 指定的图像,若文件包括多帧图像,则显示第一帧,且文件必须在 MATLAB 的当前目录下。

(3) imwrite 函数。其功能为实现图像文件的保存。调用格式包括以下两种。

imwrite(A,FILENAME,FMT)：A 是要保存的图像数据矩阵;FILENAME 是指定文件名的字符串;FMT 是指定文件格式的字符串。

imwrite(X, MAP, FILENAME, FMT)：X 为索引图像的数据矩阵;MAP 为其颜色映射表。

(4) rgb2gray 函数。其功能为实现彩色图像灰度化。调用格式为 I = rgb2gray(RGB)。

(5) rgb2hsv 函数。其功能为实现 RGB 数据图像向 HSV 数据图像的转换。调用格式为 HSV = rgb2hsv(RGB)。RGB 为 RGB 彩色图像,是三维矩阵;HSV 为三维 HSV 图像矩阵,三维依次为 H、S、V,取值均在[0,1]范围内。

(6) rgb2ycbcr 函数。功能为实现 RGB 数据图像向 YCbCr 数据图像的转换。调用格式为 YCbCr=rgb2ycbcr(RGB)；YCbCr 数据类型与 RGB 一致。若 RGB 为 uint8 型数据,则 Y$\in$[16,235], Cb、Cr$\in$[16,240];若输入为 double 或 single 型数据,则 Y$\in$[16/255,235/255],Cb、Cr$\in$[16/255,240/255];若输入为 uint16 型数据,则 Y$\in$[4112,60395],Cb、Cr$\in$[4112,61680]。

【例 2-3】 编写程序,分别利用 MATLAB 工具箱中的图像转换函数和自己编写程序,实现彩色图像到灰度图像和二值图像的转换,对照结果是否一致。

解：MATLAB 代码如下所示：

```
clear all;close all;clc;
Image = imread('football.jpg'); %打开图像并将像素值转化到[0,1]
gray=rgb2gray(Image);
im=im2bw(gray);
subplot(231),imshow(Image),title('彩色图像');
subplot(232),imshow(gray),title('灰度图像');
subplot(233),imshow(im),title('二值图像');
%公式实现转换
r = Image(:,:,1); %提取红色通道
g = Image(:,:,2); %提取绿色通道
```

```
b = Image(:,:,3);%提取蓝色通道
Y = 0.299 * r + 0.587 * g + 0.114 * b;%计算亮度值 Y 实现灰度化
I = (r + g + b)/3;%计算亮度值 I 实现灰度化
BW = zeros(size(Y));
BW(Y>80) = 1;%阈值为 80,实现灰度图二值化
subplot(234),imshow(Y),title('亮度图 Y');
subplot(235),imshow(I),title('灰度图 I ');
subplot(236),imshow(BW),title('二值图像');
imwrite(gray,'gray.jpg');
imwrite(im,'im.jpg');
imwrite(Y,'亮度图 Y.jpg');
imwrite(I,'灰度图 I.jpg');
imwrite(BW,'自定阈值二值图像.jpg');
```

程序运行结果如图 2.30 所示。

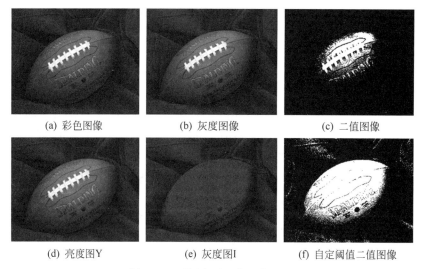

图 2.30 不同类型图像间的转换

2.6 本章小结

本章是后续章节的基础。通过人眼视觉系统和颜色模型的介绍,使读者了解人眼视觉特性、颜色模型的基础知识。图像数字化是图像处理研究的基础,为真实世界的连续图像与计算机能处理的数字图像之间建立起必要联系。图像存储格式是图像处理的基础,数字图像处理过程中常常需要读取或保存图像,只有清楚不同的图像格式,才能顺利完成这项工作。

习题

1. 人眼的视觉特性有哪些?结合实际生活,分别列举人眼视觉特性的应用。
2. 什么是三原色原理?计算机三原色和印刷三原色中的三基色分别指什么?
3. 什么是 RBG 颜色模型?什么是 CMYK 颜色模型?二者关系是怎么样的?
4. 图像数字化过程包括哪些步骤?
5. 描述采样、量化跟图像质量的关系。
6. 计算存储一幅大小为 1024×768 的真彩色图像所需要的字节数。
7. 利用 MATLAB 编程时,读入图像、显示图像、导出图像、真彩色转成灰度图像、灰度转成二值图像、颜色空间转换等的函数分别是什么?

第 3 章　图像运算与图像几何变换

图像运算和图像几何变换是数字图像处理的基础,非常重要。本章主要介绍图像的代数和逻辑运算、图像的邻域和模板运算、图像的几何变换。

3.1　图像的代数和逻辑运算

图像的代数运算是图像的算数操作实现方法,指两幅输入图像之间进行的点对点的加、减、乘、除运算得到输出图像的过程。图像的逻辑运算指将两幅图像对应像素进行与、或、非等逻辑运算过程。算数运算和逻辑运算的原理简单易懂,实际应用经常用到。

假设两幅输入图像分别为 $f_1(x,y)$ 和 $f_2(x,y)$,二者运算的输出结果图像为 $g(x,y)$,则图像的代数运算有如下四种形式:

$$g(x,y)=\alpha f_1(x,y)+\beta f_2(x,y) \tag{3-1}$$

$$g(x,y)=\alpha f_1(x,y)-\beta f_2(x,y) \tag{3-2}$$

$$g(x,y)=\alpha f_1(x,y)\times f_2(x,y) \tag{3-3}$$

$$g(x,y)=\alpha f_1(x,y)\div f_2(x,y) \tag{3-4}$$

使用图像处理工具箱中的图像代数运算函数无须再进行数据类型间的转换,这些函数能够接受 uint8 和 uint16 数据,并返回相同格式的图像结果。其代数运算函数如表 3.1 所示。需要注意的是,代数运算的结果有时需要使用一些截取规则使得运算结果符合数据范围的要求,例如,图像乘法运算很容易出现结果超出数据类型允许范围的情况,图像除法运算也会产生不能用整数描述的分数结果的情况,等等。此时一定要对算数运算结果做截取操作,保证图像像素值在 0~255 之间。下面具体介绍一下各种代数运算的用法。

表 3.1　MATLAB 图像处理工具箱中的代数运算函数

函　数　名	功　能　描　述
imabsdiff	两幅图像的绝对差值
imadd	两幅图像的加法
imcomplement	补足一幅图像
imdivide	两幅图像的除法

续表

函 数 名	功 能 描 述
imlincomb	计算两幅图像的线性组合
immultiply	两幅图像的乘法
imsubstract	两幅图像的减法

3.1.1 图像的加法运算

图像加法运算一般用于如下场合：①对同一场景的多幅图像求平均效果，以有效地降低具有叠加性质的随机噪声；②将一幅图像的内容叠加到另一幅图像上去，以改善图像的视觉效果；③图像融合与图像拼接。

图像的加法运算如式(3-1)所示，其中，参与运算的两幅图像 $f_1(x,y)$、$f_2(x,y)$ 和输出结果图像 $g(x,y)$ 是同等大小的图像。需要注意的是，两幅图像相加时产生的结果很可能超过图像数据类型所支持的最大值，尤其对于 uint8 类型的图像，溢出情况很常见，当数据值发生溢出时，可以采用下面两种方法进行处理。

1. 截断处理

$$\left. \begin{array}{l} g(x,y) = 255, \quad g(x,y) > 255 \\ g(x,y) = g(x,y), \quad 其他 \end{array} \right\} \tag{3-5}$$

即如果 $g(x,y) > 255$，则仍取 255，但新图像 $g(x,y)$ 像素值偏大，图像整体较亮，后续需要灰度级调整。

2. 加权求和

$$g(x,y) = \alpha f_1(x,y) + (1-\alpha) f_2(x,y), \quad \alpha \in [0,1] \tag{3-6}$$

这种方法需要选择合适的加权系数 α。

加法运算 MATLAB 实现函数为 Z＝imadd(X,Y)。

imadd 函数将数据截取为数据类型所支持的最大值，这种截取效果称为饱和现象，为了避免饱和现象，进行加法运算时，最好将图像转换为一种数据范围较宽的数据类型，例如，将 uint8 类型转换为 uint16 类型。若 X、Y 均为图像，则要求 X 和 Y 的尺寸相等，对应运算和大于 255，则 Z 仍取 255，即截断处理；若 Y 是一个标量，则 Z 表示对图像 X 整体加上 Y 值；若 Z 为整型数据，对小数部分取整，超出整型数据范围的被截断。

【例 3-1】 图像加法运算示例。

解：MATLAB 代码如下所示：

```
clear all;close all;clc;
Before=imread('clock2.gif');
Back=imread('clock1.gif');
ZJ1=imadd(Before,-80);
ZJ2=imadd(Back,-80);
result1=imadd(Back,Before);
result2=imadd(Back,ZJ1);
```

```
result3=imadd(ZJ2,Before);
imwrite(ZJ1,'暗前景图.jpg');
imwrite(ZJ2,'暗背景图.jpg');
imwrite(result1,'前聚焦叠加后聚焦结果.jpg');
imwrite(result2,'暗前景叠加后聚焦结果.jpg');
imwrite(result3,'暗背景叠加前聚焦结果.jpg');
subplot(231),imshow(Before),title('前聚焦图');
subplot(232),imshow(Back),title('后聚焦图');
subplot(233),imshow(ZJ2),title('暗前景图');
subplot(234),imshow(result1),title('前聚焦叠加后聚焦结果');
subplot(235),imshow(result3),title('暗背景叠加前聚焦结果');
subplot(236),imshow(result2),title('暗前景叠加后聚焦结果');
```

程序运行结果如图 3.1 所示。

(a) 前聚焦图　　　　(b) 后聚焦图　　　　(c) 暗前景图

(d) 前聚焦叠加后聚焦结果 (e) 暗背景叠加前聚焦结果 (f) 暗前景叠加后聚焦结果

图 3.1　图像加法运算示例

3.1.2　图像的减法运算

图像减法运算一般用于如下场合：①显示两幅图像的差异或变化，例如，在运动目标检测应用中，检测同一场景两幅图像之间的变化，视频图像边界的检测等；②去除背景阴影或周期性的噪声等不需要的叠加性图案或去除图像上每一个像素处均已知的附加污染等；③图像分割，例如，在运动图像分割任务中，减法相邻运动帧图像间的静止部分，剩余的就是运动目标和噪声信息；④生成合成图像，在利用图像减法处理图像时往往需要考虑背景的更新机制，补偿由于大气、光照等因素对图像显示效果造成的影响。

图像的减法运算如式(3-2)所示，其中，参与运算的两幅图像 $f_1(x,y)$、$f_2(x,y)$ 和输出结果图像 $g(x,y)$ 是同等大小的图像。需要注意的是，两幅图像相减时，对应像素值的差可能为负数，遇到这种情况时，可以采用下列方法进行处理。

1. 截断处理

$$g(x,y)=0, \quad g(x,y)<0 \brace g(x,y)=g(x,y), \quad 其他 \quad (3-7)$$

即如果 $g(x,y)<0$，则仍取 0，但新图像 $g(x,y)$ 像素值偏小，图像整体较暗，后续需要灰度级调整。

2. 取绝对值

$$g(x,y)=|f_1(x,y)-f_2(x,y)| \quad (3-8)$$

减法运算 MATLAB 实现函数为：

Z=imsubstract(X,Y)：差值结果小于 0 的赋值为 0，对 X、Y 的要求与 imadd() 函数相同。

Z=imabsdiff(X,Y)：差值结果取绝对值。

【例 3-2】 图像减法运算示例。

解：MATLAB 代码如下所示：

```
clear all;close all;clc;
Before=imread('clock2.gif');
Back=imread('clock1.gif');
result=imabsdiff(Before,Back);
result2=imsubstract(Before,Back);
imwrite(result*5,'相减取绝对值结果.jpg');
imwrite(result2*5,'直接相减结果.jpg');
subplot(222),imshow(Before),title('前聚焦图');
subplot(221),imshow(Back),title('后聚焦图');
subplot(223),imshow(result*5),title('相减取绝对值结果');
subplot(224),imshow(result2*5),title('直接相减结果');
```

程序运行结果如图 3.2 所示。

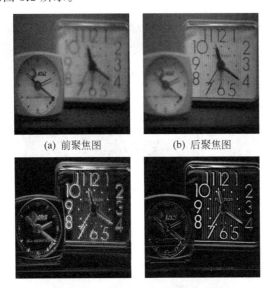

图 3.2 图像减法运算示例

3.1.3 图像的乘法运算

图像乘法运算可以实现图像的局部显示和提取,屏蔽掉图像的某些部分。一幅图像乘以一个常数被称为缩放操作。若缩放因子大于1,图像变亮;若缩放因子小于1,图像变暗。缩放通常将产生比简单添加像素偏移量自然得多的明暗效果,更好地维持图像相关对比度。此外,时域卷积或相关运算与频率域乘积运算相对应。因此,乘法运算有时也被作为一种技巧实现卷积或相关处理。

图像的乘法运算如式(3-3)所示,其中,参与运算的两幅图像 $f_1(x,y)$、$f_2(x,y)$ 和输出结果图像 $g(x,y)$ 是同等大小的图像。需要注意的是,乘积通常会超出 uint8 类型的最大值,超出部分会被截断,截断方法可参考图像加法运算的截断处理方式。

乘法运算 MATLAB 实现函数为:

Z=immultiply(X,Y)。对 X、Y 的要求与 imadd() 相同。若 X、Y 为 uint8 类型的数据,乘积结果如超出 uint8 类型的最大值需要进行截断处理。

【例 3-3】 图像乘法运算示例。

解:MATLAB 代码如下所示:

```
clear all;close all;clc;
Image=im2double(imread('football.jpg'));
Templet=im2double(imread('footballtemplet.jpg'));
result=immultiply(Templet,Image);
imwrite(result,'相乘结果.jpg');
subplot(131),imshow(Image),title('背景图');
subplot(132),imshow(Templet),title('模板');
subplot(133),imshow(result),title('相乘结果');
```

程序运行结果如图 3.3 所示。

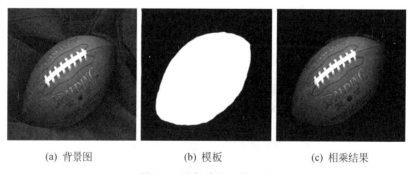

(a) 背景图　　　　　　　(b) 模板　　　　　　　(c) 相乘结果

图 3.3　图像乘法运算示例

3.1.4 图像的除法运算

图像除法运算可以用于校正成像设备的非线性影响、检测两幅图像之间的区别、消除空间可变的量化敏感函数、产生比率图像等,这在特殊形态的图像(如断层扫描医学图像)处理中较为常用。图像除法操作给出的是相应像素值的变化比率,而不是每个像素的绝对差异,因而图像除法也称为比率变换。

图像的除法运算如式(3-4)所示,其中,参与运算的两幅图像 $f_1(x,y)$、$f_2(x,y)$ 和输出结果图像 $g(x,y)$ 是同尺寸的图像。需要注意的是,除法运算如遇到超出 uint8 类型的最大值,超出部分会被截断,截断方法可参考图像加法运算的截断处理方式。

除法运算 MATLAB 实现函数:Z=imdivide(X,Y)。

【例 3-4】 图像除法运算示例。

解:MATLAB 代码如下所示:

```
clear all;close all;clc;
I=double(imread('football.jpg'));
J=double(imread('footballtemplet.jpg'));
Ip = imdivide(I, J);
subplot(131),imshow(uint8(I)),title('背景图');
subplot(132),imshow(uint8(J)),title('模板');
subplot(133),imshow(Ip),title('相除结果');
imwrite(Ip,'相除结果.jpg');
```

程序运行结果如图 3.4 所示。

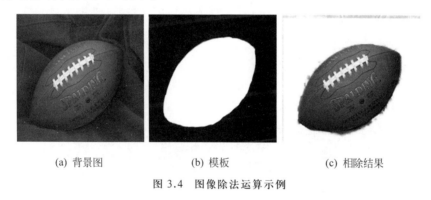

(a) 背景图　　　　　(b) 模板　　　　　(c) 相除结果

图 3.4　图像除法运算示例

3.1.5　逻辑运算

两幅图像对应像素间也可以进行与、或、非等逻辑运算。

非运算:$g(x,y)=255-f(x,y)$,用于获得原图像的补图像。

与运算:$g(x,y)=f_1(x,y)\&f_2(x,y)$,用于求两幅图像的相交子图,可作为模板运算。

或运算:$g(x,y)=f_1(x,y)|f_2(x,y)$,用于合并两幅图像的子图像,可作为模板运算。

对应的 MATLAB 函数为:

(1) C=bitcmp(A)。A 为有符号或无符号整型矩阵,C 为 A 按位求补。

(2) C=bitand(A,B)。A 和 B 为有符号或无符号整型矩阵,C 为 A、B 按位求与。

(3) C=bitor(A,B)。A 和 B 为有符号或无符号整型矩阵,C 为 A、B 按位求或。

(4) C=bitxor(A,B)。A 和 B 为有符号和无符号整型矩阵,C 为 A、B 按位求异或。

(5) &、|、~ 运算符。相"&"的两个数据非零则输出 1,否则为 0;相"|"的两个数,一个非零则输出 1;"~A"的意思是若 A 为 0,则输出 1,否则输出 0。要注意运算符与按位逻辑运算不一致。

【例 3-5】 两幅图像进行逻辑运算的 MATLAB 实现。

解:MATLAB 代码如下所示:

```
clear all;close all;clc;
Image = imread('football.jpg');
Templet = imread('footballtemplet.jpg');
result1 = bitcmp(Image);
result2 = bitand(Templet,Image);
result3 = bitor(Templet,Image);
result4 = bitxor(Templet,Image);
subplot(231),imshow(Image),title('原图');
subplot(232),imshow(Templet),title('模板');
subplot(233),imshow(result1),title('求反');
subplot(234),imshow(result2),title('相与');
subplot(235),imshow(result3),title('相或');
subplot(236),imshow(result4),title('异或');
imwrite(result1,'求反.jpg');
imwrite(result2,'相与.jpg');
imwrite(result3,'相或.jpg');
imwrite(result4,'异或.jpg');
```

程序运行结果如图 3.5 所示。

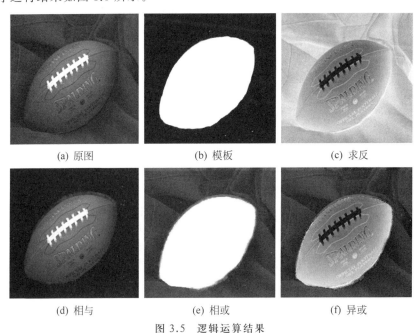

图 3.5 逻辑运算结果

3.2 图像的邻域运算和模板运算

图像处理中邻域运算和模板运算非常实用和常见,邻域运算通常是以包含中心像素在内的邻域为分析对象,每个像素点和其周围邻域内的点共同参与运算,是多种图像处理算法的运算方式。模板通常也称滤波器(filters)、核(kernels)、掩模(templates)或窗口(windows),模板运算本质上也是一种邻域运算。邻域运算能够将像素关联起来,处理结果来源于对邻域内像素灰度值的计算。点运算是邻域运算的基础,是对图像中每个像素点进行运算,其他点的值不会影响到该像素点,如图像的几何变换、灰度级变换等。本节先介绍像素间的基本距离度量关系、邻点和邻域等基本概念,再介绍邻域和模板运算。

3.2.1 像素间的基本关系

图像是一种二维信号,像素在图像空间是按某种规律排列的,同时与其他像素又构成了相互的空间关系,因此,首先对常用的像素间基本关系进行介绍。

假设图像上的任意三个像素 p、q 和 z,其坐标分别用 (x,y),(s,t) 和 (v,w) 表示,如果满足:

(1) $D(p,q) \geqslant 0$,当且仅当 $p=q$ 时有 $D(p,q)=0$ 成立,即两点之间距离大于或等于 0,距离应满足非负性;

(2) $D(p,q)=D(q,p)$,即距离与方向无关;

(3) $D(p,z) \leqslant D(p,q)+D(q,z)$,两点之间直线距离最短。

则 D 是距离函数或距离度量。

在图像处理中,常用的距离函数有三种,即欧氏距离、城市街区距离和棋盘距离。下面分别介绍这三种距离函数。值得注意的是距离函数与任何通路无关,仅与点的坐标有关。

1. 欧氏距离

欧氏距离是一个最常用的距离度量,$p(x,y)$ 和 $q(s,t)$ 两点间的欧氏距离 D_e 定义为

$$D_e(p,q) = \sqrt{(x-s)^2 + (y-t)^2} \tag{3-9}$$

欧氏距离示意图如图 3.6 所示。欧氏距离是指距点 (x,y) 的距离小于或等于某一值 r(必须是非负实数)的像素组成的集合,是以 (x,y) 为圆心,r 为半径的圆平面,其中距离等于 r 的像素位于圆上。

2. 城市街区距离

$p(x,y)$ 和 $q(s,t)$ 两点间的城市街区距离(或称为 D_4 距离)定义为

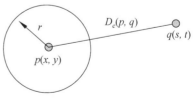

图 3.6 欧氏距离示意图

$$D_4(p,q) = |x-s| + |y-t| \tag{3-10}$$

城市街区距离是指距点 (x,y) 的距离小于或等于某一值 r(必须是非负实数)的像素组成的集合,是以 (x,y) 为中心,对角线分别为 x 轴和 y 轴且长度为 $2r$ 的正方形,其中

距离等于 r 的像素位于正方形的四个边上。

例如，距 (x,y) 点的 D_4 距离小于或等于 2 的像素构成的城市街区距离如图 3.7 所示。

3. 棋盘距离

$p(x,y)$ 和 $q(s,t)$ 两点间的棋盘距离（或称为 D_8 距离）定义为

$$D_8(p,q) = \max(|x-s|, |y-t|) \quad (3-11)$$

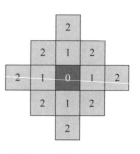

图 3.7 城市街区距离示意图

棋盘距离是指距点 (x,y) 的距离小于或等于某一值 r（必须是非负实数）的像素组成的集合，是以 (x,y) 为中心，边长为 $2r$ 的正方形，且正方形的边分别与 x 轴平行或垂直，其中距离等于 r 的像素位于正方形的四个边上。

例如，距 (x,y) 点的 D_8 距离小于或等于 2 的像素构成的棋盘距离如图 3.8 所示。

【例 3-6】 试计算图 3.9 所示 p、q 两点间的 D_e、D_4 和 D_8。

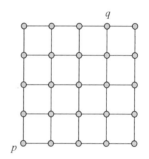

图 3.8 棋盘距离示意图　　图 3.9 p、q 两点位置示意图

解：根据距离计算定义，假设 p 点坐标位置为 $p(0,0)$，则 q 点坐标位置为 $q(3,4)$，则

$$D_e(p,q) = \sqrt{(x-s)^2 + (y-t)^2} = 5$$
$$D_4(p,q) = |x-s| + |y-t| = 7$$
$$D_8(p,q) = \max(|x-s|, |y-t|) = 4$$

3.2.2 邻点和邻域

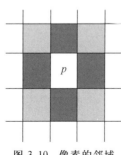

图 3.10 像素的邻域

图像是由像素构成的，对于一个像素而言，其邻近像素之间关系密切。图像中相邻的像素构成邻域，邻域中的像素点互为邻点。根据对近邻像素的不同定义，可以得到由不同邻近像素组成的邻域，常用的像素邻域主要有如下 3 种。

1. 4 邻域

假设位于坐标 (x,y) 的一个像素 p，如图 3.10 所示，则其空间上有四个水平和垂直的邻近像素（黑色），其坐标分别为 $(x+1,y)$, $(x-1,y)$, $(x,y+1)$, $(x,y-1)$，即点 p 具有 $D_4=1$ 的

像素集合,称为像素 p 的 4 邻域,用 $N_4(p)$ 表示。

2. 对角邻域

像素的邻域如图 3.10 所示,则其有空间上有四个对角的相邻像素(灰色),其坐标分别为$(x+1,y+1),(x-1,y-1),(x-1,y+1),(x+1,y-1)$,用 $N_D(p)$ 表示,称为像素 p 的对角邻域。

3. 8 领域

与 4 邻域的 4 个点组成的 8 个点称为像素 p 的 8 邻域,用 $N_8(p)$ 表示。可以看出,8 邻域是图像中所有 D_8 距离等于 1 的点的集合。

需要指出,像素的 4 邻点和 8 邻点由于与像素直接相邻,因此在邻域处理中较为常用。另外,由于数字图像尺寸总是有限的,如果像素 p 本身处于图像的边缘,则上述的三个邻域会落在图像的外面。

3.2.3 邻域运算和模板运算

在图像处理中,邻域处理通常是以包含中心像素在内的邻域为分析对象的。邻域处理将像素关联起来,邻域处理结果来源于对邻域内像素灰度值的计算,已在图像处理中得到了广泛的应用。

模板也称滤波器、核、掩模等,通常用一个二维阵列来表示(如 3×3、5×5 或 7×7 等)。

模板运算的数学含义是卷积或互相关运算,模板就是卷积运算中的卷积核。图像的卷积运算实际是通过模板在图像上移动完成的,在图像处理中,不断在图像上移动模板的位置,每当模板的中心对准一个像素,此像素所在邻域内的所有像素分别与模板中的每一个加权系数相乘,乘积求和所得结果即为该像素的滤波输出结果,如图 3.11 所示。这样,对图像中的每个邻域依次重复上述过程,直到模板遍历图像中所有可能位置。模板操作实现了一种邻域运算,即某个像素点的结果不仅和本像素灰度值有关,还和其邻点的值有关。

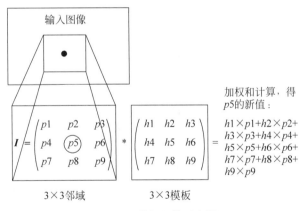

图 3.11 模板运算示意图

图像卷积操作本质上也是一种模板运算,是当前许多深度特征提取算法的基础。卷积操作就是循环将图像和卷积核逐个元素相乘再求和,得到卷积结果图像的过程。在卷积操作中,卷积核在原始图像上做从上到下、从左到右的滑动扫描,每次扫描使用卷积核与其扫描覆盖区域图像做一次卷积运算,然后再移动到下一个位置再进行一次扫描,重复此步骤,直到扫描完毕。卷积公式见式(3-12),卷积操作的示例如图 3.12 所示。

$$y[m,n]=x[m,n]*h[m,n]=\sum_j\sum_i x[i,j]h[m-i,n-j] \quad (3-12)$$

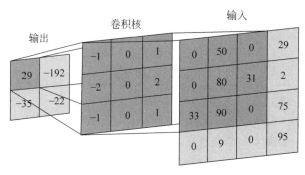

图 3.12 图像卷积操作示意图

卷积运算在目前盛行的深度学习技术中广泛应用。卷积有助于帮助深度神经网络找到特定的局部图像特征,所以用在网络后续各层的学习中。卷积核也可以看做滤波器,卷积核大小即为滤波器尺寸,包含其宽高及个数,卷积核每次移动的距离称为步长。由于卷积核在一次卷积运算中其权重向量并不会改变,可以有效地减少神经网络同层的参数个数,所以神经网络可以更快地达到收敛。

需要注意的是,在对图像进行邻域模板运算过程中,当模板中心与图像外围像素点重合时,模板的部分行和列可能会处于图像平面之外,没有相应的像素值与模板数据进行运算。针对这种情况,需采用如下措施。

(1) 保留该区域中原始像素灰度值不变。

(2) 假设模板大小为 $n\times n$,对于图像中行和列方向上距离边缘小于 $(n-1)/2$ 个像素的区域,在图像边缘以外再补上 $(n-1)/2$ 行和 $(n-1)/2$ 列,对应的灰度值可以补零,也可以将边缘像素灰度值进行复制。

3.3 图像的几何变换

图像几何变换(geometric operation)指通过图像像素位置的变换,直接确定该像素灰度的运算。与代数运算不同,几何变换可改变图像中各物体之间的空间关系。图像几何变换将图像中任一像素映射到一个新位置,是一种空间变换,关键在于确定图像中点与点之间的映射关系,通过这种映射关系可以知道原图像任意像素点变换后的坐标,或者变换后的图像像素在原图像中的坐标位置,并对新图像像素赋值从而产生新的图像。

图像的几何变换在图像配准、电影、电视和媒体广告等影像特技处理中广泛应用,常常需要对影像进行大小、形状、位置等方面的变换处理。

3.3.1 图像几何变换的基础

图像齐次坐标变换、图像插值运算和几何变换是图像几何变换的基础。

1. 齐次坐标变换

用 $n+1$ 维向量表示 n 维向量的方法称为齐次坐标表示法。图像空间中的一个点 (x,y) 用齐次坐标表示为 $\begin{pmatrix} x \\ y \\ 1 \end{pmatrix}$，和某个变换矩阵 $T = \begin{pmatrix} a & b & k \\ c & d & m \\ p & q & s \end{pmatrix}$ 相乘变为新的点 $\begin{pmatrix} x' \\ y' \\ 1 \end{pmatrix}$，即

$$\begin{pmatrix} x' \\ y' \\ 1 \end{pmatrix} = \begin{pmatrix} a & b & k \\ c & d & m \\ p & q & s \end{pmatrix} \begin{pmatrix} x \\ y \\ 1 \end{pmatrix} \tag{3-13}$$

变换矩阵 T 中，子矩阵 $\begin{pmatrix} a & b \\ c & d \end{pmatrix}$ 分别实现图像的比例、对称、错切、旋转等基本变换；子矩阵 $\begin{pmatrix} k \\ m \end{pmatrix}$ 用于图像的平移变换；子矩阵 $(p \quad q)$ 用于图像的投影变换；s 用于图像的全比例变换。

一般情况下，二维图像可表示为 $3 \times n$ 的点集矩阵 $\begin{pmatrix} x_1 & x_2 & \cdots & x_n \\ y_1 & y_2 & \cdots & y_n \\ 1 & 1 & \cdots & 1 \end{pmatrix}$。实现二维图像几何变换的一般过程是

变换矩阵 $T \times$ 变换前的点集矩阵 ＝ 变换后的点集矩阵

2. 图像的插值运算

图像几何变换过程中，可能会产生一些原图像中没有的新像素点，给这些新像素点赋值的运算即为图像插值运算，利用已知邻近像素点的灰度值来产生未知像素点的灰度值。常用的像素灰度内插法有最近邻插值法(nearest neighbor interpolation, NNI)、双线性插值法(bilinear interpolation, BLI)和三次立方插值法(bicubic interpolation, BI)。插值法直接影响到图像变换的视觉效果。

(1) 最近邻插值法。最近邻插值法也称零阶内插法，是一种简单而有效的灰度内插方法。在待求点的四邻像素中，将距离这点最近的相邻像素灰度赋给该待求点。最近邻插值法示意图如图 3.13 所示，图中与位置坐标 (x,y) 最近的点是 (x',y')，则将该点的灰度值 $g(x',y')$ 赋值给 $f(x,y)$，即

$$f(x,y) = g(x',y') \tag{3-14}$$

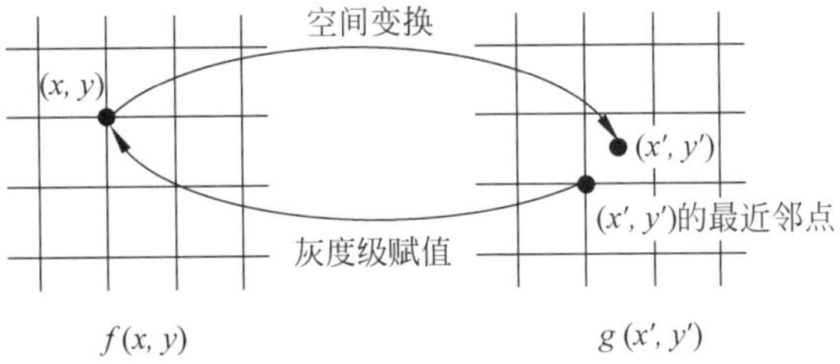

图 3.13 最近邻插值法示意图

最近邻插值法处理后的结果图像中灰度值略带有不连续性，但是对图像的灰度失真最小，有一定的精度，而且具有运算速度快的特点。

(2) 双线性插值法。双线性插值法又叫一阶插值法。该方法是通过映射点在输入图像的 4 个邻点的灰度值对映射点进行插值,它假定共轭点周围的 4 个点围成的区域内的灰度变化是线性的,从而用线性内插方法,根据共轭点的周围 4 个已知像素的灰度值,内插计算出该点的灰度值,双线性插值算法示意图如图 3.14 所示,计算公式为

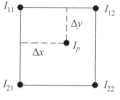

$$I_p = (1-\Delta x)(1-\Delta y)I_{11} + (1-\Delta x)\Delta y I_{12} + \Delta x(1-\Delta y)I_{21} + \Delta x \Delta y I_{22} \tag{3-15}$$

图 3.14 双线性插值法示意图

其中,$\Delta x = x_p - \text{int}(x_p)$;$\Delta y = y_p - \text{int}(y_p)$。

双线性插值算法在一般的计算机上运行要比最近邻域法花费更多的时间,且它对于数据中的高频边缘信息具有平滑作用,因此可以消除最近邻法插值法中的锯齿效果,即消除了灰度值不连续现象,相比于最近邻插值法精度较高。

(3) 三次立方插值法。三次立方插值法是一种较复杂的插值方法,该方法在计算新像素点时要将周围 16 个点全部考虑进去,计算时用式(3-16)来得到理论上的最佳插值函数 $\sin x/x$,$y = \sin x/x$ 曲线如图 3.15 所示。

$$W(x) = \begin{cases} 1 - 2|x|^2 + |x|^3, & |x| < 1 \\ 4 - 8|x| + 5|x|^2 - |x|^3, & 1 \leqslant |x| \leqslant 2 \\ 0, & |x| > 2 \end{cases} \tag{3-16}$$

计算时采用共轭点周围 16 个像素的灰度值去确定每一个输出图像像素的灰度值,如图 3.16 所示。

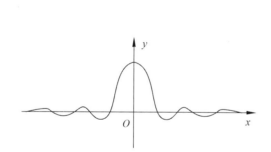

图 3.15 $\sin x/x$ 函数曲线

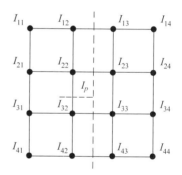

图 3.16 三次立方插值法

三次立方插值的矩阵计算公式为

$$\boldsymbol{I}_p = \boldsymbol{W}_x \boldsymbol{I} \boldsymbol{W}_y^{\text{T}} \tag{3-17}$$

其中,$\boldsymbol{W}_x = (W_{x_1} \quad W_{x_2} \quad W_{x_3} \quad W_{x_4})$,$\boldsymbol{W}_y = (W_{y_1} \quad W_{y_2} \quad W_{y_3} \quad W_{y_4})$

$$W_{x_1} = -\Delta x + 2\Delta x^2 - \Delta x^3, \quad W_{y_1} = -\Delta y + 2\Delta y^2 - \Delta y^3$$
$$W_{x_2} = 1 - 2\Delta x^2 + \Delta x^3, \quad W_{y_2} = 1 - 2\Delta y^2 + \Delta y^3$$
$$W_{x_3} = \Delta x + \Delta x^2 - \Delta x^3, \quad W_{y_3} = \Delta y + \Delta y^2 - \Delta y^3$$
$$W_{x_4} = -\Delta x^2 + \Delta x^3, \quad W_{y_4} = -\Delta y^2 + \Delta y^3$$
$$\Delta x = x_p - \text{int}(x_p), \quad \Delta y = y_p - \text{int}(y_p)$$

$$I = \begin{pmatrix} I_{11} & I_{12} & I_{13} & I_{14} \\ I_{21} & I_{22} & I_{23} & I_{24} \\ I_{31} & I_{32} & I_{33} & I_{34} \\ I_{41} & I_{42} & I_{43} & I_{44} \end{pmatrix}$$

从图 3.16 中可见，这种插值方法实际上被简化成两个方向分别进行的一维插值实现，是对应用 $\sin x/x$ 的理论最优插值的有效逼近，在一般的计算机上运行要比 $\sin x/x$ 效率高得多。该方法虽然计算量大，但克服了最近邻法图像灰度的不连续性和双线性插值法的平滑高频细节现象，具有较好的视觉效果。

3.3.2 基本的图像几何变换

图像的几何变换主要包含位置变换和形状变换。图像的位置变换指图像的大小和形状不发生变化，只是图像像素点的位置发生改变，如平移、旋转和镜像等变换。图像的形状变换主要包括图像的放大、缩小、仿射变换等。下面仅对几种基本的图像几何变换进行介绍。

1. 平移变换

图像的平移是将一幅图像上的所有点都沿 x 轴、y 轴按照给定的偏移量移动，平移后的图像内容不发生变化，只是改变了原有图像内容在画面上的位置。

设点 (x,y) 进行平移后的坐标为 (x',y')，Δx 为 x 轴方向的平移量，Δy 为 y 轴方向的平移量，则平移变换公式为

$$\begin{cases} x' = x + \Delta x \\ y' = y + \Delta y \end{cases} \tag{3-18}$$

平移矩阵表示为

$$\begin{pmatrix} x' \\ y' \\ 1 \end{pmatrix} = \begin{pmatrix} 1 & 0 & \Delta x \\ 0 & 1 & \Delta y \\ 0 & 0 & 1 \end{pmatrix} \begin{pmatrix} x \\ y \\ 1 \end{pmatrix} \tag{3-19}$$

平移变换求逆，则

$$\begin{cases} x = x' - \Delta x \\ y = y' - \Delta y \end{cases} \Rightarrow \begin{pmatrix} x \\ y \\ 1 \end{pmatrix} = \begin{pmatrix} 1 & 0 & -\Delta x \\ 0 & 1 & -\Delta y \\ 0 & 0 & 1 \end{pmatrix} \begin{pmatrix} x' \\ y' \\ 1 \end{pmatrix} \tag{3-20}$$

这样，平移后图像上每一点 (x',y') 都可在原图像中找到对应点 (x,y)。

【例 3-7】 基于 MATLAB 编程，采用反向映射法实现图像平移，分别沿 x 轴、y 轴平移 20 个像素。

解：MATLAB 代码如下所示：

```
Image=im2double(imread('football.jpg'));    %读取图像并转换为 double 型
[h,w,c]=size(Image);                         %获取图像尺寸
NewImage=ones(h,w,c);                        %新图像初始化
deltax=20;deltay=20;
for x=1:w
```

```
    for y=1:h                                  %循环扫描新图像中点
        oldx=x-deltax;
        oldy=y-deltay;                         %确定新图像中点在原图中的对应点
        if oldx>0 && oldx<w && oldy>0 && oldy<h %判断对应点是否在图像内
            NewImage(y,x,:)=Image(oldy,oldx,:); %赋值
        end
    end
end
imwrite(NewImage,'平移后的图像.jpg')
subplot(121),imshow(Image),title('原图');
subplot(122),imshow(NewImage),title('平移后的图像');
```

程序运行结果如图 3.17 所示。

(a) 原图　　　　　　　　　　　(b) 平移后的图像

图 3.17　图像的平移变换

MATLAB 提供的图像变换函数为 imtransform() 和 maketform()，具体代码如下所示。

B=imtransform(A,TFORM,INTERP,PARAM1,VAL1,PARAM2,VAL2,…)。其中，A 为要进行几何变换的图像，B 为输出图像。

T=maketform(TRANSFORMTYPE,…)，产生转换结构；TRANSFORMTYPE 为变换类型，可以为 affine、projective、custom、box、composite。

需要注意的是：二维图像表示为 $3\times n$ 的点集矩阵 A，几何变换为 $T\times A$；而 imtransform 函数中，二维图像表示为 $n\times 3$ 矩阵 B，采用的是 $B\times T'$，T' 为 T 的转置，采用 maketform 设置变换矩阵 T 时要注意。imtransform 函数其余参数如表 3.2 所示。

表 3.2　imtransform 函数参数

参　数	含　义	取　值
TFORM	指定变换矩阵	maketform 函数或 cp2tform 函数的结构
INTERP	插值方法	nearest、bilinear、bicubic
UData、VData	二维实向量，原图 A 横纵坐标的起始和结束位置	默认值分别为[1 size(A,2)]、[1 size(A,1)]
XData、YData	二维实向量，输出 B 横纵坐标的起始和结束位置	不指定则包括完整变换输出图像

续表

参　数	含　义	取　值
XYScale	一维数据，指定 XY 空间输出像素宽度和高度；二维实向量，则分别指定宽度和高度	未指定但 Size 指定，根据 Size、XData 和 YData 计算；若均未指定，XYScale 使用输入像素尺度(输出图像过大除外)
Size	二维非负整向量，用于指定输出图像 B 的行列数，若图像 A 为更高维，则 B 的尺寸和 A 一致	Size 未指定，则根据 XData、YData 和 XYScale 计算
FillValues	原图像中的对应点坐标超出图像宽高范围时，输出像素所赋的背景色	若 A 为 unit8 型 RGB 图像，可取 0、[0;0;0]、255、[255;255;255]、[0;0;255]、[255;255;0]

【例 3-8】 基于 MATLAB 编程实现画布尺寸不变平移和画布尺寸扩大平移变换。

解：MATLAB 代码如下所示：

```
Image=imread('football.jpg');
deltax=20;deltay=20;
T=maketform('affine',[1 0 0;0 1 0;deltax deltay 1]);
NewImage1=imtransform(Image,T,'XData',[1,size(Image,2)],'YData',[1,size(Image,1)],'FillValue',255);
NewImage2=imtransform(Image,T,'XData',[1,size(Image,2)+deltax],'YData',[1,size(Image,1)+deltay],'FillValue',255);
imwrite(NewImage1,'画布尺寸不变平移.jpg');
imwrite(NewImage2,'画布尺寸扩大平移.jpg');
subplot(131),imshow(Image),title('原图');
subplot(132),imshow(NewImage1),title('画布尺寸不变平移');
subplot(133),imshow(NewImage2),title('画布尺寸扩大平移');
```

程序运行结果如图 3.18 所示。

(a) 原图　　　　　　(b) 画布尺寸不变平移　　　　(c) 画布尺寸扩大平移

图 3.18　图像的平移变换

2. 镜像变换

图像的镜像变换就是左右、上下或对角对换，以一幅 3×3 的图像为例，水平镜像、垂直镜像和对角镜像的示意图如图 3.19 所示。

假设图像的大小为 $M \times N$，采用像素坐标系，图像镜像的计算公式如下：

 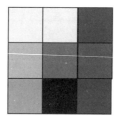 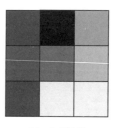 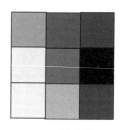

（a）原图　　　　　　（b）水平镜像　　　　　（c）垂直镜像　　　　　（d）对角镜像

图 3.19　图像镜像变换示意图

水平镜像坐标变换

$$\left.\begin{array}{l}x'=M-1-x\\y'=y\end{array}\right\} \quad (3\text{-}21)$$

垂直镜像坐标变换

$$\left.\begin{array}{l}x'=x\\y'=N-1-y\end{array}\right\} \quad (3\text{-}22)$$

对角镜像坐标变换

$$\left.\begin{array}{l}x'=M-1-x\\y'=N-1-y\end{array}\right\} \quad (3\text{-}23)$$

MATLAB 中的矩阵翻转函数如下：

fliplr(X)：实现二维矩阵 X 沿垂直轴的左右翻转；

flipud(X)：实现二维矩阵 X 上下翻转；

flipdim(X,DIM)：DIM 指定翻转方式，为 1 表示矩阵 X 按行翻转，为 2 表示按列翻转；

B=permute(A,ORDER)：按照向量 ORDER 指定的顺序重排 A 的各维，B 中元素和 A 中元素完全相同，但在 A、B 访问同一个元素使用的下标不一样。Order 中的元素必须各不相同。

【例 3-9】　基于 MATLAB 编程实现图像镜像变换。

解：MATLAB 代码如下所示：

```
clear all;close all;clc;
Im=imread('cameraman.tif');
HImage=flipdim(Im,2);
VImage=flipdim(Im,1);
CImage=flipdim(HImage,1);
imwrite(HImage,'水平镜像.jpg');
imwrite(VImage,'垂直镜像.jpg');
imwrite(CImage,'对角镜像.jpg');
subplot(221),imshow(Im),title('原图');
subplot(222),imshow(HImage),title('水平镜像');
subplot(223),imshow(VImage),title('垂直镜像');
subplot(224),imshow(CImage),title('对角镜像');
```

程序运行结果如图 3.20 所示。

(a) 原图　　　　　　　(b) 水平镜像

(c) 垂直镜像　　　　　(d) 对角镜像

图 3.20　图像的镜像变换

3. 旋转变换

图像的旋转指以图像中的某一点为原点,将图像上的所有像素逆时针或顺时针旋转一个相同的角度。经过旋转变换后,图像的大小一般会改变,并且图像中的部分像素可能会转出可视区域范围,因此需要扩大可视区域范围以显示所有的图像。需要注意的是,坐标轴是以图像矩阵坐标的形式设置的,而不是传统的笛卡儿坐标系的旋转变换方法,设原图像中点(x,y)逆时针旋转θ角后的对应点为(x',y'),如图 3.21 所示。

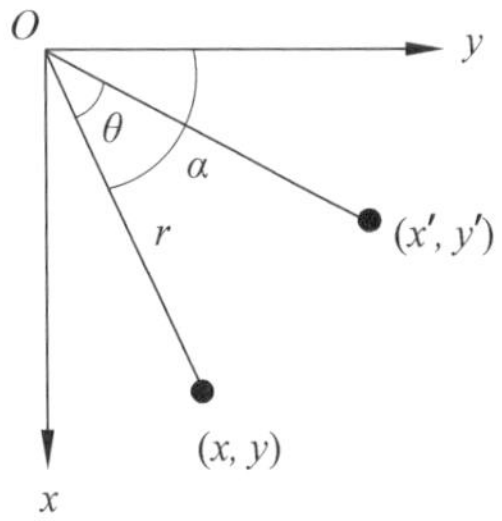

图 3.21　图像旋转θ角示意图

逆时针旋转θ后,在旋转变换前后图像坐标点的变换矩阵为

$$\left.\begin{array}{l}x'=x \cdot \cos\theta - y \cdot \sin\theta\\ y'=x \cdot \sin\theta + y \cdot \cos\theta\end{array}\right\} \quad (3\text{-}24)$$

则图像旋转变换的矩阵表达为

$$\begin{pmatrix}x'\\y'\\1\end{pmatrix}=\begin{pmatrix}\cos\theta & -\sin\theta & 0\\ \sin\theta & \cos\theta & 0\\ 0 & 0 & 1\end{pmatrix}\begin{pmatrix}x\\y\\1\end{pmatrix} \quad (3\text{-}25)$$

从式(3-25)可以看出,旋转变换并不是一一映射的,输出也不总是整数,因此,未经插值处理将有许多空洞产生。例如,图 3.22 是一个图像旋转的例子,图 3.22(b)是逆时针旋转 45°未插值的中间结果,图片中有很多灰度值为 0 的空洞,这些空洞没有进行插值计算,空洞呈现黑色,整体图像看起来会偏暗。图 3.22(c)是旋转后经双线性插值的结果。一般旋转后的图像尺寸会变大,例如,本例中的图像大小由 512×512 变成了 725×725,

按照式(3-25)算出的坐标会有负值,需要进行整体平移。

 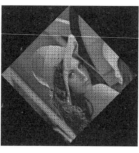 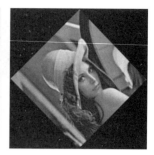

(a) 原图　　　　　(b) 逆时针旋转45°未插值　　　(c) 逆时针旋转45°双线性插值

图 3.22　图像的旋转变换

MATLAB 中用于图像旋转的函数是 imrotate(),具体使用方法如下。

B=imrotate(A,ANGLE,METHOD,BBOX)。A 为要进行旋转的图像。ANGLE 为要旋转的角度(°),逆时针为正,顺时针为负。METHOD 为图像旋转插值方法,可取 'nearest' 'bilinear' 'bicubic',默认为 nearest。BBOX 指定返回图像大小,可取 "crop",输出图像 B 与输入图像 A 具有相同的大小,对旋转图像进行剪切以满足要求;可取 "loose",默认时,B 包含整个旋转后的图像。

【例 3-10】　基于 MATLAB 编程,实现图像旋转 20°,并分别采用最近邻插值和双线性插值方法生成旋转后的图像。

解:旋转程序可以按照例 3-9 中所述步骤实现,也可以采用

```
Image=im2double(imread('cameraman.tif '));
NewImage1=imrotate(Image,20);
NewImage2=imrotate(Image,20,'bilinear');
imwrite(NewImage1,'rotate11.jpg');
imwrite(NewImage2,'rotate12.jpg');
subplot(1,3,1),imshow(Image),title('原图');
subplot(1,3,2),imshow(NewImage1),title('最近邻插值旋转结果');
subplot(1,3,3),imshow(NewImage2),title('双线性插值旋转结果');
```

程序运行结果如图 3.23 所示。

(a) 原图　　　　　(b) 最近邻插值旋转结果　　　(c) 双线性插值旋转结果

图 3.23　图像旋转 20° 效果图

从程序运行结果图 3.23 可以看出,图像旋转过程中,黑洞插值采用最近邻插值图像有明显的锯齿现象,用双线性插值纹理细节信息更为平滑。

4. 缩放变换

图像缩放指将给定图像的尺寸在 x、y 方向分别缩放 k_x、k_y 倍,获得一幅新的图像。其中,若 $k_x=k_y$,即在 x 轴、y 轴方向缩放的比例相同,则称为图像的按比例缩放。若 $k_x \neq k_y$,缩放会改变原始图像像素间的相对位置,产生几何畸变,则称为图像的不按比例缩放。进行缩放变换后,新图像的分辨率为 $k_x M \times k_y N$。

图像的缩放处理分为图像的缩小和图像的放大处理:

(1) 当 $0 < k_x; k_y < 1$ 时,实现图像的缩小处理;

(2) 当 $k_x, k_y > 1$ 时,实现图像的放大处理。

设原图像中点 (x, y) 进行缩放处理后,移到点 (x', y'),则缩放处理的矩阵形式可表示为

$$\begin{pmatrix} x' \\ y' \\ 1 \end{pmatrix} = \begin{pmatrix} k_x & 0 & 0 \\ 0 & k_y & 0 \\ 0 & 0 & 1 \end{pmatrix} \begin{pmatrix} x \\ y \\ 1 \end{pmatrix} \tag{3-26}$$

对矩阵变换求逆,则

$$\begin{pmatrix} x \\ y \\ 1 \end{pmatrix} = \begin{pmatrix} 1/k_x & 0 & 0 \\ 0 & 1/k_y & 0 \\ 0 & 0 & 1 \end{pmatrix} \begin{pmatrix} x' \\ y' \\ 1 \end{pmatrix} \tag{3-27}$$

MATLAB 中实现图像缩放功能的函数是 imresize(),具体调用方式如下。

B=imresize(A,SCALE,METHOD):返回原图 A 的 SCALE 倍大小图像 B。

B=imresize(A,[NUMROWS NUMCOLS],METHOD):对原图 A 进行比例缩放,返回图像 B 的行数和列数由 NUMROWS、NUMCOLS 指定,如果二者为 NaN,则表明 MATLAB 自动调整了图像的缩放比例,保留图像原有的宽高比。

[Y, NEWMAP]=imresize(X,MAP,SCALE,METHOD):对索引图像进行成比例缩放。

【例 3-11】 基于 MATLAB 编程,实现图像放大,比例为 $k_x=1.2, k_y=1.2$,分别采用最近邻插值和双线性插值方法生成放大后的图像。

解:MATLAB 代码如下所示:

```
Image = im2double(imread('lena256.bmp'));
NewImage1 = imresize(Image,1.2,'nearest');
NewImage2 = imresize(Image,1.2,'bilinear');
imwrite(NewImage1,'最近邻插值1.2倍.jpg');
imwrite(NewImage2,'双线性插值1.2倍.jpg');
subplot(1,3,1),imshow(Image),title('原图');
subplot(1,3,2),imshow(NewImage1),title('最近邻插值1.2倍放大结果');
subplot(1,3,3),imshow(NewImage2),title('双线性插值1.2倍放大结果');
```

程序运行结果如图 3.24 所示。

从图 3.24 中可以看出,最近邻插值图像放大有较明显的锯齿现象,双线性插值图像

(a) 原图　　　　　(b) 最近邻插值1.2倍放大结果　　(c) 双线性插值1.2倍放大结果

图 3.24　图像放大效果图

放大图像变化较平滑。

5. 错切变换

图像的错切变换是平面景物在投影平面上的非垂直投影。错切使图像产生扭曲变形。这种扭变只在水平或垂直方向上产生,分别称为水平方向上的错切和垂直方向上的错切,其示意图如图 3.25 所示。

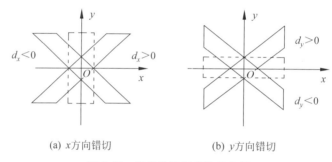

(a) x 方向错切　　　　　　(b) y 方向错切

图 3.25　图像的错切变换示意图

图像在水平方向上错切的数学表达式为

$$\left. \begin{array}{l} x' = x + d_x y \\ y' = y \end{array} \right\} \tag{3-28}$$

图像在垂直方向错切的数学表达式为

$$\left. \begin{array}{l} x' = x \\ y' = y + d_y x \end{array} \right\} \tag{3-29}$$

水平和垂直方向同时错切的数学表达式为

$$\left. \begin{array}{l} x' = x + d_x y \\ y' = y + d_y x \end{array} \right\} \tag{3-30}$$

【例 3-12】 基于 MATLAB 编程,实现图像错切,比例为 $d_x = 0.5, d_y = 0.5$,分别采用最近邻插值和双线性插值方法生成错切后的图像。

解:MATLAB 代码如下所示:

```
Image=im2double(imread('lena256.bmp'));
tform1=maketform('affine',[1 0 0;0.5 1 0;0 0 1]);
```

```
tform2=maketform('affine',[1 0.5 0;0 1 0; 0 0 1]);
NewImage1=imtransform(Image,tform1);
NewImage2=imtransform(Image,tform2);
subplot(1,2,1),imshow(NewImage1),title('水平错切');
subplot(1,2,2),imshow(NewImage2),title('垂直错切');
imwrite(NewImage1,'水平错切.bmp');
imwrite(NewImage2,'垂直错切.bmp');
```

程序运行结果如图 3.26 所示。

(a) 原图　　　　　　　　(b) 水平错切　　　　　　　(c) 垂直错切

图 3.26　图像错切效果图

6. 投影变换

投影变换在图像匹配中经常用到。假设变换后三个点的坐标 a,b,c 是原坐标 x,y,z 的线性函数，参数 m_{ij} 和 t_k 是由变换类型确定的常数，则投影变换公式为

$$\left.\begin{array}{l} a(x,y,z)=m_{xx}x+m_{xy}y+m_{xz}z+t_x \\ b(x,y,z)=m_{yx}x+m_{yy}y+m_{yz}z+t_y \\ c(x,y,z)=m_{zx}x+m_{zy}y+m_{zz}z+1 \end{array}\right\} \quad (3\text{-}31)$$

若将 c 归一化，则该投影变换公式为

$$\left.\begin{array}{l} a(x,y,z)=\dfrac{m_{xx}x+m_{xy}y+m_{xz}z+t_x}{m_{zx}x+m_{zy}y+m_{zz}z+1} \\ b(x,y,z)=\dfrac{m_{yx}x+m_{yy}y+m_{yz}z+t_y}{m_{zx}x+m_{zy}y+m_{zz}z+1} \end{array}\right\} \quad (3\text{-}32)$$

可见，确定一个投影变换需要 8 个参数，在图像匹配应用中，选用 4 个匹配点即可组成 8 个方程，从而求出 8 个参数。如果选的匹配点多于 4 个，这个方程组即变成了超定方程，可求出最小二乘意义下的解。

图像的投影变换效果如图 3.27 所示。

7. 仿射变换

仿射变换是投影变换的特殊形式，仿射变换具有平行线保持且有限点变换到有限点的特性。图像仿射变换矩阵为

$$\left.\begin{array}{l} a(x,y,z)=m_{xx}x+m_{xy}y+t_x \\ b(x,y,z)=m_{yx}x+m_{yy}y+t_y \end{array}\right\} \quad (3\text{-}33)$$

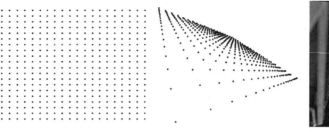

(a) 原始规则位置点　　　　(b) 投影变换位置点　　　　(c) 投影变换结果图

图 3.27　图像投影变换位置变化示例

可以看出，确定一个仿射变换需要 6 个参数，同样在图像匹配应用中采用 3 对匹配点即可组成 6 个方程，解出这 6 个参数。仿射变换的使用效果如图 3.28 所示，从图 3.28(b) 和图 3.28(c) 中均可以看出原来平行的边界线依然是平行线。

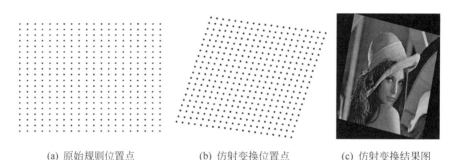

(a) 原始规则位置点　　　　(b) 仿射变换位置点　　　　(c) 仿射变换结果图

图 3.28　图像仿射变换位置变化示例

图像仿射变换的一个重要应用是消除由于摄像机原因导致的图像几何畸变现象，示例如图 3.29 所示。在图像成像过程中，由于成像系统本身的非线性特征或拍摄角度不同等原因，往往会产生几何畸变，例如，卫星图像或无人机图像等都有不同程度的几何变形，这就需要经过图像几何校正，才能得到正常的不变形图像，然后再对其内容进行处理才能得到正确合理的图像。典型的图像校正示例如图 3.30 所示，从图中可以看到，平行方格的边界由略微弯曲的曲线变成了直线。可见，图像几何校正是相当重要的，可以说是实际应用中进行图像配准、图像匹配、图像融合等具体图像处理操作的前提和基础。

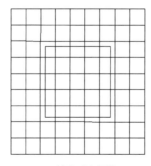 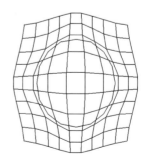

(a) 镜头畸变图像　　　　　　　(b) 校正后图像

图 3.29　摄像机原因导致的图像几何畸变示例

(a) 畸变图像　　　　　　　　(b) 校正后图像

图 3.30　典型的图像校正示例

3.4　本章小结

图像处理的基本运算和几何变换处理方法非常实用和常见,本章在图像基本运算部分介绍了常见的图像代数运算和逻辑运算、邻域和模板运算;图像变换部分主要介绍了图像的几何变换、位置变换和形状变换。这些基本运算和变换方法往往是后续图像具体应用处理操作的基础。

习题

1. 图像相减通常用于在生产线上检测缺失的元件。方法是存储一幅对应于正确组装的"金"图像;然后,从相同产品的传入图像中减去该图像。理想情况下,如果新产品组装正确,则差值应为 0。对于缺失元件的产品而言,在不同于"金"图像的位置,差值图像将不为 0。在实际中,在什么条件下使用这种方法工作才是合适的?

2. 已知一幅图像中两个像素点 p 和 q 之间的位置关系如图 3.31 所示,试计算这两个像素点之间的欧氏距离、城市街区距离和棋盘距离。

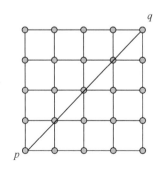

图 3.31　p,q 两点位置示意图

3. 常见的几何运算有哪几种?几何运算在数字图像处理技术中具有哪些典型应用?
4. 图像的镜像变换包括几种情况?各有何特点?

5. 已知图 3.32 左上角为起始坐标(1,1)点,试利用(2,2),(2,3),(3,2),(3,3)点值分别用最近邻插值法和双线性插值法来计算图中(2.2,2.3)的灰度值。

$$
\begin{array}{cccccc}
57 & 42 & 33 & 102 & 168 & 184 \\
29 & 62 & 75 & 112 & 129 & 153 \\
29 & 78 & 156 & 174 & 138 & 152 \\
89 & 93 & 176 & 59 & 61 & 106 \\
39 & 173 & 108 & 107 & 129 & 89 \\
94 & 31 & 99 & 146 & 133 & 86
\end{array}
$$

图 3.32 习题 5 图

6. 令 $f(100,80)=25, f(100,81)=43, f(101,80)=50, f(101,81)=61$,分别用最近邻插值法和双线性插值法计算 $f(100.4,80.7)$ 的值。

7. 利用 MATLAB 编程,打开一幅图像,依次完成如下操作:顺时针旋转 $30°$,然后做水平镜像,设 $k_x=0.3, k_y=0.5$ 做错切变换,设 $k_x=k_y=0.6$ 缩小图像。若需要插值运算,采用双线性插值法,同时输出显示原图、中间结果图像和最终结果图像。

第 4 章 图像正交变换

数字图像处理方法根据作用域的不同,可以划分为空间域图像处理方法和变换域图像处理方法。空间域图像处理方法指直接对图像像素进行操作的处理方法,是一种像素级上的操作,也是人类视觉能感受到的最直接和最直观的操作方式。但有些时候一些问题在空间域的特点不明显,不容易观察到,所以将信号变换到特征十分明显的其他域进行操作,称为变换域图像处理。在数字图像变换域处理方法中,常用的有傅里叶变换、DCT 变换、小波变换等。每一种变换方法所面对的对象和侧重解决的问题各不相同,但无论采取哪一种方法,目的都是更直接、更直观、更容易、更方便地去解决图像处理所遇到的问题。

正交变换是一种重要的图像处理变换方式,在很多图像处理技术中都有应用,例如,图像增强、图像复原、图像编码、图像特征提取等都用到了正交变换。图像正交变换的目的是:①使图像处理问题简化;②有利于图像特征提取;③有助于从概念上增强对图像信息的理解。正交变换可分为 3 大类型,即正弦型变换、方波型变换和基于特征向量的变换。正弦型变换主要包括傅里叶变换(Fourier transform)、余弦变换和正弦交换;方波型变换主要包括哈达玛(Hadamarn)变换、沃尔什(Walsh)变换和 Haar 变换等;基于特征向量的变换主要包括 K-L(Karhunen Lovev)变换和 SVD 变换等。

本章主要讨论常用的二维傅里叶变换、离散余弦变换、K-L 变换、小波变换等。

4.1 图像的傅里叶变换

傅里叶变换的基本思想是由法国著名数学家、物理学家傅里叶首先提出的,所以用其名字来命名以示纪念。这位伟大的数学家、物理学家的主要贡献是在研究热的传播时创立了一套数学理论,早在 1807 年就写成关于热传导的论文——《热的传播》,推导出著名的热传导方程,并在求解该方程时发现解函数可以由三角函数构成的级数形式表示,从而提出任一函数都可以展成三角函数的无穷级数。傅里叶级数(即三角级数)、傅里叶分析等理论均由此创始。

傅里叶变换常被称为图像处理的第二种语言,它搭建起空间域和频率域信息处理的桥梁,是一种应用十分广泛的正交变换。利用傅里叶变换,人们可以在空间域和频率域中同时思考处理图像的方法,不仅能把空间域中复杂的卷积运算转化为频率域中的乘积运算,还能在频率域中简单而有效地实现滤波、变换等处理,因而在图像处理中可以简化、有效处理问题。借助傅里叶变换及其物理解释,结合相关处理方法和技术可以解决或解释大多数图像处理问题。

4.1.1 一维傅里叶变换

一维连续信号的傅里叶正变换和反变换的数学表达式如下:

$$F(u) = \int_{-\infty}^{+\infty} f(x) e^{-j2\pi ux} dx \qquad (4-1)$$

$$f(x) = \int_{-\infty}^{+\infty} F(u) e^{j2\pi ux} du \qquad (4-2)$$

从上式可以看出 $F(u)$ 通常是自变量 u 的复函数,可以将其表达为如下形式:

$$F(u) = R(u) + jI(u) \qquad (4-3)$$

可以得到

$$|F(u)| = \sqrt{R^2(u) + I^2(u)} \qquad (4-4)$$

$$\theta(u) = \arctan\left[\frac{I(u)}{R(u)}\right] \qquad (4-5)$$

其中,$|F(u)|$ 称为 $f(x)$ 的幅度谱或傅里叶谱;$\theta(u)$ 为傅里叶变换的相位谱;振幅谱的平方通常被称为 $f(x)$ 的能量谱。图像傅里叶变换示例如图 4.1 所示。

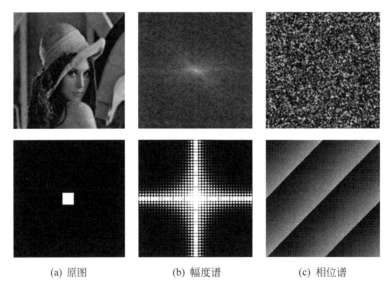

(a) 原图　　　　　　(b) 幅度谱　　　　　　(c) 相位谱

图 4.1　图像傅里叶变换示例

傅里叶变换的物理含义是将信号 $f(x)$ 表达为一系列正交基函数的加权求和。傅里叶正变换的目的就是求出对应各正交基的权重。傅里叶反变换的目的就是通过这些基函数的加权和,恢复出原始信号。

【例 4-1】　设连续矩形信号为

$$f(x) = \begin{cases} A, & 0 \leqslant x \leqslant X \\ 0, & \text{其他} \end{cases}$$

求出它的傅里叶变换。

解：该矩形信号的傅里叶变换为

$$F(u) = \int_{-\infty}^{+\infty} f(x) e^{-j2\pi ux} dx = A \int_0^X e^{-j2\pi ux} dx = AX \frac{\sin \pi uX}{\pi uX} e^{-j\pi uX}$$

则，其幅度谱为

$$|F(u)| = AX \left| \frac{\sin \pi uX}{\pi uX} \right|$$

画出其幅度频谱图如图 4.2 所示，其中图 4.2(a)为在一个周期[0,M-1]区间为两个背靠背半周期的频谱图；图 4.2(b)为原点平移后的幅度谱，在一个周期[0,M-1]区间内为一个完整周期的频谱。

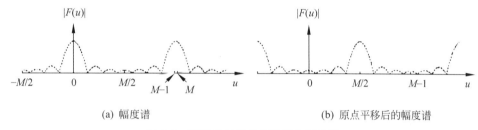

(a) 幅度谱　　　　　　　　　　　(b) 原点平移后的幅度谱

图 4.2　幅度谱与原点平移后的幅度谱

同样道理，在离散情况下，一维连续傅里叶变换式中的积分运算可以简化为求和，一维离散傅里叶正变换和反变换的表达式如下：

$$F(u) = \frac{1}{N} \sum_{x=0}^{N-1} f(x) e^{-j2\pi ux/N} \tag{4-6}$$

$$f(x) = \sum_{x=0}^{N-1} F(u) e^{j2\pi ux/N} \tag{4-7}$$

式中，$x = 0, 1, 2, \cdots, N-1$；$u = 0, 1, 2, \cdots, N-1$。

【例 4-2】 求一维离散信号 $f(x) = (1 \quad 0 \quad 2 \quad 3)$ 的傅里叶变换。

解：由式(4-6)可得：

当 $u = 0$ 时，

$$F(0) = \frac{1}{4} \sum_{x=0}^{3} f(x) = \frac{1}{4} (1 \quad 1 \quad 1 \quad 1) \begin{pmatrix} f(0) \\ f(1) \\ f(2) \\ f(3) \end{pmatrix} = 3/2$$

当 $u = 1$ 时，

$$F(1) = \frac{1}{4} \sum_{x=0}^{3} f(x) e^{-j2\pi x/4} = \frac{1}{4} (1 \quad -j \quad -1 \quad j) \begin{pmatrix} f(0) \\ f(1) \\ f(2) \\ f(3) \end{pmatrix} = -\frac{1}{4} + \frac{3}{4} j$$

当 $u = 2$ 时，

$$F(2) = \frac{1}{4}\sum_{x=0}^{3}f(x)\mathrm{e}^{-\mathrm{j}\pi x} = \frac{1}{4}(1 \quad -1 \quad 1 \quad -1)\begin{pmatrix}f(0)\\f(1)\\f(2)\\f(3)\end{pmatrix} = 0$$

当 $u=3$ 时,

$$F(3) = \frac{1}{4}\sum_{x=0}^{3}f(x)\mathrm{e}^{-\mathrm{j}3\pi x/2} = \frac{1}{4}(1 \quad \mathrm{j} \quad -1 \quad -\mathrm{j})\begin{pmatrix}f(0)\\f(1)\\f(2)\\f(3)\end{pmatrix} = -\frac{1}{4} - \frac{3}{4}\mathrm{j}$$

通过此例求解,亦可体会傅里叶变换是个复数,因此存在幅度谱和相位谱。

4.1.2 二维傅里叶变换

同样,二维图像信号也存在连续傅里叶变换和离散傅里叶变换,它们的正变换和反变换分别如下所示。

二维连续傅里叶变换为

$$F(u,v) = \int_{-\infty}^{+\infty}\int_{-\infty}^{+\infty}f(x,y)\mathrm{e}^{-\mathrm{j}2\pi(ux+vy)}\mathrm{d}x\mathrm{d}y \tag{4-8}$$

$$f(x,y) = \int_{-\infty}^{+\infty}\int_{-\infty}^{+\infty}F(u,v)\mathrm{e}^{\mathrm{j}2\pi(ux+vy)}\mathrm{d}u\mathrm{d}v \tag{4-9}$$

二维离散傅里叶变换为

$$F(u,v) = \frac{1}{MN}\sum_{x=0}^{M-1}\sum_{y=0}^{N-1}f(x,y)\mathrm{e}^{-\mathrm{j}2\pi(ux/M+vy/N)} \tag{4-10}$$

$$f(x,y) = \sum_{x=0}^{M-1}\sum_{y=0}^{N-1}F(u,v)\mathrm{e}^{\mathrm{j}2\pi(ux/M+vy/N)} \tag{4-11}$$

式中,$x=0,1,2,\cdots,M-1;y=0,1,2,\cdots,N-1$。

【例 4-3】 二维矩形函数如图 4.3 所示,求其傅里叶变换及幅度谱。

解:图 4.3 所示矩形函数可表示为

$$f(x,y) = \begin{cases}A, & 0 \leqslant |x| \leqslant \frac{X}{2}, 0 \leqslant |y| \leqslant \frac{Y}{2}\\0, & \text{其他}\end{cases}$$

代入公式(4-10)中,可得

$$\begin{aligned}F(u,v) &= \int_{-\infty}^{+\infty}\int_{-\infty}^{+\infty}f(x,y)\mathrm{e}^{-\mathrm{j}2\pi(ux+vy)}\mathrm{d}x\mathrm{d}y\\&= \int_{-\frac{X}{2}}^{+\frac{X}{2}}\int_{-\frac{Y}{2}}^{+\frac{Y}{2}}A\mathrm{e}^{-\mathrm{j}2\pi(ux+vy)}\mathrm{d}x\mathrm{d}y\\&= A\int_{-\frac{X}{2}}^{+\frac{X}{2}}\mathrm{e}^{-\mathrm{j}2\pi ux}\mathrm{d}x\int_{-\frac{Y}{2}}^{+\frac{Y}{2}}\mathrm{e}^{-\mathrm{j}2\pi vy}\mathrm{d}y\end{aligned}$$

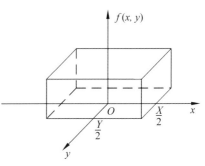

图 4.3 矩形函数

$$= AXY \frac{\sin(\pi u X)}{\pi u X} \frac{\sin(\pi v Y)}{\pi v Y}$$

$$= AXY \text{Sa}(\pi u X) \text{Sa}(\pi v Y)$$

其幅度谱为

$$|F(u,v)| = AXY |\text{Sa}(\pi u X)| |\text{Sa}(\pi v Y)|$$

图 4.4(a)中的傅里叶谱不直接显示幅度谱$|F(u,v)|$,而是显示$\lg[1+|F(u,v)|]$,这是因为傅里叶变换中的$F(u,v)$随着u或v的增加衰减速度太快,只能显示高频项很少的峰值,其余都难以表示清楚。为了使$F(u,v)$频谱有更好的视觉显示效果,通常采用对数形式显示,即用$\lg[1+|F(u,v)|]$的图像显示频谱。另外,再利用傅里叶变换的平移性质,将$F(u,v)$的原点移到频率域窗口的中心处,这样显示的傅里叶谱图像中心为低频成分,外部为高频成分,如图 4.4(b)所示。

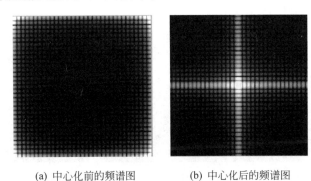

(a) 中心化前的频谱图　　(b) 中心化后的频谱图

图 4.4　矩形函数的傅里叶谱

二维离散傅里叶变换的频谱分布示意图如图 4.5 所示,即变换结果的左上、右上、左下、右下四角的周围对应低频成分,中央部位对应高频成分。为了使直流成分出现在变换结果数组的中央,可以利傅里叶变换的平移性质,采取图示的换位方法。但需注意的是,换位后的数组再进行反变换时,得不到原图。也就是说,在进行反变换时,一定变换回四角对应低频部分、中央对应高频部分,傅里叶反变换才能得到原图像。

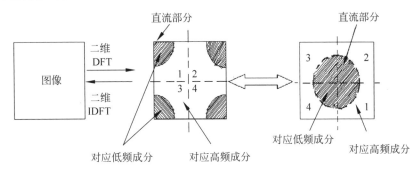

图 4.5　二维离散傅里叶变换的频谱分布示意图

【例 4-4】 MATLAB 编程,实现图像的离散傅里叶变换并显示其频谱图。

解:MATLAB 代码如下所示:

```
clear all;close all;clc;
```

```
Im=imread('lena256.bmp');%读取图像
DFT=fft2(Im);
ADFT=abs(DFT);
top=max(ADFT(:));
bottom=min(ADFT(:));
ADFT=(ADFT-bottom)/(top-bottom)*100;
ADFT2=fftshift(ADFT);%计算傅里叶变换并移位
imwrite(ADFT,'原频谱图.jpg');
imwrite(ADFT2,'移位频谱图.jpg');
subplot(131),imshow(Im),title('原图');%显示原图像
subplot(132),imshow(ADFT),title('原频谱图');%显示傅里叶变换频谱图
subplot(133),imshow(ADFT2),title('移位频谱图');%显示傅里叶变换频谱图
```

程序运行结果如图 4.6 所示。

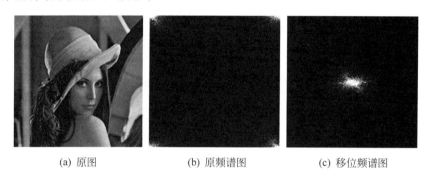

(a) 原图　　　　　　(b) 原频谱图　　　　　　(c) 移位频谱图

图 4.6　离散傅里叶变换频谱图

4.1.3　傅里叶变换的性质

1. 线性特性和比例特性

设 $f(x,y)=af_1(x,y)+bf_2(x,y)$，若 $F_1(u,v)$ 和 $F_2(u,v)$ 分别是 $f_1(x,y)$ 和 $f_2(x,y)$ 的傅里叶变换，则根据定义可知其线性特性为

$$F(u,v)=aF_1(u,v)+F_2(u,v) \tag{4-12}$$

同时，也容易得到其比例特性为

$$F(au,bv)=\frac{1}{|ab|}F\left(\frac{u}{a},\frac{v}{b}\right) \tag{4-13}$$

【例 4-5】　MATLAB 编程验证线性变换性质。

解：MATLAB 代码如下所示：

```
clear all;close all;clc
f=imread('peppersgray.jpg');
g=imread('lena256.bmp');
[m,n]=size(g);
f(m,n)=0;
f=im2double(f);
```

```
g=im2double(g);
subplot(221),imshow(f,[]),title('f');
subplot(222),imshow(g,[]),title('g');
F=fftshift(fft2(f));
G=fftshift(fft2(g));
FG=fftshift(fft2(f+g));
subplot(223),imshow(log(1+abs(F+G)),[]),title('DFT(f)+DFT(g)');
subplot(224),imshow(log(1+abs(FG)),[]),title('DFT(f+g)');
imwrite(mat2gray(log(1+abs(F+G))),'DFT(f)+DFT(g).jpg');
imwrite(mat2gray(log(1+abs(FG))),'DFT(f+g).jpg');
```

程序运行结果如图 4.7 所示,可见,图像 f 的傅里叶变换和图像 g 的傅里叶变换之和等于图像 f 和图像 g 之和的傅里叶变换。

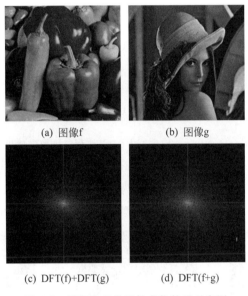

图 4.7 傅里叶变换线性变换性质示意图

2. 可分离性

傅里叶变换的可分离性指可通过两次一维傅里叶变换来实现二维傅里叶变换,傅里叶反变换亦然。即先沿 y 轴对 $f(x,y)$ 求一维离散傅里叶变换,得中间结果 $F(x,v)$,再沿 x 轴对 $F(x,v)$ 求一维离散傅里叶变换,得最后结果 $F(u,v)$。二维离散傅里叶变换的可分离特性实现过程如图 4.8 所示。用公式表示可分离性为

$$F(x,v) = \frac{1}{N} \sum_{y=0}^{N-1} f(x,y) \exp(-\mathrm{j}2\pi vy/N) \tag{4-14}$$

$$F(u,v) = \frac{1}{M} \sum_{x=0}^{M-1} F(x,v) \exp(-\mathrm{j}2\pi ux/M) \tag{4-15}$$

【例 4-6】 MATLAB 编程验证二维离散傅里叶变换可分离为两个一维离散傅里叶变换。

解:MATLAB 代码如下所示:

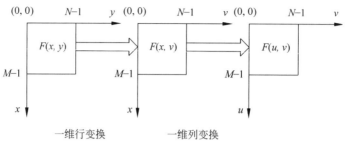

图 4.8 二维离散傅里叶变换的可分离特性实现过程

```
f=imread('circles.png');
subplot(211),imshow(f,[]),title('原图');
F=fftshift(fft2(f));
subplot(223),imshow(log(1+abs(F)),[]),title('用fft2实现二维离散傅里叶变换');
[m,n]=size(f);
K=fft(f');                    %沿 x 方向求离散傅里叶变换
G=fft(K');                    %沿 y 方向求离散傅里叶变换
H=fftshift(G);
subplot(224),imshow(log(1+abs(H)),[]),title('用fft实现二维离散傅里叶变换');
imwrite(f,'原图.jpg');
imwrite(mat2gray(log(1+abs(F))),'用fft2实现二维离散傅里叶变换.jpg');
imwrite(mat2gray(log(1+abs(H))),'用fft实现二维离散傅里叶变换.jpg');
```

程序运行结果如图 4.9 所示,图 4.9(b)为用 fft2 对原图 4.9(a)实现的二维离散傅里叶变换,图 4.9(c)为 fft 连续两次实现的离散傅里叶变换结果,可见二者结果是一致的。

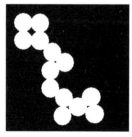 

(a) 原图　　　　　(b) 用 fft2 实现二维离散傅里叶变换　　(c) 用 fft 实现二维离散傅里叶变换

图 4.9 验证二维离散傅里叶变换可分离为两个一维离散傅里叶变换

3. 平移特性

在数字图像处理中,常常需要将傅里叶变换 $F(u,v)$ 的原点移到 $N\times N$ 频率域的中心(平移前空间域、频率域原点均在左上方),以便能清楚地分析傅里叶谱的情况。

如果用 $f(x,y)\Leftrightarrow F(u,v)$ 表示傅里叶变换对,则平移性分别指:

(1) 空间域平移。其公式如下:

$$f(x-x_0, y-y_0) \leftrightarrow F(u,v)\mathrm{e}^{-\mathrm{j}2\pi\left(\frac{ux_0}{M}+\frac{vy_0}{N}\right)} \tag{4-16}$$

(2) 频率域平移。其公式如下:

$$f(x,y)e^{j2\pi\left(\frac{ux_0}{M}+\frac{vy_0}{N}\right)} \leftrightarrow F(u-u_0, v-v_0) \tag{4-17}$$

当 $u_0 = \dfrac{M}{2}, v_0 = \dfrac{N}{2}$ 时，有

$$e^{j2\pi(u_0 x/M + v_0 y/N)} = e^{j\pi(x+y)} = (-1)^{x+y} \tag{4-18}$$

$$f(x,y)(-1)^{x+y} \leftrightarrow F\left(u-\frac{u_0}{2}, v-\frac{v_0}{2}\right) \tag{4-19}$$

式(4-19)说明，如果需要将频率域的坐标原点从显示屏起始点(0,0)移至显示屏的中心点($N/2,N/2$)，只要将 $f(x,y)$ 乘以 $(-1)^{x+y}$ 因子再进行傅里叶变换即可。同时，$f(x,y)$ 的移动并不影响它的傅里叶变换的幅度。

【例 4-7】 利用 $(-1)^{x+y}$ 对单缝图像 $f(x,y)$ 进行傅里叶变换，并把频谱坐标原点移至屏幕正中央的目标。

解：MATLAB 代码如下所示：

```
f(512,512)=0;
f(246:266,230:276)=1;
f=mat2gray(f);
[Y,X]=meshgrid(1:512,1:512);
g=f.*(-1).^(X+Y);
subplot(221),imshow(f,[]),title('原图像 f(x,y)');
subplot(222),imshow(g,[]),title('空间域调制图像 g(x,y)=f(x,y)*(-1)^{x+y}');
F=fft2(f);
H=log(1+abs(F));
subplot(223),imshow(H,[]),title('原图的傅里叶频谱');
G=fft2(g);
G=log(1+abs(G));
subplot(224),imshow(log(1+abs(G)),[]),title('频谱坐标原点移至中央的傅里叶频谱');
imwrite(f,'原图像.jpg');
imwrite(g,'空间域调制图像.jpg');
imwrite(H,'原图的傅里叶频谱.jpg');
imwrite(G,'频谱坐标原点移至中央的傅里叶频谱.jpg');
```

程序运行结果如图 4.10 所示。

4. 周期性

设 m,n 为整数，$m,n=\pm1,\pm2,\cdots$，将 $u+mN$ 和 $V+nN$ 代入式中右边，有

$$F(u+mN, v+nN) = \frac{1}{N}\sum_{x=0}^{N-1}\sum_{y=0}^{N-1} f(x,y)\exp\left\{\frac{-j2\pi[(u+mN)x+(v+nN)y]}{N}\right\}$$

$$= \frac{1}{N}\sum_{x=0}^{N-1}\sum_{y=0}^{N-1} f(x,y) \cdot \exp\left[\frac{-j2\pi(ux+vy)}{N}\right] \cdot$$

$$\exp[-j2\pi(mx+ny)] \tag{4-20}$$

式(4-20)中右边第二个指数项 $\exp[-j2\pi(mx+ny)]$ 为单位值，因此傅里叶变换是周期性的，即 $F(u+mN, v+nN) = F(u,v)$。同理可证，周期性可推广为

$$F(u,v) = F(u+kN, v)$$

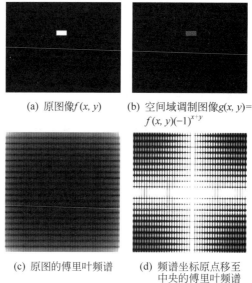

(a) 原图像 $f(x,y)$　(b) 空间域调制图像 $g(x,y)=f(x,y)(-1)^{x+y}$

(c) 原图的傅里叶频谱　(d) 频谱坐标原点移至中央的傅里叶频谱

图 4.10　单缝图像傅里叶变换的平移特性

$$=F(u,v+kN)$$
$$=F(u+kN,v+kN) \tag{4-21}$$
$$f(x,y)=f(x+kN,y)$$
$$=f(x,y+kN)$$
$$=f(x+kN,y+kN) \tag{4-22}$$

离散傅里叶变换的周期性说明正变换所得到的 $F(u,v)$ 或反变换得到的 $f(x,y)$ 都是周期为 N 的周期性重复离散函数。为了完全确定 $F(u,v)$ 或 $f(x,y)$，只需要变换一个周期中每个变量的 N 个值即可，例如，为了在频率域中完全确定 $F(u,v)$，只需要变换一个周期，同理，空间域对 $f(x,y)$ 也有类似性质。

5. 对称共轭性

由离散傅里叶变换定义可方便地证明，傅里叶变换满足

$$F^*(u+mN,v+nN)=F(-u,-v)=F^*(u,v) \tag{4-23}$$

共轭对称性说明变换后的值以原点为中心共轭对称。根据这个特性，在求一个周期内的值时，只需要求出半个周期，另外半个周期也就确定了，这大大减少了计算量。

6. 平均值

傅里叶变换域原点的频谱分量 $F(0,0)$ 是空间域 $f(x,y)$ 的平均值，即

$$\bar{f}=\frac{1}{NM}\sum_{x=0}^{N-1}\sum_{y=0}^{N-1}f(x,y)=F(0,0) \tag{4-24}$$

如果是一幅图像，在原点的傅里叶变换 $F(0,0)$ 等于图像的平均灰度值，也称作频率谱的直流分量。

7. 旋转性质

由于在极坐标下表示二维函数图形的旋转特性非常方便，所以可以将坐标进行转换。空间域坐标变换为

$$x = r\cos\theta, \quad y = r\sin\theta \tag{4-25}$$

频率域坐标变换为

$$u = \omega\cos\varphi, \quad v = \omega\sin\varphi \tag{4-26}$$

$f(r,\theta) \Leftrightarrow F(\omega,\varphi)$便是极坐标中的傅里叶变换对。可以证明二维离散傅里叶变换具有如下性质:

$$f(r,\theta+\theta_0) \Leftrightarrow F(\omega,\varphi+\varphi_0) \tag{4-27}$$

傅里叶变换的旋转性质说明,如果$f(x,y)$在空间域旋转θ角度后,相应的,其傅里叶变换$F(u,v)$在频率域中也旋转了同样的θ角度,反之亦然,即$F(u,v)$在频率域中旋转了θ角,其逆变换$f(x,y)$在空间域也旋转了θ角。

【例 4-8】 MATLAB 编程,实现图像旋转 45°,并显示其频谱图。

解:MATLAB 代码如下所示:

```
f=zeros(512,512);
f(246:266,230:276)=1;
subplot(221),imshow(f,[]),title('原图');
F=fftshift(fft2(f));
subplot(222),imshow(log(1+abs(F)),[]),title('原图的频谱');
f1=imrotate(f,45,'bilinear','crop');
subplot(223),imshow(f1,[]),title('旋转 45^0 的图');
Fc=fftshift(fft2(f1));
subplot(224),imshow(log(1+abs(Fc)),[]),title('旋转图的频谱');
imwrite(f,'原图.jpg');
imwrite(log(1+abs(F)),'原图的频谱.jpg');
imwrite(f1,'旋转 45^0 的图.jpg');
imwrite(log(1+abs(Fc)),'旋转图的频谱.jpg');
```

程序运行结果如图 4.11 所示。

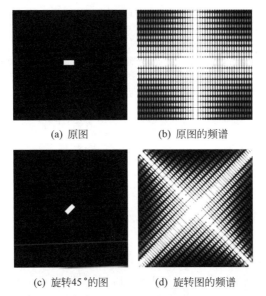

(a) 原图　　　　(b) 原图的频谱

(c) 旋转45°的图　　(d) 旋转图的频谱

图 4.11　图像旋转及其频谱

8. 卷积定理

卷积定理和相关定理都是研究两个函数傅里叶变换之间的关系,这也构成了空间域和频率域之间的基本关系。

二维连续函数的卷积定理描述如下:

假设 $f(x,y)\Leftrightarrow F(u,v)$,$g(x,y)\Leftrightarrow G(u,v)$,则有:

$$f(x,y) * g(x,y) \Leftrightarrow F(u,v)G(u,v) \tag{4-28}$$

$$f(x,y)g(x,y) \Leftrightarrow F(u,v) * G(u,v) \tag{4-29}$$

式(4-28)和式(4-29)表明两个二维连续函数在空间域中的卷积可通过求其相应的傅里叶变换乘积的逆变换而得到。反之,在频率域中的卷积可通过空间域中乘积的傅里叶变换而得到。应用卷积定理明显的好处是避免了直接计算卷积的麻烦,它只需先算出各自的频谱,然后相乘,再求其逆变换,即可得到卷积。

对于离散的二维图像函数 $f(x,y)$ 和 $g(x,y)$,同样适用于上述卷积定理,其差别仅仅是与采样间隔对应的离散增量处发生位移及用求和代替积分。另外,离散傅里叶变换和逆变换都是周期函数,为了防止卷积后产生交叠误差,在计算二维离散卷积时,需要对被卷积函数进行延拓和补零,以扩展二维函数的定义域。此部分在数字信号处理课程中已有详细介绍,读者可在相关资料中查询。

9. 相关定理

二维连续和离散函数 $f(x,y)$ 和 $g(x,y)$ 的相关定理描述如下。

假设 $f(x,y)\Leftrightarrow F(u,v)$,$g(x,y)\Leftrightarrow G(u,v)$,则有:

$$f(x,y) \circ g(x,y) \Leftrightarrow F(u,v)G^*(u,v) \tag{4-30}$$

$$f(x,y)g^*(x,y) \Leftrightarrow F(u,v) \circ G(u,v) \tag{4-31}$$

其中,* 表示共轭。需要注意的是,离散的相关定理与离散卷积定理一样,根据卷积定理类似的方法需要采用增补零的方法扩充定义域,以避免在相关函数周期内产生交叠误差。

10. 微分性质

傅里叶变换的微分性质可表示为

$$\frac{\partial^n f(x,y)}{\partial x^n} \Leftrightarrow (j2\pi u)^n F(u,v) \text{ 和 } \frac{\partial^n f(x,y)}{\partial y^n} \Leftrightarrow (j2\pi v)^n F(u,v) \tag{4-32}$$

作为特例,在图像增强中用到的拉普拉斯(Laplace)算式,可以定义为

$$\Delta f(x,y) = \nabla^2 f(x,y) = \frac{\partial^2 f(x,y)}{\partial x^2} + \frac{\partial^2 f(x,y)}{\partial y^2} \tag{4-33}$$

则由微分性质可知拉普拉斯算子的傅里叶变换为 $-(2\pi)^2(u^2+v^2)F(u,v)$,即 $\Delta f(x,y) = -(2\pi)^2(u^2+v^2)F(u,v)$ 便是在模式识别技术中经常用到的拉普拉斯算子。

4.1.4 离散傅里叶变换的应用

离散傅里叶变换(discrete Fourier transform,DFT)在图像滤波、图像压缩等方面广泛应用。例如,在图像滤波中,图像经过 DFT 后,傅里叶频谱的中间部分为低频成分,靠近边缘为高频成分。因此,如果设计相应的具有低通滤波、高通滤波等功能的滤波器,可

根据实际需要实现图像的低通、高通等滤波处理。在图像压缩中,根据能量守恒定理,图像变换前后所具有的能量不发生变化,只是改变了信号的表现形式。DFT 变换系数表现的是各个频率点上的幅值,高频反映边缘轮廓等细节信息、低频反映图像景物能量概貌,因此,在图像压缩编码中,可适当地将高频系数置为 0,以降低图像处理数据量。

离散傅里叶变换已成为数字信号处理中的重要工具,需要注意的是由于 DFT 和 IDFT 都是周期函数,在计算卷积时,需要让这两个离散函数具有同样的周期,否则将产生错误。利用 FFT 计算卷积时,为防止频谱混叠误差,需对离散的二维函数补零,即周期延拓,两个函数同时周期延拓,使其具有相同的周期。

由于离散傅里叶变换的计算量较大,运算时间较长,这在一定程度上限制了它的使用范围。因此,人们在长期实践中不断探索,提出了一种快速傅里叶变换(FFT)算法来提高傅里叶变换的计算速度,该算法并不是一种新的变换,而是在分析离散傅里叶变换中的多余运算基础上,消除重复工作而得到的一种快速算法。根据傅里叶变换的可分离特性,二维傅里叶变换可分解为两个一维傅里叶变换进行计算,一维傅里叶变换 $F(u)=\sum_{x=0}^{N-1}f(x)\mathrm{e}^{-\mathrm{j}2\pi\frac{ux}{N}}$ 的计算,每次计算一个点都需要进行 N 次复数乘法和 $N-1$ 次加法,则计算 N 点的一维傅里叶变换就要计算 N^2 次的乘法和 $N(N-1)$ 次的加法运算。而快速傅里叶变换是利用 DFT 运算的系数 $\mathrm{e}^{-\mathrm{j}2\pi\frac{ux}{N}}$ 的固有周期性和对称性,将大点数的 DFT 分解成若干个小点数的 DFT。快速傅里叶变换算法的核心框图如图 4.12 所示。

图 4.12 FFT 算法的核心框图

同时,FFT 运算中把 $\mathrm{e}^{-\mathrm{j}2\pi\frac{ux}{N}}$ 只计算一次,然后把它存放在一个表里,以备查用,则 N 点傅里叶变换的总计算量为:$N/2 \cdot \log_2 N$ 次乘法和 $N \cdot \log_2 N$ 次加法。可见,当 N 比较大时,计算量节省是相当可观的。因此,快速傅里叶变换在运算中节省了工作量,起到了加快运算速度的目的。FFT 可分为按时间抽取(DIT)算法和按频率抽取(DIF)算法,具体请查阅数字信号处理的相关资料。

【例 4-9】 基于 MATLAB 编程,打开一幅图像,对其进行 DFT 及频率域滤波。

解:MATLAB 代码如下所示:

```
clear all;close all;clc;
Im=imread('lena256.bmp');%读取图像
[h,w]=size(Im);
DFTI=fftshift(fft2(Im));
cf=30;
HDFTI=DFTI;
HDFTI(h/2-cf:h/2+cf,w/2-cf:w/2+cf)=0;
ImOut=uint8(abs(ifft2(ifftshift(HDFTI))));
LDFTI=zeros(h,w);
LDFTI(h/2-cf:h/2+cf,w/2-cf:w/2+cf)=DFTI(h/2-cf:h/2+cf,w/2-cf:w/2+cf);
```

```
grayOut2=uint8(abs(ifft2(ifftshift(LDFTI))));
subplot(131),imshow(Im),title('原图');%显示原图像
subplot(132),imshow(ImOut),title('高通滤波');
subplot(133),imshow(grayOut2),title('低通滤波');
imwrite(ImOut,'高通滤波.jpg');imwrite(grayOut2,'低通滤波.jpg');
```

程序运行结果如图 4.13 所示。

(a) 原图　　　　　　　　(b) 高通滤波　　　　　　　(c) 低通滤波

图 4.13　图像的频率域滤波示例

4.2　图像的离散余弦变换

离散余弦变换(discrete cosine transform，DCT)是傅里叶变换的一种特殊情况。在傅里叶级数展开式中，当被展开的函数是实偶函数时，其傅里叶级数中只包含余弦项，称为离散余弦变换。离散余弦变换的变换核为实数的余弦函数，变换后的结果也是实数，而不像傅里叶变换结果那样是复数，因而离散余弦变换的计算速度比变换核为复指数的要快得多。

离散余弦变换计算复杂性适中，又具有可分离特性，还有快速算法，所以被广泛地用在图像数据压缩编码算法中，例如，JPEG、MPEG-1、MPEG-2 等压缩编码国际标准都采用了离散余弦变换编码算法。

4.2.1　一维离散余弦变换

如果首先定义一个常量为

$$a(u)=\begin{cases}\dfrac{1}{\sqrt{N}}, & u=0 \\ \sqrt{\dfrac{2}{N}}, & u=1,2,\cdots,N-1\end{cases} \tag{4-34}$$

一维 DCT 的正变换定义为

$$C(u)=a(u)\sum_{x=0}^{N-1}f(x)\cos\frac{(2x+1)u\pi}{2N}, \quad u=0,1,2,\cdots,N-1 \tag{4-35}$$

一维 DCT 的逆变换定义为

$$f(x) = a(u)\sum_{u=0}^{N-1} C(u)\cos\frac{(2x+1)u\pi}{2N}, \quad x = 0,1,2,\cdots,N-1 \quad (4\text{-}36)$$

4.2.2 二维离散余弦变换

同理,把一维 DCT 推广到二维 DCT,二维 DCT 的正、反变换可以分别表示为

$$C(u,v) = a(u)a(v)\sum_{x=0}^{N-1}\sum_{y=0}^{N-1} f(x,y)\cos\frac{(2x+1)u\pi}{2N}\cos\frac{(2y+1)v\pi}{2N},$$
$$u,v = 0,1,\cdots,N-1 \quad (4\text{-}37)$$

$$f(x,y) = \sum_{x=0}^{N-1}\sum_{y=0}^{N-1} a(u)a(v)C(u,v)\cos\frac{(2x+1)u\pi}{2N}\cos\frac{(2y+1)v\pi}{2N},$$
$$x,y = 0,1,\cdots,N-1 \quad (4\text{-}38)$$

二维 DCT 的矩阵形式表示为

$$\boldsymbol{F} = \boldsymbol{A}\boldsymbol{f}\boldsymbol{A}^{\mathrm{T}} \quad (4\text{-}39)$$

二维 DCT 反变换的矩阵形式表示为

$$\boldsymbol{f} = \boldsymbol{A}^{\mathrm{T}}\boldsymbol{F}\boldsymbol{A} \quad (4\text{-}40)$$

式中,$\boldsymbol{F}$ 为变换系数矩阵;$\boldsymbol{A}$ 为正交变换矩阵;$\boldsymbol{f}$ 为空间域图像数据矩阵。

可以看出,二维 DCT 的变换核也是可分离的,因而可通过两次一维 DCT 实现一个二维 DCT。

【例 4-10】 设一幅图像为 $f(x,y) = \begin{pmatrix} 0 & 0 & 1 & 1 \\ 0 & 0 & 1 & 1 \\ 0 & 0 & 1 & 1 \\ 0 & 0 & 1 & 1 \end{pmatrix}$,用矩阵算法求其 DCT 变换 $F(u,v)$。

解:二维 DCT 变换矩阵表达式为

$$\boldsymbol{F} = \boldsymbol{A}\boldsymbol{f}\boldsymbol{A}^{\mathrm{T}}$$

其中,

$$\boldsymbol{A} = \frac{1}{\sqrt{2}}\begin{pmatrix} \frac{1}{\sqrt{2}} & \frac{1}{\sqrt{2}} & \frac{1}{\sqrt{2}} & \frac{1}{\sqrt{2}} \\ \cos\frac{\pi}{8} & \cos\frac{3\pi}{8} & \cos\frac{5\pi}{8} & \cos\frac{7\pi}{8} \\ \cos\frac{2\pi}{8} & \cos\frac{6\pi}{8} & \cos\frac{10\pi}{8} & \cos\frac{14\pi}{8} \\ \cos\frac{3\pi}{8} & \cos\frac{9\pi}{8} & \cos\frac{15\pi}{8} & \cos\frac{21\pi}{8} \end{pmatrix} = \begin{pmatrix} 0.500 & 0.500 & 0.500 & 0.500 \\ 0.653 & 0.271 & -0.271 & -0.653 \\ 0.500 & -0.500 & -0.500 & 0.500 \\ 0.271 & -0.653 & 0.653 & -0.271 \end{pmatrix}$$

$$\boldsymbol{F} = \begin{pmatrix} 0.500 & 0.500 & 0.500 & 0.500 \\ 0.653 & 0.271 & -0.271 & -0.653 \\ 0.500 & -0.500 & -0.500 & 0.500 \\ 0.271 & -0.653 & 0.653 & -0.271 \end{pmatrix}\begin{pmatrix} 0 & 0 & 1 & 1 \\ 0 & 0 & 1 & 1 \\ 0 & 0 & 1 & 1 \\ 0 & 0 & 1 & 1 \end{pmatrix}\begin{pmatrix} 0.500 & 0.653 & 0.500 & 0.271 \\ 0.500 & 0.271 & -0.500 & -0.653 \\ 0.500 & -0.271 & -0.500 & 0.653 \\ 0.500 & -0.653 & 0.500 & -0.271 \end{pmatrix}$$

$$= \begin{pmatrix} 0 & 0 & 2 & 2 \\ 0 & 0 & 0 & 0 \\ 0 & 0 & 0 & 0 \\ 0 & 0 & 0 & 0 \end{pmatrix} \begin{pmatrix} 0.500 & 0.653 & 0.500 & 0.271 \\ 0.500 & 0.271 & -0.500 & -0.653 \\ 0.500 & -0.271 & -0.500 & 0.653 \\ 0.500 & -0.653 & 0.500 & -0.271 \end{pmatrix} = \begin{pmatrix} 2 & -1.848 & 0 & 0.764 \\ 0 & 0 & 0 & 0 \\ 0 & 0 & 0 & 0 \\ 0 & 0 & 0 & 0 \end{pmatrix}$$

由 DCT 结果矩阵 $\boldsymbol{F}$ 可以看出，DCT 系数矩阵中都为实数，而不是傅里叶变换那样的复数结果，同时该 DCT 系数矩阵的左上角幅值大，体现的是低频能量信息，右下角幅值小，体现的高频细节信息。因此，DCT 具有信息能量集中特性，即图像的许多重要可视信息都集中在变换后的一小部分系数中。在图像压缩处理中经常用 DCT 进行图像信息压缩，有损压缩国际标准 JPEG 算法就是以 DCT 为核心进行压缩编码的。

【例 4-11】 MATLAB 编程，实现 DCT 并显示其频谱图。

解：MATLAB 代码如下所示：

```
clear all;close all;clc;
Im1=imread('lena256.bmp');%读取图像
Im2=imread('circles.png');%读取图像
subplot(221),imshow(Im1);%显示原图像
subplot(222),imshow(Im2);%显示原图像
DCTI=dct2(Im1);%计算 CT 并移位
ADCTI=abs(DCTI);
top=max(ADCTI(:));
bottom=min(ADCTI(:));
ADCTI=(ADCTI-bottom)/(top-bottom) * 100;

DCTK=dct2(Im2);%计算 CT 并移位
ADCTK=abs(DCTK);
top2=max(ADCTK(:));
bottom2=min(ADCTK(:));
ADCTK=(ADCTK-bottom2)/(top2-bottom2) * 100;
subplot(223),imshow(ADCTI);%显示 CT 频谱图
subplot(224),imshow(ADCTK);%显示 CT 频谱图
imwrite(ADCTI,'lena256dct.jpg');
imwrite(ADCTK,'circlesdct.jpg');
```

程序运行结果如图 4.14 所示。

由图 4.14 给出的灰度图像 lena 和二值图像 coins 及其 DCT 频谱图可以看出，图像经 DCT 后，能量主要集中于左上角低频位置处，右下角的中高频区域能量很小，几乎为零。

4.2.3 离散余弦变换的应用

DCT 是图像 JPEG 压缩算法的基础，静止图像编码标准 JPEG、运动图像编码标准 MPEG 中都使用了 DCT。主要原因就是 DCT 具有很好的能量集中特性，图像的大多数能量都集中在 DCT 后的低频部分，压缩编码效果较好。具体进行压缩编码时，一般是先将图像分成 8×8 的小块，依次对每一个小方块进行二维 DCT，变换后的系数舍弃绝大部分取值很小或为 0 的高频数据，以降低数据量，在保证一定主观视觉效果的情况下达到

(a) lena原图像　　　(b) coins原图像

(c) lena DCT频谱图　　　(d) coins DCT频谱图

图 4.14　图像及其 DCT 频谱图

图像压缩的目的。

【例 4-12】　MATLAB 编程实现图像的高频压缩。即打开一幅图像，对其进行 DCT，然后将高频系数置为 0，最后进行反变换。

解：MATLAB 代码如下所示：

```
Im1=rgb2gray(imread('peppers.JPG'));
[h,w]=size(Im1);
DCTI=dct2(Im1);
cf=66;
FDCTI=zeros(h,w);
FDCTI(1:cf,1:cf)=DCTI(1:cf,1:cf);
grayOut=uint8(abs(idct2(FDCTI)));
subplot(121),imshow(Im1),title('原图');
subplot(122),imshow(grayOut),title('压缩重建');
imwrite(ImOut,'压缩重建.jpg');
```

程序运行结果如图 4.15 所示。

(a) 原图　　　　　(b) 压缩重建

图 4.15　高频压缩示意图

4.3 图像的 K-L 变换

4.3.1 基本概念

K-L 变换又称为霍特林(Hotelling)变换,最早由 Karhumen 和 Loeve 引入,用来处理随机过程中连续信号的去相关问题。霍特林也提出了离散信号的去相关线性变换,但实际上它是 K-L 展开的离散等效方法。在图像处理中,往往认为 K-L 变换与霍特林变换是同义词。

K-L 变换是建立在图像协方差矩阵基础上的线性正交变换,其优点是相关性好,是均方误差(mean square error,MSE)意义下的最佳变化,K-L 变换的目的是去除图像中的噪声和干扰,进行数据压缩和信息增强。

主成分分析(principal component analysis,PCA),有的文献称为 PCT(principal component transformation)是统计分析中常用的方法,其求解过程与 K-L 变换有所不同:K-L 变换是基于图像协方差矩阵进行的计算;而 PCA 不限于协方差矩阵,也可以是相关矩阵等。在有些图像处理软件中有 PCA 算法选项供选择,默认时使用协方差矩阵进行计算,结果就是 K-L 变换。也就是说,PCA 中包括了 K-L 变换。

K-L 变换的基本思想是:设有 N 个观测点(x_{i1},x_{i2}),$i=1,2,\cdots,N$,先对 N 个点 (x_{i1},x_{i2}) 求出第一条"最佳"拟合直线,使得这 N 个点到该直线的垂直距离的平方和最小,并称此直线为第一主成分;然后再求与第一主成分相互独立(或者说垂直)的,且与 N 个点(x_{i1},x_{i2})的垂直距离平方和最小的第二主成分;以此类推,可得到多个成分。

设有 M 幅大小为 $N\times N$ 的图像 $f_i(x,y)$,每幅图像可表示成向量,即

$$\boldsymbol{X}_i = \begin{pmatrix} f_i(0,0) \\ f_i(0,1) \\ \vdots \\ f_i(N-1,N-1) \end{pmatrix} \tag{4-41}$$

向量 $\boldsymbol{X}$ 的协方差矩阵为

$$\boldsymbol{C}_x = E\{(\bar{x}-\bar{m})(\bar{x}-\bar{m})'\} \tag{4-42}$$

其中,$\bar{m}=E\{\bar{x}\}$。

令 ϕ_i 和 $\lambda_i (i=1,2,\cdots,N^2)$ 是 $\boldsymbol{C}_x$ 的特征向量和对应的特征值,且 $\lambda_1>\lambda_2>\cdots>\lambda_{N^2}$,变换矩阵的行为 $\boldsymbol{C}_x$ 的特征值,则变换矩阵为

$$\boldsymbol{A} = \begin{pmatrix} \phi_{11} & \phi_{12} & \cdots & \phi_{1N^2} \\ \phi_{21} & \phi_{22} & \cdots & \phi_{2N^2} \\ \vdots & \vdots & \vdots & \vdots \\ \phi_{N^2 1} & \phi_{N^2 2} & \cdots & \phi_{N^2 N^2} \end{pmatrix} \tag{4-43}$$

ϕ_{ij} 对应第 i 个特征向量的第 j 个分量。

K-L 变换的定义为

$$\boldsymbol{Y} = \boldsymbol{A}(\boldsymbol{X}-m_x) \tag{4-44}$$

其中，Y 为新产生的图像向量；$X-m_x$ 是原图像向量减去均值向量，被称为中心化的图像向量。K-L 变换的计算步骤如下：

（1）求协方差矩阵 C_x；
（2）求协方差矩阵的特征值 λ_i；
（3）求相应的特征向量 ϕ_i；
（4）用特征向量 ϕ_i 构成变换矩阵 A，求 $Y=A(X-m_x)$。

K-L 变换具有如下性质。

（1）总方差不变性。当主成分个数与原始数据维数相等时，变换前后总方差保持不变，只是把原有的方差在新的主成分上重新进行了分配。

（2）正交性。K-L 变换得到的主成分之间互不相关。

（3）从主成分向量 Y 中删除后面的 $(k-p)$ 个成分，只保留前 p 个成分时所产生的误差满足平方误差最小的准则。

4.3.2 K-L 变换的应用

下面以两个不同波段的遥感图像为例说明图像 K-L 变换原理。假设波段分别为 B3 和 B1 的两幅遥感图像，两者之间存在相关性，具有如图 4.16 所示的分布，图中横纵坐标分别为 B3、B1 波段的灰度值，其范围为 0～255，通过投影，各数据可以表示为 $y1$ 轴上的一维点数据（图中的横轴）。

从二维空间中的数据变成一维空间中的数据会产生信息损失，为了使信息损失最小，必须按照使一维数据的信息量（方差）最大的原则确定 $y1$ 轴的取向，新轴 $y1$ 称为第一主成分 PC1。为了进一步汇集剩余的信息，可求出与第一轴 $y1$ 正交、且尽可能多地汇集剩余信息的第二个轴 $y2$，新轴 $y2$ 称为第二主成分 PC2。

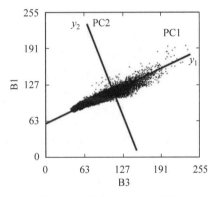

图 4.16 波段主成分示意图

K-L 变换的缺点是：当 X_k 维数 k 很大时，协方差阵对应的特征向量的计算量较大。即使已经得到了变换矩阵，实施正、反变换计算量都很大，且没有快速算法的支持，从而限制了该方法的应用。因此在图像压缩方面无具体工程应用，通常只是用来比较其他方法的效率，例如，DCT 在编码效率方面与 K-L 变换最接近，被认为是"次最优变换"，成为最常用的编码方法。

【例 4-13】 基于 MATLAB 编程，对人脸图像进行 K-L 变换。

解：MATLAB 代码如下所示：

```
clear all,clc,close all;
image={'*.jpg','JPEG image(*.jpg)';'*.*','All Files(*.*)'};
[FileName,FilePath]=uigetfile(image,'导入数据','face*.jpg','MultiSelect','on');
```

```matlab
    imageFullName=strcat(FilePath,FileName);
    N=length(imageFullName);
    for k=1:N
        Image=im2double(rgb2gray(imread(imageFullName{k})));
        X(:,k) = Image(:);              %把图像放在矩阵 x 的第 k 列
    %----------计算每幅训练图像的与平均脸的差值-------%
    averagex = mean(X(:,k)')';          %计算均值图像
    X(:,k)=X(:,k)-averagex;             %求中心化图像向量
    end
    [h,w,c]=size(Image);

    %-----奇异值分解方法计算协方差矩阵的特征值和特征向量----%
    R = X' * X;                         %协方差矩阵为 x*x',这里用奇异值分解
    [Q,D] = eig(R);                     %V 为以特征向量为列的矩阵,D 为特征值组成的对角阵
    [D_sort,index] = sort(diag(D),'descend');
    D = D(index,index);
    Q = Q(:,index);
    P = X * Q * (abs(D))^-0.5;
    total = 0.0;
    count = sum(D_sort);
    for r = 1:N
        total = total + D_sort(r);
        if total/count > 0.90       %当差异信息比例达到 90%时退出循环,确定前 r 个奇异值
            break;
        end
    end
    %-------------测试样本在新空间上投影后的坐标----------%
    KLCoefR = P' * X;
    figure; plot(KLCoefR(1,:),KLCoefR(2,:),'ko'),title('K-L 变换行压缩');
    xlabel('第一主成分得分');ylabel('第二主成分得分');
    Y= P(:,1:2) * KLCoefR(1:2,:)+averagex;              %前 2 个奇异值重建图像
    for j=1:N
        outImage=reshape(Y(:,j),h,w);
        imwrite(mat2gray(outImage),strcat('2 个奇异值第',num2str(j),'帧','.jpg'));
        figure,imshow(outImage,[]);
    end
    Z= P(:,1:r) * KLCoefR(1:r,:)+averagex;              %前 r 个奇异值重建图像重建
    for j=1:N
        outImage=reshape(Z(:,j),h,w);
        imwrite(mat2gray(outImage),strcat('前 r 个奇异值第',num2str(j),'帧','.jpg'));
        figure,imshow(outImage,[]);
    end
    KLCoefC = X * Q;                                    %右奇异值矩阵 K-L 变换
    for j =1:N
        outImage=reshape(KLCoefC(:,j),h,w);
```

```
        imwrite(mat2gray(outImage),strcat('右奇异值第',num2str(j),'帧','.jpg'));
        figure,imshow(outImage,[]);
end
```

程序结果如图 4.17 所示。

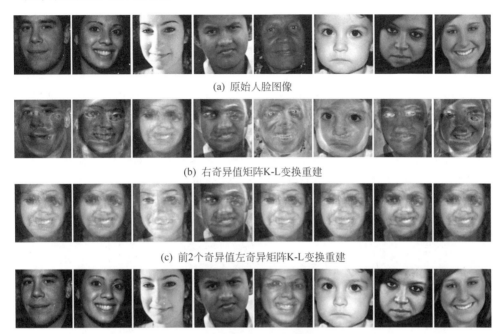

(a) 原始人脸图像

(b) 右奇异值矩阵 K-L 变换重建

(c) 前2个奇异值左奇异矩阵 K-L 变换重建

(d) 前7个奇异值（和占总数的90%）左奇异矩阵 K-L 变换重建

图 4.17 人脸图像 K-L 变换重建

4.4 图像的小波变换

小波变换是法国从事石油勘探工作的信号处理工程师 J. Morlet 于 1974 年首先提出的。Morlet 根据物理及信号处理的应用需求提出了推演公式，但在当时的条件下，如同从前傅里叶提出任一函数都能展开成三角函数的无穷级数时一样，未能得到著名数学家 Lagrange 和 Laplace 等的认可。在 20 世纪 70 年代，著名科学家 A. Calderon 表示定理的发现及 Hardy 空间的原子分解和无条件基的深入研究为小波变换的诞生做了理论上的准备，著名数学家 Y. Meyer 于 1986 年第一次构造出一个真正的小波基，并与 S. Mallat 合作建立了构造小波基的方法及多尺度分析法，从此小波变换开始受到广泛的重视。其中，比利时女数学家 I. Daubechies 撰写的 *Ten Lectures on Wavelets* 对小波变换的普及起了重要的推动作用。

与傅里叶变换相比，小波变换由于其在高频时具有的时间精度和低频时所具有的频率精度，能自动适应时频信号分析的要求，可以聚焦到信号的任意细节等显著特点而得到越来越广泛的研究和重视，小波变换被迅速应用到图像和语音分析等众多领域。尤其近年来在图像处理中受到了前所未有的重视，面向图像压缩、特征检测及纹理分析的许多新方法,如多分辨率分析、时频率域分析、金字塔算法等,都可以归类于小波变换的范畴。与傅里叶变换相比,小波变换又被称为"数学显微镜",是一个时间和频率的局域变换,因而能有效地从信号中提取信息,通过伸缩和平移等运算对信号进行多尺度细化分析,有效解决了傅里叶变换面临的许多问题,成为继傅里叶变换以来科学方法上的重大突破之一。

4.4.1 离散小波变换

与傅里叶变换的基函数正弦波相比,小波是一种有限带宽且均值为零的波形,而正弦波是平滑、对称、周期变化的波形,小波变换中的小波一般都是不规则且不对称变化的。傅里叶变换是将信号分解成各种频率下的正弦波形,而小波变换则将信号分解成各种尺度(scale)和平移(shift)条件的小波波形,如图4.18所示。对于变化很快的非平稳信号,一般用小波变换方法分析比用傅里叶变换方法分析更适合。

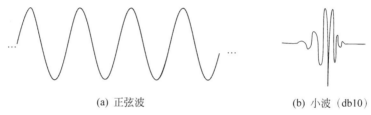

(a) 正弦波　　　　　　　　　(b) 小波（db10）

图 4.18　正弦波和小波的比较

离散小波变换可定义为

$$W_\phi(j_0,k) = \frac{1}{\sqrt{M}} \sum_x f(x)\phi_{j_0,k}(x) \qquad (4\text{-}45)$$

$$W_\psi(j,k) = \frac{1}{\sqrt{M}} \sum_x f(x)\psi_{j,k}(x) \qquad (4\text{-}46)$$

其逆变换为

$$f(x) = \frac{1}{\sqrt{M}} \sum_k W_\phi(j_0,k)\phi_{j_0,k}(x) + \frac{1}{\sqrt{M}} \sum_{j=j_0}^{+\infty} \sum_k W_\psi(j,k)\psi_{j,k}(x) \qquad (4\text{-}47)$$

其中,$W_\phi(j_0,k)$ 和 $W_\psi(j,k)$ 分别称为"近似系数"和"细节系数"。信号的离散小波变换过程如图4.19所示,将信号分解成近似系数 cA_1 与细节系数 cD_1。

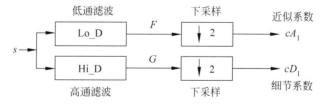

图 4.19　信号的离散小波变换过程

同理,可进一步将近似系数 cA_1 按上面同样的方式分解为 cA_2 和 cD_2,并可以依次循环下去(如图4.20所示),直到得到满足需要的结果为止。

图 4.20 近似小波系数的再分解

而离散小波的逆变换,就相当于对信号的合成过程,合成过程是信号分解的逆过程,通过插零值(上采样)及对插值结果滤波,来重建上一级的近似细节信号,并最终可以得到合成信号。一维离散小波逆变换的过程如图 4.21 所示。

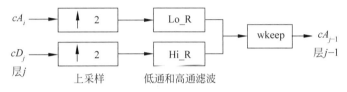

图 4.21 一维离散小波逆变换

4.4.2 二维小波变换

从一维小波变换,很容易推广到二维小波变换,这里主要包含一个二维的伸缩函数(表示近似部分)和三个二维的小波函数。

$\phi(x,y)=\phi(x)\phi(y)$ ——伸缩函数;

$\psi^h(x,y)=\psi(x)\phi(y)$ ——测量水平方向上的细节变化;

$\psi^v(x,y)=\phi(x)\psi(y)$ ——测量垂直方向上的细节变化;

$\psi^d(x,y)=\psi(x)\psi(y)$ ——测量对角线方向上的细节变化。

对 j 级的近似部分进行二维小波变换,可得到下一分辨级($j+1$ 级)的一个近似和三个方向的细节(水平、垂直、对角线),对这个 $j+1$ 级近似仍可继续不断地分解。二维小波变换主要应用于对二维图像的处理中,用二维小波变换对图像的分解和重建过程如图 4.22～图 4.24 所示。

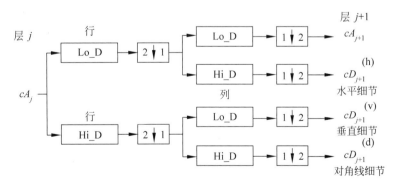

图 4.22 二维离散小波变换

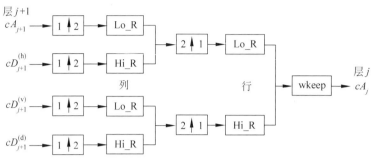

图 4.23 二维离散小波逆变换

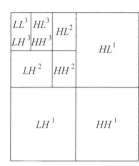

L：低频分量
H：高频分量
LH：垂直方向上的高频信息
HL：水平方向上的高频信息
HH：对角线方向的高频信息

图 4.24 图像的三级小波分解示意图

解决实际问题中需要选择和构造不同的小波函数,实际上小波函数很难建立,因此常常直接利用现有的小波函数。常用的小波函数如表 4.1 所示。

表 4.1 常用小波函数及其特性

小波函数	小波缩写	表示形式	举例	正交性	双正交性	紧支撑性	连续变换	离散变换	支撑长度	滤波器长度	对称性
Haar	baar	haar	baar	有	有	有	可以	可以	1	2	对称
Daubechies	db	dbN	db3	有	有	有	可以	可以	$2N-1$	$2N$	近似对称
Biorthgonal	bior	biorNr.Nd	bior2.4	无	有	有	可以	可以	$2Nr+1$	$\max(2Nr, 2Nd)+2$	不对称
Coiflets	coif	coifN	coif3	有	有	有	可以	可以	$6N-1$	$6N$	近似对称
Symlets	sym	symN	sym2	有	有	有	可以	可以	$2N-1$	$2N$	近似对称
Morlet	morl	morl	morl	无	无	无	可以	不可以	有限	$[-4,4]$	对称
Mexican hat	mexh	mexh	mexh	无	无	无	可以	不可以	有限	$[-5,5]$	对称
Meyer	meyr	meyr	meyr	有	无	无	可以	可以	有限	$[-8,8]$	对称

MATLAB 二维离散小波函数如下所示。

（1）dwt2：实现一级二维离散小波变换。函数具体调用格式为

[CA,CH,CV,CD]=dwt2(X,'wname')或[CA,CH,CV,CD]=dwt2(X,Lo_D,Hi_D)。
X 为被分解的二维离散信号;'wname'为分解所用的小波函数;Lo_D、Hi_D 为分解滤波

器,返回值分别为近似矩阵 CA 和三个细节矩阵 CH、CV 和 CD。

(2) idwt2:一级二维离散小波逆变换。函数具体调用格式为

X=idwt2(CA,CH,CV,CD,'wname')或 X=idwt2(CA,CH,CV,CD,Lo_D,Hi_D1)。

(3) wavedec2:多级二维小波分解。函数具体调用格式为

[C,S]=wavedec2(X,N,'wname')或[C,S]=wavedec2(X,N,Lo_D,Hi_LD),N 为分解的级数。

C=[A(N)|H(N)|V(N)|D(N)|H(N-1)|V(N-1)|D(N-1)|… |H(1)|V(1)|D(1)],A,H,V,D 分别为低频、水平高频、垂直高频、对角高频系数。

S(1,:)是级数 N 的低频系数长度;S(i,:)是级数 N-i+2 的高频系数长度,i=2,…,N+1;S(N+2,:)=size(X)。

(4) waverece2:多级二维小波重构。函数具体调用格式为

X=waverece2(C,S,'wname')或 X=waverec2(C,S,Lo_R,Hi_R)。

(5) appcoef2:提取二维小波分解的低频系数。函数具体调用格式为

A=appcocef2(C,S,'wname',N)或 A=appcoef2(C,S,Lo_R,Hi_R,N)。

(6) detcoef2:提取二维小波分解的高频系数。函数具体调用格式为

D=detcoef2(O,C,S,N)或[H,V,D]=detcoef2('all',C,S,N)。

【例 4-14】 利用 MATLAB 提供的二维离散小波函数实现 cameraman 图像的一级、二级分解及重构。

解:一级分解及重构 MATLAB 代码如下所示:

```
Image=imread('cameraman.tif');
subplot(1,3,1),imshow(Image),title('原图');
[ca1,ch1,cv1,cd1]=dwt2(Image,'db4');
DWTI1=[wcodemat(ca1,256),wcodemat(ch1,256);wcodemat(cv1,256),wcodemat(cd1,
256)];                                                  %组成小波系数显示矩阵
subplot(1,3,2),imshow(DWTI1/256),title('一级分解');
%显示一级分解后的近似和细节图像
result=idwt2(ca1,ch1,cv1,cd1,'db4');                    %一级重构
subplot(1,3,3),imshow(result,[]),title('一级重构');     %重构图像显示
imwrite(Image,'原图.jpg');
imwrite(DWTI1/256,'一级分解.jpg');
imwrite(mat2gray(result),'一级重构.jpg');
```

程序运行结果如图 4.25 所示。

(a) 原图　　　　　　　(b) 一级分解　　　　　　(c) 一级重构

图 4.25 cameraman 图像的一级分解及重构程序运行结果

二级分解及重构 MATLAB 代码如下所示：

```
Image=imread('cameraman.tif');
[ca1,ch1,cv1,cd1]=dwt2(Image,'db4');
subplot(1,3,1),imshow(Image),title('原图');
[c,s]=wavedec2(Image,2,'db4');              %用db4小波对图像进行二级小波分解
ca2=appcoef2(c,s,'db4',2);                  %提取二级小波分解低频变换系数
[ch2,cv2,cd2] = detcoef2('all',c,s,2);      %提取二级小波分解高频变换系数
[ch1,cv1,cd1] = detcoef2('all',c,s,1);      %提取一级小波分解高频变换系数
ca1=[wcodemat(ca2,256),wcodemat(ch2,256);wcodemat(cv2,256),wcodemat(cd2,
256)];
k=s(2,1) * 2-s(3,1);                        %两级高频系数长度差
ch1=padarray(ch1,[k k],1,'pre');
cv1=padarray(cv1,[k k],1,'pre');
cd1=padarray(cd1,[k k],1,'pre');
%填充一级小波高频系数数组,使两级系数维数一致
DWTI2=[ca1,wcodemat(ch1,256);wcodemat(cv1,256),wcodemat(cd1,256)];
subplot(1,3,2),imshow(DWTI2/256),title('二级分解');
%显示二级分解后的近似和细节图像
result= waverec2(c,s,'db4');                %二级重构
subplot(1,3,3),imshow(result,[]),title('二级重构'); %重构图像显示
imwrite(DWTI2/256,'二级分解.jpg');
imwrite(mat2gray(result),'二级重构.jpg');
```

程序运行结果如图 4.26 所示。

(a) 原图　　　　　　(b) 二级分解　　　　　　(c) 二级重构

图 4.26　cameraman 图像的二级分解及重构程序运行结果

4.5　沃尔什-哈达玛变换

严格地讲,沃尔什(Walsh)变换与哈达玛(Hadamard)变换是两种变换。而事实上两者十分相似,例如,变换对形式一致;变换方阵均具备正交特性,矩阵元素均由"-1"和"+1"组成,在阶 $N=2^n$ 时,两个变换矩阵除行、列顺序有些不同外,彼此没有任何本质上的差异等。因此,大家习惯把沃尔什变换与哈达玛变换统称为"沃尔什-哈达玛变换"。这

种变换在早期的图像编码和模式识别中非常有用。

前面介绍的 FFT、DCT、DWT 都属于正弦型变换,其变换核函数都是正弦函数型的。沃尔什-哈达玛(Walsh-Hadamard)变换的变换核是一类非正弦的正交函数,如方波或矩形波。与正弦波频率相对应,这种非正弦波形可用"列率"(单位时间内波形通过零点数平均值的一半)描述。沃尔什函数可以由哈达玛函数构成,哈达玛函数集是一个不完备的正交函数集。下面分别介绍这两种方波形正交变换。

4.5.1 沃尔什变换

沃尔什变换是典型的方波形变换之一,是由 $+1$ 和 -1 两个数值的基本函数的级数展开而构成的,它满足正交特性。由于沃尔什函数是二值正交函数,与数字逻辑中的两个状态相对应,因而很适合计算机处理。

1. 一维沃尔什变换

离散沃尔什变换 $W(u)$ 定义为

$$W(u) = \frac{1}{N} \sum_{x=0}^{N-1} f(x) \prod_{i=0}^{n-1} (-1)^{b_i(x) b_{n-1-i}(u)} \quad (4\text{-}48)$$

其中,当 $N = 2^n$ 时,沃尔什变换核为

$$g(x,u) = \frac{1}{N} \prod_{i=0}^{n-1} (-1)^{b_i(x) b_{n-1-i}(u)} \quad (4\text{-}49)$$

$b_i(x)$ 是 x 的二进制表达中的第 i 位。

例如,$n=3$ 时,对于 $x = 6 \,(110)_2$,有 $b_0(x) = 0, b_1(x) = 1, b_2(x) = 1$。

对于 $N = 2、4、8$,沃尔什变换核矩阵分别为

$$\boldsymbol{G}_2 = \frac{1}{2} \begin{pmatrix} 1 & 1 \\ 1 & -1 \end{pmatrix} \quad (4\text{-}50)$$

$$\boldsymbol{G}_4 = \frac{1}{4} \begin{pmatrix} 1 & 1 & 1 & 1 \\ 1 & 1 & -1 & -1 \\ 1 & -1 & 1 & -1 \\ 1 & -1 & -1 & 1 \end{pmatrix} \quad (4\text{-}51)$$

$$\boldsymbol{G}_8 = \frac{1}{8} \begin{pmatrix} 1 & 1 & 1 & 1 & 1 & 1 & 1 & 1 \\ 1 & 1 & 1 & 1 & -1 & -1 & -1 & -1 \\ 1 & 1 & -1 & -1 & 1 & 1 & -1 & -1 \\ 1 & 1 & -1 & -1 & -1 & -1 & 1 & 1 \\ 1 & -1 & 1 & -1 & 1 & -1 & 1 & -1 \\ 1 & -1 & 1 & -1 & -1 & 1 & -1 & 1 \\ 1 & -1 & -1 & 1 & 1 & -1 & -1 & 1 \\ 1 & -1 & -1 & 1 & -1 & 1 & 1 & -1 \end{pmatrix} \quad (4\text{-}52)$$

可以看出,沃尔什变换核是一个对称矩阵,其行和列是正交的。

例如,$N=4$ 的一维沃尔什变换,由

$$W(u) = \frac{1}{N} \sum_{x=0}^{N-1} f(x) \prod_{i=0}^{n-1} (-1)^{b_i(x) b_{n-1-i}(u)} \quad (4\text{-}53)$$

可得

$$W(0) = \frac{1}{4}[f(0) + f(1) + f(2) + f(3)] \quad (4-54)$$

$$W(0) = \frac{1}{4}[f(0) + f(1) - f(2) - f(3)] \quad (4-55)$$

$$W(0) = \frac{1}{4}[f(0) - f(1) + f(2) - f(3)] \quad (4-56)$$

$$W(0) = \frac{1}{4}[f(0) - f(1) - f(2) + f(3)] \quad (4-57)$$

可见，沃尔什变换本质上是将离散序列 $f(x)$ 的各项值的符号按照一定规律改变，进行加减运算，因此，运算速度相当快。

沃尔什反变换的定义为

$$f(x) = \sum_{u=0}^{N-1} W(u) \prod_{i=0}^{n-1} (-1)^{b_i(x)b_{n-1-i}(u)} \quad (4-58)$$

其中，沃尔什反变换核为

$$h(x,u) = \prod_{i=0}^{n-1} (-1)^{b_i(x)b_{n-1-i}(u)} \quad (4-59)$$

可见，沃尔什正、反变换核只相差 $1/N$ 这个常数项，因此，计算沃尔什正变换的算法可以直接用来求反变换。

2. 二维沃尔什变换

二维沃尔什正变换核和反变换核由以下两式给出：

$$g(x,y,u,v) = \frac{1}{N} \prod_{i=0}^{n-1} (-1)^{[b_i(x)b_{n-1-i}(u) + b_i(y)b_{n-1-i}(v)]} \quad (4-60)$$

$$h(x,y,u,v) = \frac{1}{N} \prod_{i=0}^{n-1} (-1)^{[b_i(x)b_{n-1-i}(u) + b_i(y)b_{n-1-i}(v)]} \quad (4-61)$$

这两个变换核完全相同，所以下面给出的二维沃尔什正变换和反变换也具有相同形式：

$$W(u,v) = \frac{1}{N} \sum_{x=0}^{N-1} \sum_{y=0}^{N-1} f(x,y) \prod_{i=0}^{n-1} (-1)^{[b_i(x)b_{n-1-i}(u) + b_i(y)b_{n-1-i}(v)]} \quad (4-62)$$

$$f(x,y) = \frac{1}{N} \sum_{u=0}^{N-1} \sum_{v=0}^{N-1} W(u,v) \prod_{i=0}^{n-1} (-1)^{[b_i(x)b_{n-1-i}(u) + b_i(y)b_{n-1-i}(v)]} \quad (4-63)$$

二维沃尔什变换具有可分离特性，沃尔什变换核也是可分离的，即

$$g(x,y,u,v) = g_1(x,u)g_2(y,v) = h_1(x,u)h_2(y,v)$$

$$= \frac{1}{\sqrt{N}} \prod_{i=0}^{n-1} (-1)^{b_i(y)b_{n-1-i}(v)} \quad (4-64)$$

因此，二维沃尔什变换可以分成两步一维沃尔什变换进行。

二维沃尔什正变换矩阵表示为

$$\boldsymbol{W} = \frac{1}{N^2} \boldsymbol{GfG} \quad (4-65)$$

二维沃尔什反变换矩阵表示为

$$f = GWG \tag{4-66}$$

二维沃尔什变换基本函数如图 4.27 所示，图中给出 $N=4$ 时沃尔什基本函数，其中白色表示 1，阴影表示 -1。

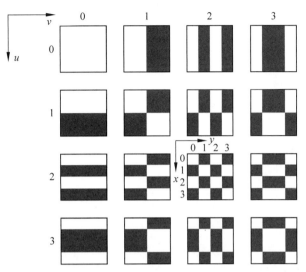

图 4.27 $N=4$ 时沃尔什基本函数的图示

【例 4-15】 下面计算两个图像矩阵的沃尔什变换，观察变换系数矩阵特点，$N=4$。

(1) 当图像矩阵为

$$f = \begin{pmatrix} 1 & 3 & 3 & 1 \\ 1 & 3 & 3 & 1 \\ 1 & 3 & 3 & 1 \\ 1 & 3 & 3 & 1 \end{pmatrix} \tag{4-67}$$

则变换矩阵为

$$G = \begin{pmatrix} 1 & 1 & 1 & 1 \\ 1 & 1 & -1 & -1 \\ 1 & -1 & 1 & -1 \\ 1 & -1 & -1 & 1 \end{pmatrix} \tag{4-68}$$

二维沃尔什变换为

$$W = \frac{1}{N^2} GfG = \begin{pmatrix} 2 & 0 & 0 & -1 \\ 0 & 0 & 0 & 0 \\ 0 & 0 & 0 & 0 \\ 0 & 0 & 0 & 0 \end{pmatrix} \tag{4-69}$$

(2) 当图像矩阵为

$$f = \begin{pmatrix} 1 & 1 & 1 & 1 \\ 1 & 1 & 1 & 1 \\ 1 & 1 & 1 & 1 \\ 1 & 1 & 1 & 1 \end{pmatrix} \tag{4-70}$$

则变换核矩阵为

$$G = \begin{pmatrix} 1 & 1 & 1 & 1 \\ 1 & 1 & -1 & -1 \\ 1 & -1 & 1 & -1 \\ 1 & -1 & -1 & 1 \end{pmatrix} \quad (4\text{-}71)$$

二维沃尔什变换为

$$W = \frac{1}{N^2} GfG = \begin{pmatrix} 1 & 0 & 0 & 0 \\ 0 & 0 & 0 & 0 \\ 0 & 0 & 0 & 0 \\ 0 & 0 & 0 & 0 \end{pmatrix} \quad (4\text{-}72)$$

由例 4-15 可以看出,沃尔什变换具有能量集中性质,图像越均匀,能量越集中,因此沃尔什变换也可用于图像压缩。

4.5.2 哈达玛变换

哈达玛变换本质上是一种特殊排列的沃尔什变换,因此经常被称作沃尔什-哈达玛变换。由于它的变换核矩阵具有简单的递推关系,即高阶矩阵可以用低阶矩阵求得,因此应用比沃尔什变换更为广泛。

1. 哈达玛变换定义

二维哈达玛正变换核和反变换核分别为

$$g(x,y,u,v) = \frac{1}{N}(-1)^{\sum_{i=0}^{n-1}[b_i(x)b_j(u)+b_i(y)b_j(v)]} \quad (4\text{-}73)$$

$$h(x,y,u,v) = \frac{1}{N}(-1)^{\sum_{i=0}^{n-1}[b_i(x)b_j(u)+b_i(y)b_j(v)]} \quad (4\text{-}74)$$

二维哈达玛正变换核和反变换核都是可分离的、对称的,并且具有相同形式。因此二维哈达玛变换正变换和反变换也具有相同形式,即

$$H(u,v) = \frac{1}{N}\sum_{x=0}^{N-1}\sum_{y=0}^{N-1} f(x,y)(-1)^{\sum_{i=0}^{n-1}[b_i(x)b_j(u)+b_i(y)b_j(v)]} \quad (4\text{-}75)$$

$$f(x,y) = \frac{1}{N}\sum_{u=0}^{N-1}\sum_{v=0}^{N-1} H(u,v)(-1)^{\sum_{i=0}^{n-1}[b_i(x)b_j(u)+b_i(y)b_j(v)]} \quad (4\text{-}76)$$

2. 列率

以 8 阶哈达玛矩阵为例,即

$$H_8 = \frac{1}{8}\begin{pmatrix} 1 & 1 & 1 & 1 & 1 & 1 & 1 & 1 \\ 1 & -1 & 1 & -1 & 1 & -1 & 1 & -1 \\ 1 & 1 & -1 & -1 & 1 & 1 & -1 & -1 \\ 1 & -1 & -1 & 1 & 1 & -1 & -1 & 1 \\ 1 & 1 & 1 & 1 & -1 & -1 & -1 & -1 \\ 1 & -1 & 1 & -1 & -1 & 1 & -1 & 1 \\ 1 & 1 & -1 & -1 & -1 & -1 & 1 & 1 \\ 1 & -1 & -1 & 1 & -1 & 1 & 1 & -1 \end{pmatrix}\begin{matrix} 0 \\ 7 \\ 3 \\ 4 \\ 1 \\ 6 \\ 2 \\ 5 \end{matrix} \quad (4\text{-}77)$$

矩阵右边的一列数表示相应的矩阵行的符号变换次数,这种符号的变化次数被称为这一行的列率,每一行的列率都是不同的。

哈达玛矩阵的阶数是按 $N=2^n(n=0,1,2,\cdots)$ 规律排列的,阶数较高的哈达玛矩阵可以利用矩阵的克罗内克积(kronecker Product)运算,由低阶哈达玛矩阵递推得到,即

$$\boldsymbol{H}_N = \boldsymbol{H}_{2^n} = \boldsymbol{H}_2 \otimes \boldsymbol{H}_{2^{n-1}} = \begin{pmatrix} \boldsymbol{H}_{2^{n-1}} & \boldsymbol{H}_{2^{n-1}} \\ \boldsymbol{H}_{2^{n-1}} & -\boldsymbol{H}_{2^{n-1}} \end{pmatrix} = \begin{pmatrix} \boldsymbol{H}_{\frac{N}{2}} & \boldsymbol{H}_{\frac{N}{2}} \\ \boldsymbol{H}_{\frac{N}{2}} & -\boldsymbol{H}_{\frac{N}{2}} \end{pmatrix} \tag{4-78}$$

矩阵的克罗内克积运算符号 $\otimes$ 记作 $\boldsymbol{A} \otimes \boldsymbol{B}$,其运算规律如下:

设 $\boldsymbol{A} = \begin{pmatrix} a_{11} & a_{12} & \cdots & a_{1n} \\ a_{21} & a_{22} & \cdots & a_{2n} \\ \vdots & \vdots & & \vdots \\ a_{m1} & a_{m2} & \cdots & a_{mn} \end{pmatrix}, \boldsymbol{B} = \begin{pmatrix} b_{11} & b_{12} & \cdots & b_{1j} \\ b_{21} & b_{22} & \cdots & b_{2j} \\ \vdots & \vdots & & \vdots \\ b_{i1} & b_{i2} & \cdots & b_{ij} \end{pmatrix}$

则

$$\boldsymbol{A} \otimes \boldsymbol{B} = \begin{pmatrix} a_{11}\boldsymbol{B} & a_{12}\boldsymbol{B} & \cdots & a_{1n}\boldsymbol{B} \\ a_{21}\boldsymbol{B} & a_{22}\boldsymbol{B} & \cdots & a_{2n}\boldsymbol{B} \\ \vdots & \vdots & & \vdots \\ a_{m1}\boldsymbol{B} & a_{m2}\boldsymbol{B} & \cdots & a_{mn}\boldsymbol{B} \end{pmatrix} \tag{4-79}$$

因此,2^n 阶哈达玛矩阵有如下形式:

$$\boldsymbol{H}_1 = (1) \tag{4-80}$$

$$\boldsymbol{H}_2 = \begin{pmatrix} 1 & 1 \\ 1 & -1 \end{pmatrix} \tag{4-81}$$

$$\boldsymbol{H}_4 = \begin{pmatrix} \boldsymbol{H}_2 & \boldsymbol{H}_2 \\ \boldsymbol{H}_2 & -\boldsymbol{H}_2 \end{pmatrix} = \begin{pmatrix} 1 & 1 & 1 & 1 \\ 1 & -1 & 1 & -1 \\ 1 & 1 & -1 & -1 \\ 1 & -1 & -1 & 1 \end{pmatrix} \tag{4-82}$$

$$\boldsymbol{H}_8 = \begin{pmatrix} \boldsymbol{H}_4 & \boldsymbol{H}_4 \\ \boldsymbol{H}_4 & -\boldsymbol{H}_4 \end{pmatrix} = \begin{pmatrix} 1 & 1 & 1 & 1 & 1 & 1 & 1 & 1 \\ 1 & -1 & 1 & -1 & 1 & -1 & 1 & -1 \\ 1 & 1 & -1 & -1 & 1 & 1 & -1 & -1 \\ 1 & -1 & -1 & 1 & 1 & -1 & -1 & 1 \\ 1 & 1 & 1 & 1 & -1 & -1 & -1 & -1 \\ 1 & -1 & 1 & -1 & -1 & 1 & -1 & 1 \\ 1 & 1 & -1 & -1 & -1 & -1 & 1 & 1 \\ 1 & -1 & -1 & 1 & -1 & 1 & 1 & -1 \end{pmatrix} \tag{4-83}$$

4.6 本章小结

本章主要介绍了图像处理中的正交变换方法,详细介绍了离散傅里叶变换、离散余弦变换、离散小波变换、K-L 变换、沃尔什变换、哈达玛变换的原理及重要应用,同时提供

了相应的 MATLAB 仿真实现方法。图像正交变换是图像处理具体操作和实现的工具和基础。

习题

1. 图像处理中正交变换的目的是什么？图像变换主要应用于哪些方面？
2. 显示图像傅里叶变换结果时，为什么显示 log(abs(J))，而不是直接显示 J？
3. 如何由一维傅里叶变换实现二维傅里叶变换？
4. 小波变换函数和傅里叶变换函数有何区别？
5. 离散傅里叶变换和离散余弦变换有什么异同？
6. K-L 变换的基本思想是什么？
7. 找一幅图像，调用 MATLAB 中的 dwt2 函数将其逐层小波分解，得到与书中例子类似的效果。
8. 离散的沃尔什变换与哈达玛变换之间有哪些异同？

第 5 章　图像增强

图像采集过程中不可避免地会受到成像设备、噪声干扰及成像环境等多种因素的影响,图像质量无法达到令人满意的效果。图像增强(image enhancement)就是通过特定的处理技术,改善图像视觉效果或使图像变得更利于计算机处理。图像增强的基本原则是不对原始图像的内容进行增加,有选择地突出便于人或机器分析的信息,抑制一些无用的信息。图像增强的目的主要有两个:一是改善图像的视觉效果,提高图像清晰度;二是使图像变得更有利于计算机处理。

图像增强的方法一般分为空间域增强和变换域增强两大类,空间域增强方法直接对图像像素的灰度进行处理;变换域增强方法在图像的某个变换域中对变换系数进行处理,然后通过逆变换获得增强图像。本章介绍的图像增强方法,主要包括基于灰度级变换的图像增强、直方图修正增强、基于模板运算的图像增强(图像平滑和图像锐化)、频率域图像增强和彩色图像增强等。

5.1 基于灰度级变换的图像增强

图像灰度级变换就是借助变换函数将输入图像像素灰度值映射成一个新的输出值,通过改变像素的亮度值来增强图像,如式(5-1)所示。

$$g(x,y) = T[f(x,y)] \qquad (5\text{-}1)$$

其中,$f(x,y)$是输入图像;$g(x,y)$是变换后的图像;T是灰度级变换函数。可以看出,不同的变换函数T将导致不同的输出,其实现变换效果也不一样。根据变换函数的不同,灰度级变换可以分为线性灰度级变换和非线性灰度级变换。灰度级变换可使图像的动态范围增大,图像对比度扩展,图像变清晰,特征明显,是图像增强的重要手段之一。

5.1.1 线性灰度级变换

1. 基本线性灰度级变换

基本线性灰度级变换示意图如图 5.1 所示,其中,图 5.1(a)为正比例线性灰度级变换,图 5.1(b)为基本线性灰度级变换。

(1) 正比例线性灰度级变换定义为

$$g(x,y) = f(x,y) \cdot \tan \alpha \qquad (5\text{-}2)$$

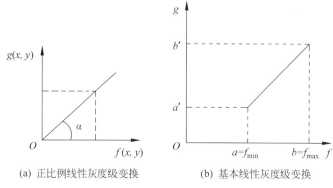

(a) 正比例线性灰度级变换　　(b) 基本线性灰度级变换

图 5.1　线性灰度级变换示意图

由图 5.1(a)可以看出,正比例线性灰度级变换的效果由变换函数斜率 $k=\tan \alpha$ 决定:

当 $k=1$ 时,灰度值范围没有发生变化,图像无变化;

当 $k<1$ 时,变换后灰度值范围压缩,图像均匀变暗;

当 $k>1$ 时,变换后灰度值范围拉伸,图像均匀变亮。

【例 5-1】　正比例线性灰度级变换程序。

解:MATLAB 代码如下所示:

```
I=imread('cameraman.jpg');
J=I*0.5;
K=I*2;
imwrite(J,'线性灰度级变暗.jpg');
imwrite(K,'线性灰度级变亮.jpg');
```

正比例线性灰度级变换结果如图 5.2 所示。

(a) 原图　　　　　　(b) 线性灰度级变暗　　　　(c) 线性灰度级变亮

图 5.2　正比例线性灰度级变换结果

(2) 基本线性灰度级变换如图 5.1(b)所示。令原图像 $f(x,y)$ 的灰度值范围为 $[a,b]$,线性变换后图像 $g(x,y)$ 的范围为 $[a',b']$,则 $g(x,y)$ 与 $f(x,y)$ 之间的关系式为

$$g(x,y)=a'+\frac{b'-a'}{b-a}[f(x,y)-a] \tag{5-3}$$

【例 5-2】　基本线性灰度级变换示例。

解:MATLAB 代码如下所示:

```
I=imread('cameraman.jpg');
[M,N]=size(I);
I=im2double(I);
out=zeros(M,N);
X1=0.3;Y1=0.15;
X2=0.7;Y2=0.85;
for i=1:M
    for j=1:N
        if I(i,j)<X1
            out(i,j)=Y1*I(i,j)/X1;
        elseif I(i,j)>X2
            out(i,j)=(I(i,j)-X2)*(1-Y2)/(1-X2)+Y2;
        else
            out(i,j)=(I(i,j)-X1)*(Y2-Y1)/(X2-X1)+Y1;
        end
    end
end
imwrite(out,'基本线性灰度级变换后图像.bmp')
subplot(1,2,1),imshow(I,[]),title('原始图像');
subplot(1,2,2),imshow(out,[]),title('基本线性灰度级变换后的图像');
```

程序运行结果如图 5.3 所示。

(a) 原始图像　　(b) 基本线性灰度级变换后的图像

图 5.3　基本线性灰度级变换结果

曝光不足或过度的情况下,图像灰度级会局限在一个很小的范围内,这时的图像模糊不清、没有灰度层次。采用基本线性灰度级变换对图像像素灰度级变换,将有效地改善图像视觉效果。

2. 分段线性灰度级变换

分段线性灰度级变换是将输入图像 $f(i,j)$ 的灰度级区间分成两段或多段,分别进行线性灰度级变换,以突出感兴趣的目标或灰度级区间,抑制不感兴趣的灰度级区间,得到增强后图像 $g(i,j)$。常用的三段线性变换如图 5.4 所示,对应的数学表达式为

$$g(i,j)=\begin{cases}(c/a)f(i,j), & 0\leqslant f(i,j)<a\\ [(d-c)/(b-a)][f(i,j)-a]+c, & 0\leqslant f(i,j)<b\\ [(M_g-d)/(M_f-b)][f(i,j)-b]+d, & b\leqslant f(i,j)\leqslant M_f\end{cases} \quad (5\text{-}4)$$

其中，a、b、c、d 是常数，取值根据具体变换需求来设定。

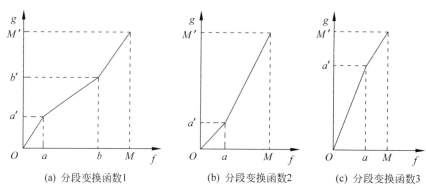

图 5.4　分段线性灰度级变换

【例 5-3】 图像分段线性灰度级变换示例。

解：MATLAB 代码如下所示：

```
Image=im2double(imread('lena255.bmp'));      %读取图像、灰度级并转换为 double 型
[h,w]=size(Image);                            %获取图像尺寸
NewImage1=zeros(h,w);NewImage2=zeros(h,w);    %新图像初始化
NewImage3=Image;
a=30/256; b=100/256; c=75/256; d=200/256;     %参数设置
for x=1:w
    for y=1:h
        if Image(y,x)<a
            NewImage1(y,x)=Image(y,x) * c/a;
        elseif Image(y,x)<b
            NewImage1(y,x)=(Image(y,x)-a) * (d-c)/(b-a)+c;    %分段线性变换
        else
            NewImage1(y,x)=(Image(y,x)-b) * (1-d)/(1-b)+d;
        end
        if Image(y,x)>a && Image(y,x)<b
            NewImage3(y,x)=(Image(y,x)-a) * (d-c)/(b-a)+c;    %高低端灰度级保持
        end
    end
end
NewImage2=imadjust(Image,[a;b],[c;d]);        %截取式灰度级变换
imwrite(Image,'gray_lena.bmp');
imwrite(NewImage1,'lena1.bmp');
imwrite(NewImage2,'lena2.bmp');
imwrite(NewImage3,'lena3.bmp');
imshow(Image);title('原始 lena 图像');
figure;imshow(NewImage1);title('分段线性灰度级变换图像');
figure;imshow(NewImage3);title('高低端灰度级保持不变图像');
figure;imshow(NewImage2);title('截取式灰度级变换图像');
```

程序运行结果如图 5.5 所示。

(a) 原始lena图像　　　　(b) 分段线性灰度级变换图像

(c) 高低端灰度级保持不变图像　　(d) 截取式灰度级变换图像

图 5.5　分段线性灰度级变换处理结果

图 5.5(a)为原灰度级图像;图 5.5(b)为三段线性灰度级变换结果,分别在[0,30)、[30,100)、[100,255]内的灰度级都得到了拉伸,视觉效果得到了增强;图 5.5(c)为高低端灰度级保持的分段线性变换结果,只是改变了[30,100)内的灰度值,可以看出较暗区域和较亮区域出现了伪轮廓现象;图 5.5(d)为截取式灰度级变换结果,也出现了大片均匀区域,轮廓细节信息损失严重。

3. 窗切片

窗切片方法是一种特殊的分段线性处理方法,其目的是突出图像中特定的灰度范围。窗切片方法基本可以分为两类:一种是对感兴趣灰度范围指定输出较亮的灰度值,对不感兴趣的灰度范围则直接输出为暗灰度值,如图 5.6(a)所示;另一种是对感兴趣灰度范围指定输出较亮的灰度值,而对不感兴趣的灰度范围灰度值保持不变,如图 5.6(b)所示。

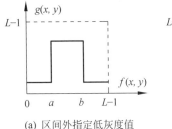
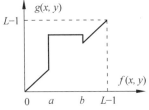

(a) 区间外指定低灰度值　　(b) 区间外灰度值保持不变

图 5.6　窗切片

【例 5-4】 窗切片示例。

解:MATLAB 代码如下所示:

```
Image=im2double(imread('lena256.bmp'));    %读取图像并转换为double型
[h,w]=size(Image);                          %获取图像尺寸
NewImage1=zeros(h,w);
NewImage2=Image;
a=100/256; b=200/256; c=90/256; d=250/256;  %参数设置
for x=1:w
    for y=1:h
        if Image(y,x)<a
            NewImage1(y,x)=c;
        else
            NewImage1(y,x)=d;               %区间外指定灰度值窗切片方法
        end
        if Image(y,x)>c && Image(y,x)<a
            NewImage2(y,x)=0;               %区间外灰度保持窗切片方法
        end
    end
end
imwrite(NewImage1,'AG1.bmp');
imwrite(NewImage2,'AG2.bmp');
imshow(Image);title('ACG图像');
figure;imshow(NewImage1);title('区间外指定灰度值窗切片方法图像');
figure;imshow(NewImage2);title('区间外灰度值保持窗切片方法图像');
```

程序运行结果如图 5.7 所示。

(a) ACG图像　　　　(b) 区间外指定灰度值窗切片方法图像　　　　(c) 区间外灰度值保持窗切片方法图像

图 5.7　窗切片结果

5.1.2　非线性灰度级变换

当变换函数采用某些非线性变换函数时,如对数函数、指数函数、幂次函数,可以实现图像像素灰度级的非线性变换。

1. 对数变换

对数变换函数示意图如图 5.8 所示,其一般表达式为

$$g(x,y)=c \cdot \log[f(x,y)+1] \tag{5-5}$$

式中，c 是尺度比例常数，其取值可以结合输入图像的范围来定。取值 $[f(x,y)+1]$ 是为了避免对 0 求对数，确保 $\log[f(x,y)+1] \geq 0$。

对数变换一般适合处理过暗图像。当希望对图像的低灰度区做拉伸、高灰度区做压缩时，可采用这种变换，它能使图像的灰度分布与人的视觉特性相匹配。

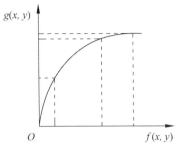

图 5.8 对数变换函数

2. 指数变换

指数变换函数示意图如图 5.9 所示，其非线性灰度变换如式(5-6)所示。

$$g(x,y) = b^{c \cdot [f(x,y)-a]} - 1 \tag{5-6}$$

式中，a 用于决定指数变换函数曲线的初始位置，当取值 $f(x,y)=a$ 时，$g(x,y)=0$，曲线与 x 轴交叉；b 是底数；c 用于决定指数变换曲线的陡度。

指数变换一般适用于处理过亮图像。当希望对图像的低灰度区做压缩，高灰度区做较大拉伸时，可采用这种变换。

3. 幂次变换

幂次变换的非线性灰度级变换如式(5-7)所示。

$$g(x,y) = c \cdot [f(x,y)]^{\gamma} \tag{5-7}$$

其中，c 和 γ 为正常数，当 c 取 1，γ 取不同值时，可以得到一簇变换曲线，如图 5.10 所示，图中横坐标为原图像 $f(x,y)$ 的归一化灰度值，纵坐标为幂次变换结果图像 $g(x,y)$ 的归一化灰度值。

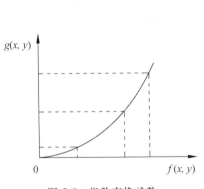

图 5.9 指数变换函数

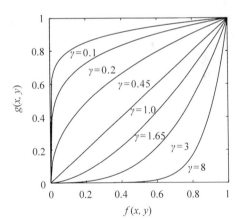

图 5.10 幂次变换曲线

与对数变换的情况类似，幂次变换可以将部分灰度区域映射到更宽的区域中，从而增强图像的对比度。当 $\gamma=1$ 时，幂次变换转变为线性正比变换；当 $0<\gamma<1$ 时，幂次变换可以扩展原始图像的中低灰度级、压缩高灰度级，从而使图像变亮，增强原始图像中暗区的细节；当 $\gamma>1$ 时，幂次变换可以扩展原始图像的中高灰度级、压缩低灰度级，从而使图像变暗，增强原始图像中亮区的细节。

幂次变换常用于图像获取、打印和显示的各种装置设备的伽马校正中，这些装置设备的光电转换特性都是非线性的，是根据幂次规律产生响应的。幂次变换的指数值就是伽马值,因此幂次变换也称为伽马变换。

【例 5-5】 非线性灰度级变换示例。

解:MATLAB 代码如下所示:

```
Image=imread('cameraman.tif');
imwrite(Image,'GGoldilocks.bmp');
Image=double(Image);
NewImage1=46 * log(Image+1);                         %对数函数非线性灰度级变换
NewImage2=185 * exp(0.325 * (Image-225)/30)+1;        %指数函数非线性灰度级变换
a=0.5; c=1.1;
NewImage3=[(Image/255).^a] * 255 * c;
imwrite(uint8(NewImage1),'对数.bmp');
imwrite(uint8(NewImage2),'指数.bmp');
imwrite(uint8(NewImage3),'幂次.bmp');
imshow(Image,[]);title('原图像');
figure;imshow(NewImage1,[]);title('对数函数非线性灰度级变换');
figure;imshow(NewImage2,[]);title('指数函数非线性灰度级变换');
figure;imshow(NewImage3,[]);title('幂次函数非线性灰度级变换');
```

程序运行结果如图 5.11 所示。

(a) 原图像　　(b) 对数函数非线性灰度级变换　　(c) 指数函数非线性灰度级变换　　(d) 幂次函数非线性灰度级变换

图 5.11　非线性灰度级变换处理结果

5.1.3　直方图修正增强

直方图反映图像灰度分布的统计特征。通过灰度变换改变图像的对比度进行图像增强,图像的直方图也要发生变化,但是基于灰度级变换的增强技术只着眼于改变全部或局部的对比度,而不考虑图像的直方图如何变化。直方图增强技术是以直方图作为变换的依据,使变换后的图像直方图成为期望的形状。事实证明,通过修正图像直方图进行图像增强是一种有效的图像增强方法。

1. 灰度直方图的定义

数字图像的直方图是一个离散函数,它表示数字图像中每一灰度与其出现概率间的统计关系。通常,用横坐标表示灰度级,纵坐标表示频数或相对频数(呈现该灰度级的像素出现的概率)。灰度直方图的定义如式(5-8)所示。

$$P(r_k) = \frac{n_k}{N} \qquad (5\text{-}8)$$

其中，N 为一幅数字图像的总像素数；n_k 是第 k 级灰度的像素数；r_k 表示第 k 个灰度级；$P(r_k)$ 为该灰度级 r_k 出现的相对频数。直方图能够反映数字图像的概貌性描述，例如，图像的灰度范围、灰度的分布、整幅图像的平均亮度和明暗对比度等，并可以由此得出进一步处理的重要依据。标准 lena 图像的灰度直方图如图 5.12 所示。

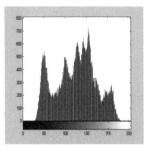

图 5.12　lena 图像及其灰度直方图

MATLAB 中显示图像灰度直方图的函数是：

imhist(I,N)：统计并显示图像 I 的直方图，N 为灰度级，默认为 256；

imhist(X,MAP)：统计并显示索引图像 X 的直方图，MAP 为调色板；

[COUNTS,X]=imhist(…)：返回直方图数据向量 COUNTS 和相应的颜色值向量。

例如，一幅 6×6 的图像，如图 5.13（a）所示，共有 0~7 八个灰度级，灰度分布统计如表 5.1 所示，画出其灰度直方图如图 5.13（b）所示。

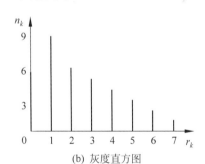

(a) 原图　　　　　　　　　　(b) 灰度直方图

图 5.13　数字图像及其直方图

表 5.1　图 5.13(a)的灰度分布统计

r_k	n_k	$P(r_k)$
0	6	6/36
1	9	9/36
2	6	6/36
3	5	5/36

续表

r_k	n_k	$P(r_k)$
4	4	4/36
5	3	3/36
6	2	2/36
7	1	1/36

【例 5-6】 基于 MATLAB 编程统计图像的灰度直方图。

解：MATLAB 代码如下所示：

```
Image=imread('lena256.bmp');
histgram=zeros(256);
[h w]=size(Image);
for x=1:w
    for y=1:h                                                      %循环扫描
        histgram(Image(y,x)+1)=histgram(Image(y,x)+1)+1;           %统计并累加
    end
end
figure,imshow(Image);title('原图像');
figure,stem(histgram(),'.'); %title('定义统计灰度直方图');
axis tight;
colormap(gray)
figure,imhist(Image); %title('系统函数统计灰度直方图');
axis tight;
colormap(gray);
```

程序运行结果如图 5.14 所示，图 5.14(a) 为原图像，图 5.14(b) 和图 5.14(c) 分别为原图像按定义编程统计和按 MATLAB 自带的 imhist 函数统计的灰度直方图，其横坐标均为像素灰度值，纵坐标均为各个灰度值出现的次数，可见二者是一致的。

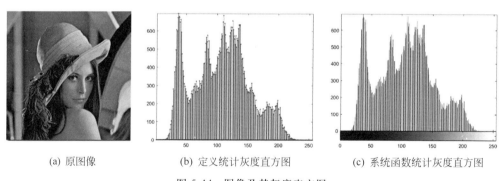

(a) 原图像　　　　(b) 定义统计灰度直方图　　　　(c) 系统函数统计灰度直方图

图 5.14　图像及其灰度直方图

2. 灰度直方图的性质

仅从直方图不能完整地描述一幅图像，因为一幅图像对应一幅直方图，而一幅直方图可以对应多幅图像。图像的灰度直方图通常具有如下性质。

(1) 一幅图像对应唯一的直方图。

(2) 直方图不包含图像灰度分布的空间信息,不能为这些像素在图像中的具体位置提供任何信息,因此无法解决目标形状问题。

(3) 同一幅灰度直方图可能对应不同的图像。由于直方图只统计图像中灰度出现的次数,与各个灰度出现的位置无关,因此,直方图不包含图像灰度分布的空间信息,不能为这些像素在图像中的具体位置提供任何信息,无法解决目标形状问题,不同的图像可以具有相同的直方图。图5.15就是多幅图像内容具有相同直方图的示例。

图5.15 一幅灰度直方图对应多幅图像示例

(4) 具有可加性,即图像总体直方图等于切分的各个子图像的直方图之和。

(5) 直方图可以反映图像的大致描述,如图像对比度、灰度级分布、整幅图像平均亮度等。图5.16分别为不同亮度和对比度的图像灰度值直方图,其灰度直方图的横轴为灰度值,纵轴为各个灰度值出现的次数。在图5.16(a)中,大部分像素在高灰度级区域,所以图像偏亮;图5.16(b)中的图像大部分像素的灰度集中在低灰度级区域,图像偏暗;图5.16(c)中的图像像素集中在一段很窄的灰度区域之间,图像对比度较差。这三幅图像都存在动态范围不足的现象。图5.16(d)中灰度值均衡分布在[0,255],因此,图像对比度较好。

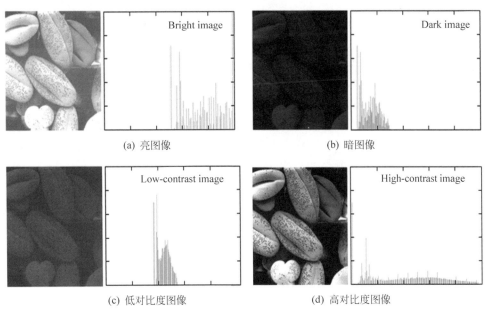

图5.16 直方图反映图像大致描述的示例

3. 直方图修正图像增强

大多数自然图像灰度分布集中在较窄的区间,因此造成图像细节不够清晰的问题。

采用直方图修整后可使图像的灰度间距拉开或使灰度分布均匀,从而增大反差,使图像细节清晰,达到增强的目的。直方图修正法通常有直方图均衡化及直方图规定化两类。

1) 直方图均衡化

直方图均衡化是通过对原图像进行某种变换,使原图像的灰度直方图修正为均匀分布的直方图的一种方法。下面先讨论连续图像的均衡化问题,然后推广应用到离散的数字图像上。

为方便起见,以 r 和 s 分别表示归一化了的原图像灰度和经直方图修正后的图像灰度,即在 $[0,1]$ 区间内的任一个 r,经变换 $T(r)$ 都可产生一个 s,且

$$s = T(r) \quad 0 \leqslant r, s \leqslant 1 \tag{5-9}$$

$T(r)$ 为变换函数,应满足下列条件:

(1) 在 $0 \leqslant r \leqslant 1$ 内为单调递增函数;

(2) 在 $0 \leqslant r \leqslant 1$ 内,有 $0 \leqslant T(r) \leqslant 1$。

条件(1)保证灰度级从黑到白的次序不变,条件(2)确保映射后的像素灰度在允许的范围内反变换关系为

$$r = T^{-1}(s) \tag{5-10}$$

$T^{-1}(s)$ 对 s 同样满足上述两个条件。

由概率论理论可知,如果已知随机变量 r 的概率密度为 $P_r(r)$,而随机变量 s 是 r 的函数,则 s 的概率密度 $P_s(s)$ 可以由 $P_r(r)$ 求出。假定随机变量 s 的分布函数用 $F_s(s)$ 表示,根据分布函数定义:

$$F_s(s) = \int_{-\infty}^{s} P_s(s) \mathrm{d}s = \int_{-\infty}^{r} P_r(r) \mathrm{d}r \tag{5-11}$$

根据密度函数是分布函数的导数的关系,上式两边对 s 求导得:

$$P_s(s) = \frac{\mathrm{d}}{\mathrm{d}s}\left[\int_{-\infty}^{r} P_r(r)\mathrm{d}r\right] = P_r(r)\frac{\mathrm{d}r}{\mathrm{d}s} = P_r \frac{\mathrm{d}}{\mathrm{d}s}[T^{-1}(s)] \tag{5-12}$$

从式(5-12)可以看出,通过变换函数 $T(r)$ 可以控制图像灰度级的概率密度函数,从而改善图像的灰度层次,这就是直方图修正技术的基础。

从人眼视觉特性考虑,一幅图像的灰度直方图如果是均匀分布的,即当 $P_s(s) = k$(归一化后 $k=1$)时,信息量最大,感觉上该图像色调比较协调。因此要求将原图像进行直方图均衡化,以满足人眼视觉要求。

因为归一化假定

$$P_s(s) = 1 \tag{5-13}$$

由式(5-12)则有

$$\mathrm{d}s = P_r(r)\mathrm{d}r \tag{5-14}$$

两边积分得

$$s = T(r) = \int_0^r P_r(r)\mathrm{d}r \tag{5-15}$$

式(5-15)就是所求得的变换函数。它表明当变换函数 $T(r)$ 是原图像直方图累积分布函数时,能达到直方图均衡化的目的。

对于灰度级为离散的数字图像,用频率来代替概率,则变换函数 $T(r_k)$ 的离散形式可表示为

$$s_k = T(r_k) = \sum_{i=0}^{k} P_r(r_i) = \sum_{i=0}^{k} \frac{n_i}{n} \quad 0 \leqslant r_k \leqslant 1, k = 0, 1, 2, \cdots, L-1 \quad (5-16)$$

可见，均衡后各像素的灰度值 s_k 可直接由原图像的直方图算出。下面举例说明图像直方图均衡化的过程。

【例 5-7】 假设有一幅总像素为 $n = 64 \times 64$ 的灰度图像，共 8 个灰度级，各灰度级分布如表 5.2 所示。对其均衡化计算过程如下。

表 5.2 直方图的均衡化计算

r_k	n_k	$P_r(r_k) = n_k/n$	$s_{k计}$	$s_{k并}$	s_k	n_{sk}	$P_s(s_k)$
$r_0 = 0$	790	0.19	0.19	1/7	$s_0 = 1/7$	790	0.10
$r_1 = 1/7$	1023	0.25	0.44	3/7	$s_1 = 3/7$	1023	0.20
$r_2 = 2/7$	850	0.21	0.65	5/7	$s_2 = 5/7$	850	0.20
$r_3 = 3/7$	656	0.16	0.81				
$r_4 = 4/7$	329	0.08	0.89	6/7	$s_2 = 6/7$	985	0.20
$r_5 = 5/7$	245	0.06	0.95	1		850	0.20
$r_6 = 6/7$	122	0.03	0.98	1			
$r_7 = 1$	81	0.02	1	1	$s_4 = 1$	448	0.10

(1) 按式(5-16)求变换函数值 $s_{k计}$。

$$s_{0计} = T(r_0) = \sum_{j=0}^{0} P_r(r_j) = P_r(r_0) = 0.19$$

$$s_{1计} = T(r_1) = \sum_{j=0}^{1} P_r(r_j) = P_r(r_0) + P_r(r_1) = 0.19 + 0.25 = 0.44$$

类似地计算出 $s_{2计} = 0.65, s_{3计} = 0.81, s_{4计} = 0.89, s_{5计} = 0.95, s_{6计} = 0.98, s_{7计} = 1$。

(2) 计算 $s_{k并}$。考虑输出图像灰度是等间隔的，且与原图像灰度范围一样取 8 个等级，即要求对 $s_k = i/7, i = 0, 1, 2, \cdots, 7$。因而需要对 $s_{k计}$ 加以修正（采用四舍五入法），得到：

$s_{0并} = 1/7, s_{1并} = 3/7, s_{2并} = 5/7, s_{3并} = 6/7, s_{4并} = 6/7, s_{5并} = 1, s_{6并} = 1, s_{7并} = 1$。

(3) s_k 的最终确定。由 $s_{k并}$ 可知，输出图像的灰度仅为 5 个级别，它们是

$$s_0 = 1/7, s_1 = 3/7, s_2 = 5/7, s_3 = 6/7, s_4 = 1$$

(4) 计算对应每个 s_k 的 n_{sk}。因为 $r_0 = 0$ 映射到 $s_0 = 1/7$，所以有 790 个像素在输出图像上变成 $s_0 = 1/7$。同样，$r_1 = 1/7$ 映射到 $s_1 = 3/7$，所以有 1023 个像素取值 $s_1 = 3/7$。$r_2 = 2/7$ 映射到 $s_2 = 5/7$，因此有 850 个像素取值 $s_2 = 5/7$。又因为 r_3 和 r_4 都映射到 $s_3 = 6/7$，因此有 $656 + 329 = 985$ 个像素取值 $s_3 = 6/7$。同理有 $245 + 122 + 81 = 448$ 个像素取值 $s_4 = 1$。

(5) 计算 $P_s(s) = n_{sk}/n$。

将以上各步计算结果填在表 5.2 中。图 5.17 给出了原图像直方图及均衡化后的结果。图 5.17(b)是按公式(5-16)得出的变换函数。由于采用离散公式，其概率密度函数是近似的，原直方图上频数较小的某些灰度级被合并到一个或几个灰度级中，频率小的

部分被压缩,频率大的部分被增强。故图 5.17(c)是一种近似的、非理想的均衡结果。虽然均衡所得的图像灰度直方图不很平坦,灰度级数减少,但从分布来看,比原图像直方图平坦多了,而且动态范围扩大了。因此,直方图均衡的实质是减少图像灰度等级换取对比度的增大。

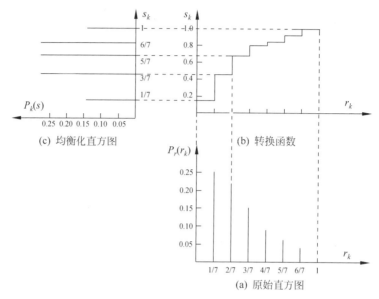

图 5.17 直方图均衡化

【例 5-8】 直方图均衡化 MATLAB 程序。

解:MATLAB 代码如下所示:

```
I = rgb2gray(imread('tire.tif'));
J = histeq(I);
figure,subplot(121),imshow(I),title('原图像');
subplot(122),imshow(J),title('直方图均衡化后的图像');
figure,subplot(121), imhist(I,64),title('原图像直方图');
subplot(122), imhist(J,64),title('均衡变换后的直方图');
```

运行这个程序会发现直方图均衡化后的图像对比度更高,如图 5.18 所示,图 5.18(a)为原图像,图 5.18(b)为直方图均衡化后的图像;原图像与直方图均衡化后的图像直方图

(a) 原图像　　　　　　(b) 直方图均衡化后的图像

图 5.18 原图像和直方图均衡化后的图像

如图 5.19 所示，图 5.19(a) 为原图像的直方图，图 5.19(b) 为均衡化后图像的直方图，二者的横坐标均为图像灰度值，纵坐标为各个灰度值出现的次数。可以看出，直方图均衡化后的图像直方图分布更加均匀。

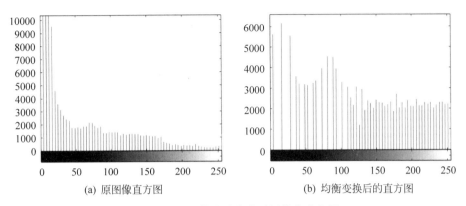

图 5.19　原图像和均衡化后图像的直方图

从图 5.18 和图 5.19 可以看出，经过直方图均衡化处理后，图像变得清晰了，但是图像只是近似均匀分布。均衡化后图像的动态范围扩大了，但其本质是扩大了量化间隔，而量化级别反而减少了，因此直方图均衡化存在以下三个缺点：

(1) 变换后图像的灰度级减少，某些细节消失；

(2) 某些直方图有高峰的图像，处理后对比度过分增强；

(3) 原来灰度不同的像素经处理后可能变得相同，形成了一片相同灰度的区域，各区域之间有明显的边界，从而出现了伪轮廓。

2) 直方图规定化

在某些情况下，并不一定需要均匀的直方图，而是需要具有特定形状直方图的图像，以便能够增强图像中某些灰度级。直方图规定化是将输入图像灰度分布变换成规定的一个期望的灰度直方图，达到对图像修正的目的，也称直方图匹配。可见，它是对直方图均衡化处理的一种有效的扩展。直方图均衡化处理只是直方图规定化的一个特例。

为了研究这个问题，仍从灰度连续的概率密度函数出发进行分析，然后推广到灰度离散的图像。

假设 $P_r(r)$ 和 $P_z(z)$ 分别表示已归一化的原图像灰度概率密度函数和希望得到的灰度概率密度函数。首先对原图像进行直方图均衡化处理，即求变换函数：

$$s = T(r) = \int_0^r P_r(r) \mathrm{d}r \tag{5-17}$$

假定已得到了所有希望的图像，对它也进行均衡化处理，即

$$v = G(z) = \int_0^z P_z(z) \mathrm{d}z \tag{5-18}$$

它的反变换是

$$z = G^{-1}(z) \tag{5-19}$$

即由均衡化后的灰度级得到希望图像的灰度级。因为对原图像和希望图像都作了均衡化处理，因而 $P_s(s)$ 和 $P_v(v)$ 具有相同的密度函数。这样，如果我们用原图像均衡得到的

灰度级 s 来代替逆变换中的 v，其结果

$$z = G^{-1}(s) \tag{5-20}$$

将为所求的希望图像灰度级。

假定 $G^{-1}(s)$ 是单值的，根据上述分析，总结出直方图规定化增强处理的步骤如下：

(1) 对原图像作直方图均衡化处理；

(2) 按照希望得到的图像的灰度概率密度函数 $P_z(z)$，由式(5-18)求得变换函数 $G(z)$；

(3) 用步骤(1)得到的灰度级 s 作逆变换 $z = G^{-1}(s)$。

那么经过以上处理得到的图像灰度级分布将具有规定的概率密度函数 $P_z(z)$ 的形状。

在上述处理过程中包含了两个变换函数 $T(r)$ 和 $G^{-1}(s)$，可将这两个函数简单地组合成一个函数关系，得到

$$z = G^{-1}[T(r)] \tag{5-21}$$

当 $G^{-1}[T(r)] = T(r)$ 时，直方图规定化处理就简化为直方图均衡化处理了。

下面举例说明直方图规定化处理方法。

【例 5-9】 原图像数据与例 5-7 相同（64×64 像素且具有 8 级灰度）。该图像与规定直方图的灰度级分布列于表 5.3 中。原图像直方图与规定直方图如图 5.20(a)、图 5.20(b) 所示。

表 5.3 直方图规定化计算

$r_k \to s_k$	n_k	$P_s(s_k)$	z_k	$P_k(z_k)$	v_k	$z_{k并}$	$n_{k并}$	$P_k(z_{k并})$
$r_0 \to s_0 = 1/7$	790	0.19	$z_0 = 0$	0.00	0.00	z_0	0	0.00
$r_1 \to s_1 = 3/7$	1023	0.25	$z_1 = 1/7$	0.00	0.00	z_1	0	0.00
$r_2 \to s_2 = 5/7$	850	0.21	$z_2 = 2/7$	0.00	0.00	z_2	0	0.00
$r_3 \to s_3 = 6/7$			$z_3 = 3/7$	0.15	0.15	$z_3 \to s_0 = 1/7$	790	0.19
$r_4 \to s_3 = 6/7$	985	0.24	$z_4 = 4/7$	0.20	0.35	$z_4 \to s_1 = 3/7$	1023	0.25
$r_5 \to s_4 = 1$			$z_5 = 5/7$	0.30	0.65	$z_5 \to s_2 = 5/7$	850	0.21
$r_6 \to s_4 = 1$			$z_6 = 6/7$	0.20	0.85	$z_6 \to s_3 = 6/7$	985	0.24
$r_7 \to s_4 = 1$	448	0.11	$z_7 = 1$	0.15	1.00	$z_7 \to s_4 = 1$	448	0.11

步骤 1：原图像直方图均衡化。

均衡化的结果见表 5.2。原图像灰度与均衡化的映射关系列于表 5.3 中第 1 列。

步骤 2：

(1) 确定规定直方图的灰度 z_k 及其分布 $P_k(z_k)$。其值列于表 5.3 第 4 列与第 5 列，图 5.20(b) 是它的直方图；

(2) 计算离散情况下的变换函数 $G(z_k)$：

$$v_k = G(z_k) = \sum_{j=0}^{k} p_z(z_j) \tag{5-22}$$

得到以下数值：

$v_0 = G(z_0) = 0.00$ $v_1 = G(z_1) = 0.00$ $v_2 = G(z_2) = 0.00$

$v_3 = G(z_3) = 0.15$ $v_4 = G(z_4) = 0.35$ $v_5 = G(z_5) = 0.65$

$v_6 = G(z_6) = 0.85 \qquad v_7 = G(z_7) = 1.00$

这组数值确定了 v_k 和 z_k 之间的对应关系,如图 5.20(c)所示。

步骤 3:用步骤 1 中的直方图均衡化后得到的 s_k 代替步骤 2 中的 v_j,对 $G(z_k)$ 逆变换求得 z_k 与 s_k 的对应关系。

在离散情况下,逆变换常常进行近似处理。例如,最接近于 $s_0 = 1/7 \approx 0.14$ 的是 $v_3 = 0.15$。为此用 s_0 代替 v_3 作逆变换 $G^{-1}(0.15) = z_3$。这样得到的结果是 s_0 映射的灰度级为 z_3。类似地得到下列映射关系:

$s_0 = 1/7 \to z_3 = 3/7 \qquad s_1 = 3/7 \to z_4 = 4/7 \qquad s_2 = 5/7 \to z_5 = 5/7$

$s_3 = 6/7 \to z_3 = 6/7 \qquad s_4 = 1 \to z_7 = 1$

由此得到 r_k 与 z_k 的映射关系:

$r_0 = 0 \to z_3 = 3/7 \qquad\qquad r_4 = 4/7 \to z_6 = 6/7$

$r_1 = 1/7 \to z_4 = 4/7 \qquad\qquad r_5 = 5/7 \to z_7 = 1$

$r_2 = 2/7 \to z_5 = 5/7 \qquad\qquad r_6 = 6/7 \to z_7 = 1$

$r_3 = 3/7 \to z_6 = 6/7 \qquad\qquad r_7 = 1 \to z_7 = 1$

根据这些映射关系重新分配像素 $z_{k并}$,并用 $n = 4096$ 除,得到直方图规定化图像的灰度分布 $P_k(z_{k并})$,结果见表 5.3 最后一列。图 5.20(d)是规定化后图像对应的直方图。

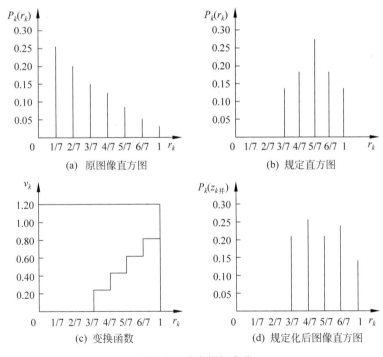

图 5.20 直方图规定化

由图 5.20(d)可见,规定化图像的直方图较接近所希望直方图的形状,这是由于从连续到离散的转换引入了离散误差以及采用"只合并不分离"原则处理的原因。尽管规定化只得到近似的直方图,仍能产生较明显的增强效果。

利用直方图规定化方法进行图像增强的主要困难在于如何构成有意义的直方图,使增强图像有利于人的视觉判读或机器识别。有人曾经对人眼感光模型进行过研究,认为感光体具有对数模型。当图像的直方图具有双曲线形状时,感光体经对数模型响应后合成具有均衡化的效果。另外,有时也用高斯函数、指数型函数、瑞利函数等作为规定的概率密度函数。

在遥感数字图像处理中,经常用到直方图匹配的处理方法,使一幅图像与另一幅图像的色调尽可能保持一致。例如,在进行两幅图像的镶嵌时,由于两幅图像的时相季节不同会引起图像间色调的差异,这就需要在镶嵌前进行直方图匹配,使两幅图像的色调尽可能保持一致,削除成像条件不同造成的不利影响,做到无缝镶嵌。

【例 5-10】 直方图规定化。

解:MATLAB 代码如下所示:

```
I=rgbgray(imread('tire.tif'));
h=50:2:250;
J=histeq(I,h);
imshow(J),title('直方图规定化所得图像');
figure,imhist(J,64);title('直方图规定化后的直方图');
```

程序运行结果如图 5.21 所示,图 5.21(a)为直方图规定化的图像,图 5.21(b)为直方图规定化后的图像灰度直方图,其横坐标为灰度值,纵坐标为各个灰度值出现的次数。

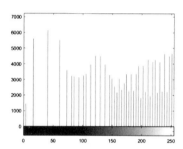

(a) 直方图规定化所得图像　　(b) 直方图规定化后的直方图

图 5.21　图像直方图规定化结果图像及其直方图

5.2　图像平滑

实际获得的图像一般都因受到某种干扰而含有噪声。引起噪声的原因有很多,例如,敏感元器件的内部噪声、感光材料的颗粒噪声、热噪声、电器机械运动产生的抖动噪声、传输信道的干扰噪声、量化噪声等。噪声产生的原因决定了噪声的分布特性以及它和图像信号之间的关系,通常噪声可以分成加性噪声、乘性噪声、量化噪声等。这些噪声恶化了图像质量,使图像模糊,甚至淹没其特征,给分析带来困难。

图像平滑的目的就是减少和消除图像中的噪声,以改善图像质量,有利于抽取图像特征进行分析。经典的平滑技术对噪声图像使用局部算子,当对某一个像素进行平滑处理时,仅对它的局部小邻域内的一些像素进行处理,其优点是计算效率高,而且可以对多个像素并行处理。近年来出现了一些新的图像平滑处理技术,结合人眼的视觉特性,运用模糊数学理论、小波分析、数学形态学、粗糙集理论等新技术进行图像平滑处理,取得了较好的效果。本节主要分析图像中的噪声及常用的图像平滑方法,主要有均值滤波、高斯滤波、中值滤波、双边滤波、频率域低通滤波等。

5.2.1 图像中的噪声

要对一幅噪声图像进行平滑去噪处理,首先要对常见的图像噪声有一定的了解。所谓噪声,可以理解为"妨碍人的视觉器官或系统传感器对所接收到的图像信息进行理解或分析的各种因素",也可以理解为"真实信号与理想信号之间存在的偏差"。

1. 图像噪声的分类

图像噪声主要来源于以下几个方面:光电传感器噪声;大气层电磁暴、闪电等引起的强脉冲干扰;相片颗粒噪声和信道传输误差引起的噪声等。

根据噪声产生的原因,通常可将噪声分为以下三类。

(1) 高斯噪声。这类噪声是由于元器件中的电子随机热运动而造成的,很早就被人们成功地建模并研究,一般常用零均值高斯白噪声作为其模型。

(2) 泊松噪声。这类噪声一般出现在照度非常小及用高倍电子线路放大的情况下,是由光的统计本质和图像传感器中光电转换过程引起的。在弱光情况下,影响更为严重,常用具有泊松密度分布的随机变量作为这类噪声的模型。泊松噪声可认为是"椒盐"噪声。

(3) 颗粒噪声。在显微镜下检查可发现,照片上光滑细致的影调在微观上其实呈现一种随机的颗粒性质。此外颗粒本身大小的不同及颗粒曝光所需光子数目的不同都会引入随机性。这些因素的外观表现称为颗粒性。对于多数应用,颗粒噪声可用高斯过程(白噪声)作为有效模型。

根据噪声和图像信号的关系又可以将其分为以下两种形式。

(1) 加性噪声。加性噪声与图像信号是不相关的,例如,图像在传输过程中引进的"信道噪声",电视摄像机扫描图像时产生的噪声等,这种情况下,含噪声图像 $g(x,y)$ 可表示为理想无噪声图像 $f(x,y)$ 与噪声 $n(x,y)$ 之和,即

$$g(x,y) = f(x,y) + n(x,y) \tag{5-23}$$

(2) 乘性噪声。乘性噪声与图像信号相关,往往随图像信号的变化而变化,可以分为两种情况:一种是某像素点的噪声只与该点的图像信号有关;另一种是某像素点的噪声与该点及其邻域的图像信号有关。如果噪声和信号成正比,则含噪图像 $g(x,y)$ 的表达式可定义为

$$g(x,y) = f(x,y) + f(x,y) \cdot n(x,y) \tag{5-24}$$

为了分析处理方便,在信号变化很小时,往往将乘性噪声近似看作加性噪声,而且总是确定信号和噪声是互相独立的。

2. 图像噪声的数学模型

一般描述噪声的方法借用随机过程的描述,即用概率分布函数和概率密度分布函数。下面主要对高斯噪声和椒盐噪声进行数学模型描述。

1) 高斯噪声的数学模型

高斯随机变量 x 的概率密度函数如式(5-25)所示：

$$P(x) = \frac{1}{\sqrt{2\pi}\sigma} e^{-(x-\mu)^2/2\sigma^2} \qquad (5\text{-}25)$$

其中，μ 为 x 的平均值或期望值；σ 为 x 的标准差；标准差的平方 σ^2 称为 x 的方差。当 x 服从上式分布时，其值有 70% 落在 $[\mu-\sigma, \mu+\sigma]$ 范围内，有 95% 落在 $[\mu-2\sigma, \mu+2\sigma]$ 范围内。当 $\mu=0$、$\sigma=2$ 时的高斯函数曲线如图 5.22 所示。

2) 椒盐噪声的数学模型

主要包括黑图像上的白点或白图像上的黑点噪声、光电转换过程中产生的泊松噪声，变换域的误差造成的变换噪声等。椒盐噪声可用于描述脉冲信号密度分布的随机变量作为有效模型，椒盐噪声的概率密度函数如式(5-26)所示。

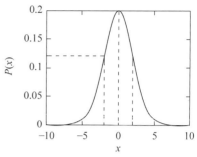

图 5.22 高斯噪声概率密度分布图

$$P(x) = \begin{cases} P_a, & x=a \\ P_b, & x=b \\ 0, & \text{其他} \end{cases} \qquad (5\text{-}26)$$

其中，$b>a$，灰度值 b 在图像中显示为亮点，a 值显示为暗点。当 $P_a \neq 0, P_b \neq 0$，尤其是当它们近似相等时，描述的噪声值类似于随机撒在图像上的胡椒和盐粉颗粒，因此称为"椒盐噪声"。当 $P_a=0, P_b\neq 0$ 时，表现为"盐"噪声；当 $P_a \neq 0, P_b=0$ 时，表现为"胡椒"噪声。

可见，高斯噪声和椒盐噪声具有不同的分布特性。高斯噪声的分布特点为：出现的位置是一定的，分布在每一像素点上，幅值是随机的，分布近似符合高斯正态特性。椒盐噪声的分布特点为：幅值近似相等，但椒盐噪声点的位置是随机的。

【例 5-11】 MATLAB 编程实现在图像上添加噪声。

解：MATLAB 提供的函数为

J=imnoise(I,TYPE,PARAMETERS)：按指定类型在图像 I 上添加噪声；TYPE 表示噪声类型，PARAMETERS 为其所对应参数，可取值如表 5.4 所示。

表 5.4 imnoise 函数参数表

TYPE	PARAMETERS	描　　述
gaussian	m	均值为 m 和方差为 var 的高斯噪声，默认是 m=0，var=0.01
localvar	V	零均值且局部方差为 V 的高斯噪声，维数与图像 I 相同
poisson	—	从数据中生成泊松噪声
Salt & pepper	d	密度为 d 的椒盐噪声，默认 d=0.05
speckle	var	根据式(5-24)添加乘性噪声，其中 n 为零均值且方差为 var 的均匀分布的随机噪声，默认是 var=0.04

解：MATLAB 代码如下所示：

```
clear all;close all;clc;
Image =imread('eight.tif');
noise1=imnoise(Image,'salt & pepper',0.1);    %添加椒盐噪声,密度为 0.1
noise2=imnoise(Image,'gaussian');             %添加高斯噪声,默认均值为 0,方差为 0.01
noise3=imnoise(Image,'poisson');              %添加泊松噪声,默认均值为 0,方差为 0.01
subplot(221),imshow(Image),title('原始图像');
subplot(222),imshow(noise1),title('椒盐噪声图像');
subplot(223),imshow(noise2),title('高斯噪声图像');
subplot(224),imshow(noise3),title('泊松噪声图像');
imwrite(Image,'原始图像.jpg');
imwrite(noise1,'椒盐噪声图像.tif');
imwrite(noise2,'高斯噪声图像.tif');
imwrite(noise3,'泊松噪声图像.tif');
```

程序运行结果如图 5.23 所示。

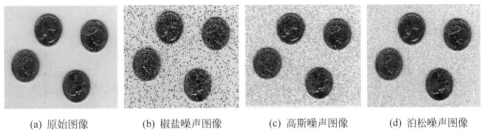

(a) 原始图像　　　(b) 椒盐噪声图像　　　(c) 高斯噪声图像　　　(d) 泊松噪声图像

图 5.23　添加噪声示例

5.2.2　空间域平滑滤波

空间域平滑滤波指基于图像空间的邻域模板运算,操作对象是图像中的像素灰度值,也就是说,滤波处理要考虑到图像中处理像素点与其周边邻域像素之间的联系。空间域平滑滤波可分为线性滤波和非线性滤波,典型的线性滤波主要有均值滤波和高斯滤波;非线性滤波主要有中值滤波、双边滤波等。

1. 均值滤波

均值滤波又称局部平滑法或邻域平均法,是典型的线性滤波算法,其基本原理是以某一像素为中心,在它周围取一邻域,称为模板,用模板覆盖区域像素的平均值代替原来的像素值,实现图像的去噪平滑。

假设一幅 $N \times N$ 的图像 $f(x,y)$,用非加权邻域平均法所得的平滑图像为 $g(x,y)$,则有

$$g(x,y)=\frac{1}{M}\sum_{x,y\in s}f(x,y) \tag{5-27}$$

式中,$x,y=0,1,\cdots,N-1$;s 为不包括 (x,y) 的邻域中各像素坐标的集合,即去心邻域;M 表示集合 s 内像素的总数。例如,对图像采用 3×3 的邻域平均法,对于像素 (m,n),其邻域像素如图 5.24 所示。

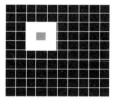

图 5.24 邻域平均法

则有

$$g(m,n) = \frac{1}{9} \sum_{i \in Z} \sum_{j \in Z} f(m+i, n+j) \tag{5-28}$$

模板操作的基本过程是：①将模板遍历整幅图像，并将模板中心与某像素重合；②将模板系数与模板下对应像素相乘；③将所有乘积相加；④将上述求和结果赋予模板中心对应像素(注意四舍五入取整)。

常见的均值模板有

$$H = \frac{1}{9} \begin{pmatrix} 1 & 1 & 1 \\ 1 & 1 & 1 \\ 1 & 1 & 1 \end{pmatrix} \tag{5-29}$$

$$H = \frac{1}{25} \begin{pmatrix} 1 & 1 & 1 & 1 & 1 \\ 1 & 1 & 1 & 1 & 1 \\ 1 & 1 & 1 & 1 & 1 \\ 1 & 1 & 1 & 1 & 1 \\ 1 & 1 & 1 & 1 & 1 \end{pmatrix} \tag{5-30}$$

【例 5-12】 以模板式(5-29)对图像 $g = \begin{pmatrix} 1 & 2 & 1 & 4 & 3 \\ 1 & 2 & 2 & 3 & 4 \\ 5 & 7 & 6 & 8 & 9 \\ 5 & 7 & 6 & 8 & 8 \\ 5 & 6 & 7 & 8 & 9 \end{pmatrix}$ 进行均值滤波。

解：以模板式(5-29)遍历整幅图像，进行均值滤波。

以(1,1)为例，

$$g(1,1) = \frac{1}{9} \times (1+2+1+1+2+2+5+7+6) = 3$$

每一点都进行同样运算后，计算结果按四舍五入调整，得到最终结果。在运算中，对于边界像素可不进行处理，保留原值，也可以赋 0 值。整个均值滤波过程示意图如图 5.25 所示。

图 5.25 均值滤波过程示意图

设图像中的噪声是随机不相关的加性噪声,窗口内各点噪声是独立同分布的,经过上述平滑后,信号与噪声的方差比可大大提高。

【例 5-13】 均值滤波法 MATLAB 程序示例。

解：MATLAB 代码如下所示：

```
I=imread('eight.tif');
J=imnoise(I,'gaussian');                                %添加高斯噪声
subplot(221),imshow(I),title('原始图像');
subplot(222),imshow(J),title('添加高斯噪声图像');
K1=filter2(fspecial('average',3),J)/255;                %应用 3×3 邻域窗口法
subplot(223),imshow(K1),title('3*3窗的均值滤波图像');
K2=filter2(fspecial('average',5),J)/255;                %应用 5×5 邻域窗口法
subplot(224),imshow(K2),title('5×5窗的均值滤波图像');
imwrite(I,'原始图像.jpg');
imwrite(J,'添加高斯噪声图像.jpg');
imwrite(K1,'3×3窗的均值滤波图像.jpg');
imwrite(K2,'5×5窗的均值滤波图像.jpg');
```

程序运行结果如图 5.26 所示。

 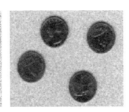 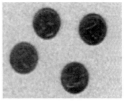

(a) 原始图像　(b) 添加高斯噪声图像　(c) 3×3窗的均值滤波图像　(d) 5×5窗的均值滤波图像

图 5.26　不同模板下的均值滤波

如效果对比图 5.26 所示,5×5 邻域图像比 3×3 邻域平滑图像更加模糊。可见,均值滤波法有效地抑制了噪声,同时也引起了模糊现象,且模糊程度与邻域半径成正比,邻域越大,去噪能力增强的同时模糊程度也越严重,均值滤波之所以有这样的缺点,原因是该方法对所有的点都是同等对待。为了改善图像效果,克服简单局部平滑法的弊病,目前已提出许多保边缘、保细节的局部平滑算法。它们的出发点都集中在如何选择邻域的大小、形状、方向、参加平均的像素数及邻域各像素的权重系数等,对均值滤波器修正,可以得到加权平均滤波器。如模板可以分别设置成如下几种。

$$\boldsymbol{H}_1 = \frac{1}{10}\begin{pmatrix}1&1&1\\1&2&1\\1&1&1\end{pmatrix}, \boldsymbol{H}_2 = \frac{1}{16}\begin{pmatrix}1&2&1\\2&4&2\\1&2&1\end{pmatrix}, \boldsymbol{H}_3 = \frac{1}{8}\begin{pmatrix}1&1&1\\1&0&1\\1&1&1\end{pmatrix}, \boldsymbol{H}_4 = \frac{1}{2}\begin{pmatrix}0&\frac{1}{4}&0\\\frac{1}{4}&1&\frac{1}{4}\\0&\frac{1}{4}&0\end{pmatrix}$$

加权均值滤波器的特点是模板不同位置的系数采用不同的值,一般认为离模板中心近的像素对平滑结果影响最大。

【例 5-14】 加权均值滤波示例。

解：MATLAB 代码如下所示：

```
clear all;close all;clc;
I1=imread('eight.tif');
I=imnoise(I1,'gaussian');                          %对图像加椒盐噪声
imshow(I);
H1= [0.1 0.1 0.1; 0.1 0.2 0.1; 0.1 0.1 0.1];        %定义 4 种模板
H2=1/16.* [1 2 1;2 4 2;1 2 1];
H3=1/8.* [1 1 1;1 0 1;1 1 1];
H4=1/2.* [0 1/4 0;1/4 1 1/4;0 1/4 0];
K=filter2(fspecial('average',3),I)/255;             %应用 3×3 邻域窗口法
I2=filter2(H1,I);                                   %用 4 种模板进行滤波处理
I3=filter2(H2,I);
I4=filter2(H3,I);
I5=filter2(H4,I);
imwrite(uint8(I),'噪声图像.tif');
imwrite(K,'均值滤波图像.tif');
imwrite(uint8(I2),'H1 模板滤波.tif');
imwrite(uint8(I3),'H2 模板滤波.tif');
imwrite(uint8(I4),'H3 模板滤波.tif');
imwrite(uint8(I5),'H4 模板滤波.tif');
```

程序运行结果如图 5.27 所示。

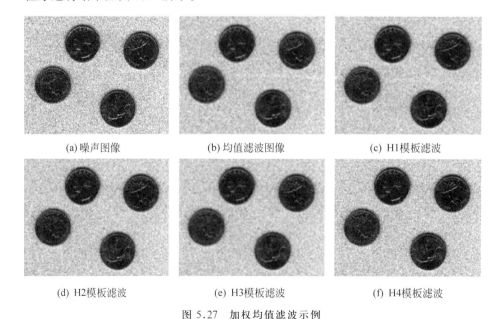

图 5.27 加权均值滤波示例

2. 中值滤波

中值滤波是一种非线性的局部平滑方法，最早是被应用于一维信号处理技术中，后来被用到二维图像信号处理中。一定条件下，中值滤波可以克服线性滤波器所带来的图

像细节模糊,对滤除脉冲干扰及颗粒噪声最有效。但对于一些细节多,特别是点、线、尖顶细节多的图像不宜采用中值滤波的方法。

中值滤波是采用一个含有奇数个点的滑动窗口,用窗口中的各点灰度值的中值来替代窗口中心点像素的灰度值。例如,若一个窗口内各像素的灰度是(20,10,30,15,25),按从小到大的顺序排列为(10,15,20,25,30)它们的灰度中值是20,中心像素原灰度为30,滤波后就变成了20。如果30是一个噪声干扰点,中值滤波后噪声被消除。相反,若30是有用的信号,则中值滤波后有用信号也会受到抑制。

二维中值滤波器的窗口形状可以有多种,如线状、方形、十字形、圆形、菱形等(图5.28)。不同形状的窗口产生不同的滤波效果,使用中必须根据图像的内容和不同的要求加以选择。从以往的经验看,方形或圆形窗口适用于缓变的较长轮廓线物体的图像,而十字形窗口对有尖顶角状的图像效果好。使用二维中值滤波最值得注意的就是保持图像中有效的细线状物体。中值滤波信号如图5.29所示。

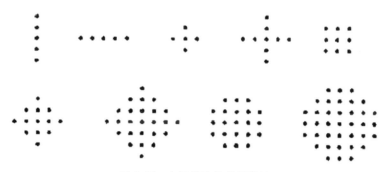

图5.28 中值滤波器常用窗口

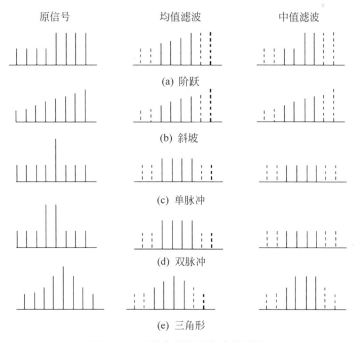

图5.29 几种典型信号的中值滤波

使用中值滤波器滤除噪声的方法有多种，且十分灵活。一种方法是先使用小尺度窗口，后逐渐加大窗口尺寸进行处理；另一种方法是一维滤波器和二维滤波器交替使用。此外还有迭代操作，就是对输入图像反复进行同样的中值滤波，直到输出不再有变化为止。

【例 5-15】 中值滤波和均值滤波对比程序示例。

解：MATLAB 代码如下所示：

```
I=imread('eight.tif');
J=imnoise(I,'gaussian');                      %添加高斯噪声
J1=filter2(fspecial('average',3),J)/255;      %高斯噪声均值滤波
J2=medfilt2(J);                               %高斯噪声中值滤波
K=imnoise(I,'salt & pepper');                 %添加椒盐噪声
K1=filter2(fspecial('average',3),J)/255;      %椒盐噪声均值滤波
K2=medfilt2(K);                               %椒盐噪声中值滤波
subplot(231),imshow(J),title('高斯噪声图像');
subplot(232),imshow(J1),title('高斯噪声均值滤波');
subplot(233),imshow(J2),title('高斯噪声中值滤波');
subplot(234),imshow(K),title('椒盐噪声图像');
subplot(235),imshow(K1),title('椒盐噪声均值滤波');
subplot(236),imshow(K2),title('椒盐噪声中值滤波');
imwrite(J,'高斯噪声图像.tif');
imwrite(J1,'高斯噪声均值滤波.tif');
imwrite(J2,'高斯噪声中值滤波.tif');
imwrite(K,'椒盐噪声图像.tif');
imwrite(K1,'椒盐噪声均值滤波.tif');
imwrite(K2,'椒盐噪声中值滤波.tif');
```

程序运行结果如图 5.30 所示。

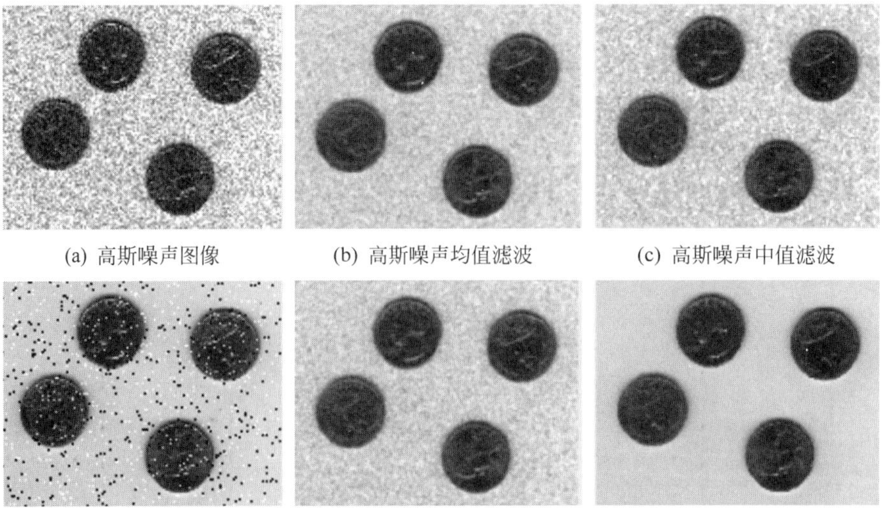

(a) 高斯噪声图像　　(b) 高斯噪声均值滤波　　(c) 高斯噪声中值滤波

(d) 椒盐噪声图像　　(e) 椒盐噪声均值滤波　　(f) 椒盐噪声中值滤波

图 5.30　中值滤波和均值滤波效果对比

图 5.30 给出了一个中值滤波和均值滤波对比的示例。可见,对于椒盐噪声,中值滤波比均值滤波效果好,模糊程度较轻,边缘保持得较好,这是因为受到椒盐噪声污染的图像还存在干净区域,中值滤波是选择适当的点来代替污染点的值。对于高斯噪声,均值滤波比中值滤波效果好,因为受到高斯噪声的中值滤波法能有效削弱椒盐噪声。但在抑制随机噪声能力方面,中值滤波要比均值滤波差一些。在本例中较小的窗口滤波的效果比较好,这与所加噪声特性有关。实际中需根据应用要求选取窗口的大小。

中值滤波具有许多重要特性,总结如下。

(1) 中值滤波的不变性。对某些特定的输入信号,滤波输出保持输入信号值不变,如在窗口 $2n+1$ 内单调增加或者单调减少的序列,即

$$f_{i-n} \leqslant \cdots \leqslant f_i \leqslant \cdots \leqslant f_{i+n} \text{ 或 } f_{i-n} \geqslant \cdots \geqslant f_i \geqslant \cdots \geqslant f_{i+n}$$

则中值滤波输出值不变,如图 5.29 中的斜坡信号,中值滤波前后信号没有发生变化。对于图 5.29 中的阶跃信号,中值滤波结果也保持不变。

对于二维周期序列,中值滤波不变性更为复杂,但输出结果一般也是二维的周期性结构,即周期性网络结构的图像。

(2) 中值滤波的去噪性。中值滤波可以用来减少随机干扰和脉冲干扰,由于中值滤波是非线性的,因此对随机输入信号数学分析比较复杂。当输入均值为零的正态分布的噪声时,中值滤波输出的噪声方差为

$$\sigma_{\text{med}}^2 = \frac{1}{4mf^2(\bar{m})} \approx \frac{\sigma_i^2}{m + \frac{\pi}{2} - 1} \cdot \frac{\pi}{2} \tag{5-31}$$

其中,σ_i^2、m、$\bar{m}$、$f(\bar{m})$ 分别为输入噪声功率(方差)、中值滤波窗口的点数、输入噪声均值、输入噪声密度函数。而平均滤波的输出噪声方差 σ_0^2 为

$$\sigma_0^2 = \frac{1}{m} \sigma_i^2 \tag{5-32}$$

因此,中值滤波器的输出与输入噪声的密度分布有关,而均值滤波的输出与输入噪声无关,对于平稳随机噪声,中值滤波方法逊于均值滤波,但对脉冲干扰,特别是脉冲宽度相距较近的窄脉冲干扰,中值滤波是很有效的。

(3) 中值滤波的频谱特性。由于中值滤波是非线性运算,输入和输出之间不存在一一对应的关系,因此无法用常规线性滤波器的频率特性的研究方法。为了能够直观地、定性地看出中值滤波输入和输出频谱的变化情况,可以采用总体试验观察法。

设 G 为输入信号的频谱,F 为输出信号的频谱,则中值滤波器的频率响应定义为

$$H = \left| \frac{G}{F} \right| \tag{5-33}$$

H 和 G 的关系曲线如图 5.31 所示。实验表明,H 和 G 是有关的,呈不规则的波动不大的曲线,其均值比较平坦,可以认为经中值滤波后,频谱基本不变。

3. 复合型中值滤波

对一些内容十分复杂的图像,可以使用复合型中值滤波,如线性组合中值滤波、高阶组合中值滤波、加权中值滤波等。

1) 线性组合中值滤波

将集中窗口尺寸大小和形状不同的中值滤波器复合使用,只要各窗口都与中心对

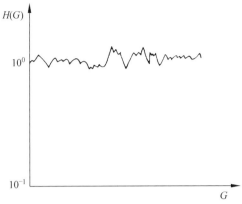

图 5.31　H 和 G 的关系曲线

称,滤波输出可保持几个方向上的边缘变化,且变化幅度可调节。其线性组合表达为

$$Y_{ij} = \sum_{k=1}^{N} \alpha_k \operatorname*{Med}_{A_k}(f_{ij}) \tag{5-34}$$

其中,A_k 为各个中值滤波器窗口;α_k 为不同滤波器的系数;N 为滤波器个数。

2) 高阶组合中值滤波

$$Y_{ij} = \max_{k}[\operatorname*{Med}_{A_k}(f_{ij})] \tag{5-35}$$

这种中值滤波可以使输入图像中任意方向的细线条保持不变。

3) 加权中值滤波

为了在一定的条件下对某些图像尽可能滤除噪声,同时又能较好地保持图像细节,可以对中值滤波器参数进行修正,如加权中值滤波,就是对输入窗口中的像素灰度进行加权。也可以对中值滤波器的使用方法进行变化。在最新的研究中,将中值滤波与模糊理论、粗糙集理论、神经网络等集合起来,可以取得较好的滤波效果。

均值滤波和中值滤波可以视情况进行一些细节的改进或者综合使用。例如,先中值滤波,再均值滤波;先在邻域中去除一定数量的最大/最小值后再进行均值滤波;或先在邻域中去掉一定数量的最大/最小值后再进行中值滤波。

4. 高斯滤波

高斯滤波是图像与高斯正态分布函数的卷积运算,适用于抑制服从正态分布的高斯噪声。高斯滤波的基本原理是以某一像素点为中心,在它的周围选择一个局部邻域,把邻域内像素灰度按照高斯正态分布曲线进行统计,分配相应的权值系数,然后将邻域内所有点的均值来代替原来的像素值,通过降低噪声点与周围像素点的差值以去除噪声点。

设一个二维零均值高斯滤波器的响应为 $H(r,s)$,对一幅 $M \times N$ 的输入图像 $f(x,y)$ 进行高斯滤波,获得输出图像 $g(x,y)$ 的过程可以用离散卷积表示为

$$g(x,y) = \sum_{r=-k}^{k} \sum_{s=-l}^{l} f(x-r, y-s) H(r,s) \tag{5-36}$$

其中,$x = 0, 1, \cdots, M-1$;$y = 0, 1, \cdots, N-1$;k,l 是根据所选邻域大小而确定的。

高斯滤波属于线性平滑滤波,可以表示为卷积模板运算。高斯模板的特点是按照正

态分布曲线的统计,模板上不同位置赋予不同的加权系数值。标准差 σ 是影响高斯模板生成的关键参数。σ 代表着数据的离散程度。σ 值越小,分布越集中,生成的高斯模板的中心系数数值远远大于周围的系数值,对图像的平滑效果就越不明显;反之,σ 值越大,分布越分散,生成的高斯模板中不同系数值差别不大,类似均值模板,对图像的平滑效果越明显。

典型的 3×3、5×5 的高斯模板如下。

(1) 标准差 $\sigma=0.8$ 时的模板分别为

$$\boldsymbol{H}_1=\frac{1}{16}\begin{pmatrix}1 & 2 & 1\\ 2 & 4 & 2\\ 1 & 2 & 1\end{pmatrix},\quad \boldsymbol{H}_2=\frac{1}{2070}\begin{pmatrix}1 & 10 & 22 & 10 & 1\\ 10 & 108 & 237 & 108 & 10\\ 22 & 237 & 518 & 237 & 22\\ 10 & 108 & 237 & 108 & 10\\ 1 & 10 & 22 & 10 & 1\end{pmatrix} \quad (5\text{-}37)$$

(2) 标准差 $\sigma=1$ 时的模板分别为

$$\boldsymbol{H}_3=\frac{1}{10}\begin{pmatrix}1 & 1 & 1\\ 1 & 2 & 1\\ 1 & 1 & 1\end{pmatrix},\quad \boldsymbol{H}_4=\frac{1}{330}\begin{pmatrix}1 & 4 & 7 & 4 & 1\\ 4 & 20 & 33 & 20 & 4\\ 7 & 33 & 54 & 33 & 7\\ 4 & 20 & 33 & 20 & 4\\ 1 & 4 & 7 & 4 & 1\end{pmatrix} \quad (5\text{-}38)$$

【例 5-16】 基于 MATLAB 实现图像高斯滤波。

解:MATLAB 代码如下所示:

```
clear all;close all;clc
Image=imread('Letters-a.jpg');
sigma1=0.6; sigma2=10; r=3;                           %高斯模板的参数
NoiseI= imnoise(Image,'gaussian');                    %加噪
gausFilter1=fspecial('gaussian',[2*r+1 2*r+1],sigma1);
gausFilter2=fspecial('gaussian',[2*r+1 2*r+1],sigma2);
result1=imfilter(NoiseI,gausFilter1,'conv');
result2=imfilter(NoiseI,gausFilter2,'conv');
imshow(Image);title('原图');
subplot(131),imshow(NoiseI);title('高斯噪声图像');
subplot(132),imshow(result1);title('sigma1=0.6高斯滤波');
subplot(133),imshow(result2);title('sigma2=10高斯滤波');
imwrite((NoiseI),'高斯噪声图像.jpg');
imwrite((result1),'sigma1=0.6高斯滤波.jpg');
imwrite((result2),'sigma2=10高斯滤波.jpg');
```

程序运行结果如图 5.32 所示。

5. 双边滤波

高斯滤波由于仅考虑了位置对中心像素的影响,会较明显地模糊边缘。为了能够在消除噪声的同时很好地保留边缘,双边滤波(bilateral filter)是一种有效的方法。双边滤波是由 Tomasi 和 Manduchi 提出的一种非线性平滑滤波方法,具有非迭代、局部和简单

(a) 高斯噪声图像　　　(b) sigma1=0.6高斯滤波　　(c) sigma2=10高斯滤波

图 5.32　高斯平滑滤波效果

的特性,"双边"则意味着平滑滤波时不仅考虑邻域内像素的空间邻近性,而且要考虑邻域内的灰度相似性。

给定一幅输入图像 I,I_p、I_q 表示点 p、q 的灰度值;$|I_p-I_q|$ 表示点 p 和 q 的灰度值差;$\|p-q\|$ 表示点 p 和 q 之间的欧氏距离。对图像 I 进行双边滤波,则

$$BF[I]_p = \frac{1}{W_p}\sum_{q\in S}G_{\sigma_s}(\|p-q\|)G_{\sigma_r}(|I_p-I_q|)I_q \tag{5-39}$$

其中,$BF[I]_p$ 表示 p 的双边滤波结果;S 表示滤波窗口的范围;σ_s 为空间邻域标准差;σ_r 为像素亮度标准差;G_{σ_s}、G_{σ_r} 分别为空间邻近度函数和灰度邻近度函数,其形式为高斯函数;W_p 是一个标准量,表示灰度权值和空间权值乘积的加权和,其定义为

$$W_p = \sum_{q\in S}G_{\sigma_s}(\|p-q\|)G_{\sigma_r}(|I_p-I_q|) \tag{5-40}$$

$$G_{\sigma_s}(\|p-q\|) = e^{\frac{-(\|p-q\|)^2}{2\sigma_s^2}} \tag{5-41}$$

$$G_{\sigma_r}(\|I_p-I_q\|) = e^{\frac{-(\|I_p-I_q\|)^2}{2\sigma_r^2}} \tag{5-42}$$

由上述公式可知,双边滤波具有两个关键参数:σ_s 和 σ_r。σ_s 用来控制空间邻近度,其大小决定滤波窗口中包含的像素个数,当 σ_s 变大时,窗口中包含的像素变多,距离远的像素点也能影响到中心像素点,平滑程度也越高。σ_r 用来控制灰度邻近度,当 σ_r 变大时,则灰度差值较大的点也能影响中心点的像素值,但灰度差值大于 σ_r 的像素将不参与运算,使得能够保留图像高频边缘的灰度信息。而当 σ_s 和 σ_r 取值很小时,图像几乎不会产生平滑的效果,可看出 σ_s 和 σ_r 的参数选择直接影响双边滤波的输出结果,也就是图像的平滑程度。

简单地说,双边滤波就是一种局部加权平均。由于双边滤波比高斯滤波多了一个高斯方差,所以在边缘附近,距离较远的像素不会太多影响到边缘上的像素,这样就保证边缘像素不会发生较大改变。

【例 5-17】　基于 MATLAB 编程,对图像进行双边滤波。

解:MATLAB 代码如下所示:

```
clear all;close all;clc;
Image=im2double(imread('Letters-a.jpg'));
NoiseI= Image+0.05 * randn(size(Image));
w=15;                                    %定义双边滤波窗口宽度
```

```
sigma_s=6; sigma_r=0.1;                                    %双边滤波的两个标准差参数
[X,Y] = meshgrid(-w:w,-w:w);
Gs = exp(-(X.^2+Y.^2)/(2*sigma_s^2));                      %计算邻域内的空间权值
[hm,wn] = size(NoiseI);
result=zeros(hm,wn);
for i=1:hm
for j=1:wn
    temp=NoiseI(max(i-w,1):min(i+w,hm),max(j-w,1):min(j+w,wn));
    Gr = exp(-(temp-NoiseI(i,j)).^2/(2*sigma_r^2));  %计算灰度邻近权值
    %W为空间权值Gs和灰度权值Gr的成绩
    W = Gr.*Gs((max(i-w,1):min(i+w,hm))-i+w+1,(max(j-w,1):min(j+w,wn))-j+
w+1);
    result(i,j)=sum(W(:).*temp(:))/sum(W(:));
end
end
subplot(1,3,1),imshow(Image),title('原始图像');
subplot(1,3,2),imshow(NoiseI),title('随机噪声图像');
subplot(1,3,3),imshow(result),title('双边滤波图像');
imwrite(Image,'原始图像.jpg');
imwrite(NoiseI,'随机噪声图像.jpg');
imwrite(result,'双边滤波图像.jpg');
```

程序运行结果如图 5.33 所示。

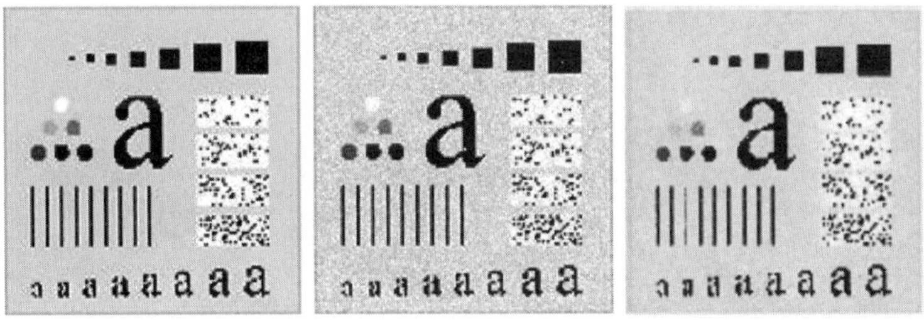

(a) 原始图像　　(b) 随机噪声图像　　(c) 双边滤波图像

图 5.33　双边滤波效果图

从双边滤波效果图 5.33 中可以看出，双边滤波器窗口大小 W 及标准系数差 σ_s 和 σ_r 的取值对于滤波效果影响很大。W、σ_s 和 σ_r 的取值越大，图像平滑作用越强，但灰度标准系数 σ_r 的取值越大，图像模糊越严重。

5.2.3 频率域平滑滤波

频率域中对图像进行增强是直观的，可以首先计算待增强图像的傅里叶变换，然后用滤波器的传递函数乘以该结果，最后对上述乘积进行傅里叶逆变换，就得到了增强后的图像。图像的傅里叶变换系数反映了图像的某些特征，例如，频谱的直流分量与图像的平均亮度成正比，噪声对应于频率较高的区域，图像大部分内容实体对应于频率较低

的区域,等等。

下面介绍频率域平滑滤波的方法。假定原图像为 $f(x,y)$,经傅里叶变换其频谱为 $F(u,v)$,频率域滤波就是选择合适的滤波器 $H(u,v)$ 对频谱成分 $F(u,v)$ 进行调整,然后经傅里叶逆变换得到平滑处理后的图像 $g(x,y)$。频率域滤波的一般过程示意图如图 5.34 所示。

图 5.34　频率域滤波的一般过程示意图

图像中的噪声往往表现为高频成分,因此,可以通过构造一个低通滤波器 $H(u,v)$,有效地阻止或减弱高频分量,即可实现滤除图像高频噪声,再经反变换取得平滑的结果图像。可见,频率域平滑滤波的关键是设计合适的频率域低通滤波器 $H(u,v)$。常用的低通滤波器有:理想低通滤波器、巴特沃斯低通滤波器、指数低通滤波器及梯形低通滤波器等,均能在图像有噪声干扰时起到改善的作用。

1. 理想低通滤波器

理想低通滤波器如图 5.35 所示。设傅里叶平面上理想低通滤波器离开原点的截止频率为 D_0,则理想低通滤波器的传递函数为

$$H(u,v) = \begin{cases} 1, & D(u,v) \leqslant D_0 \\ 0, & D(u,v) > D_0 \end{cases} \tag{5-43}$$

其中,$D(u,v) = \sqrt{u^2+v^2}$ 为点 (u,v) 到傅里叶频率原点的距离;D_0 为截止频率。

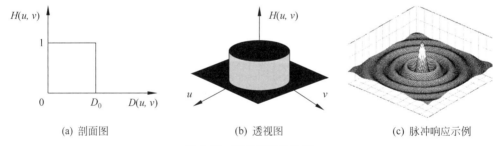

(a) 剖面图　　　　　　　(b) 透视图　　　　　　　(c) 脉冲响应示例

图 5.35　理想低通滤波器

图 5.35 中 D_0 有两种定义:一种是取 $H(u,0)$ 降到 $1/2$ 时对应的频率;另一种是取 $H(u,0)$ 降到 $1/\sqrt{2}$ 时对应的频率。这里采用第一种。在理论上,$F(u,v)$ 在 D_0 内的频率分量无损通过;而在 $D>D_0$ 的分量却被滤除掉。在图 5.35(c) 中,$h(x,y)$ 显示的是一系列同心圆环,圆环的半径反比于 D_0。若 D_0 较小,$h(x,y)$ 为数量较少但较宽的同心圆环,会使低通滤波结果图像 $g(x,y)$ 模糊得比较多,振铃现象明显;若 D_0 较大,$h(x,y)$ 为数量较多但较窄的同心圆环,使 $g(x,y)$ 模糊得比较少。在 D_0 适当的情况下,理想低通滤波器不失为简单易行的平滑工具,但由于滤除的高频分量中包含有大量的边缘信息,因此采用该滤波器在去噪声的同时将会导致边缘信息损失而使图像边缘模糊,并且会产生振铃效应,如图 5.36 所示。

下面讨论一下低通滤波的能量和截止半径 r 的关系。

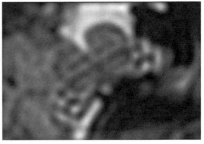

图 5.36　原图像及其有振铃现象的图像

能量在变换域中集中在低频区域。以理想低通滤波作用于 $N \times N$ 的数字图像为例，其总能量为

$$E_A = \sum_{u=0}^{N-1} \sum_{v=0}^{N-1} |F(u,v)| = \sum_{u=0}^{N-1} \sum_{v=0}^{N-1} |[R^2(u,v) + I^2(u,v)]^{\frac{1}{2}}| \quad (5-44)$$

当理想低通滤波的 D_0 变化时，通过的能量和总能量比值必然与 D_0 有关，而 $D_0(u, v) = (u_0^2 + v_0^2)^{\frac{1}{2}}$ 可表示 u、v 的通过能量百分数，u、v 是以 D_0 为半径的圆所包括的全部 u 和 v。低通滤波器截止半径 r 与低通总能量之间的关系可用图 5.37 表示，具体关系如表 5.5 所示。

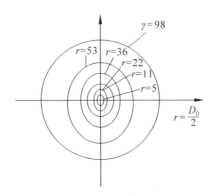

图 5.37　低通滤波的 r 和 D_0 的关系

表 5.5　半径 r 与图像包含总能量的关系

半径 r	包含总能量/%	半径 r	包含总能量/%
5	90.0	36	99.0
11	95.0	53	99.5
22	97.0	98	99.9

【例 5-18】　截止频率不同的理想低通滤波器。

解：MATLAB 代码如下所示：

```
clear all;close all;clc
Image=imread('lena256.bmp');
imshow(Image);
```

```
FImage=fftshift(fft2(double(Image)));      %傅里叶变换及频谱搬移
[N M]=size(FImage);
g=zeros(N,M);
r1=floor(M/2);   r2=floor(N/2);
figure; imshow(log(abs(FImage)+1),[]),title('傅里叶频谱');
imwrite(mat2gray(log(abs(FImage)+1)),'傅里叶频谱.jpg');
hold on
d0=[5 11 45 68];
for i=1:4
    for x=1:M
        for y=1:N
            d=sqrt((x-r1)^2+(y-r2)^2);
            if d<=d0(i)
                h=1;
            else
                h=0;
            end
            g(y,x)=h * FImage(y,x);
        end
    end
    g= real(ifft2(ifftshift(g)));
    figure,imshow(uint8(g)),title(['理想低通滤波 D0=',num2str(d0(i))]);
    imwrite(uint8(g),strcat('理想低通滤波 D0=',num2str(d0(i)),'.bmp'));
end
```

程序运行结果如图 5.38 所示。

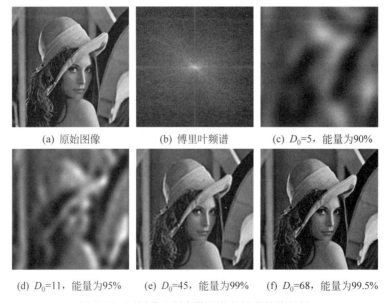

(a) 原始图像　　　　(b) 傅里叶频谱　　　(c) $D_0=5$，能量为90%

(d) $D_0=11$，能量为95%　(e) $D_0=45$，能量为99%　(f) $D_0=68$，能量为99.5%

图 5.38　不同截止频率的理想低通滤波效果图

由图 5.38(c)可以看出，当 $D_0=5$ 时，包含了图像全部信息 90% 的能量，但图像中绝大多数细节信息都丢失了,表明图像大部分边缘信息包含在被滤波器滤除的 10% 能量中;图 5.38(d) 中,当 $D_0=11$ 时,包含了图像全部信息 95% 的能量,但振铃现象严重,即在结果图像中出现了很多同心圆。图 5.38(e) 中只滤除了 1% 的(高频)能量,图像虽有一定程度的模糊但视觉效果尚可。图 5.38(f) 中滤除 0.5% 的(高频)能量后所得到的滤波结果与原图像几乎无差别。这说明,低通滤波的 D_0 越大,通过的能量越大,仅一些小的边界和尖锐细节信息被滤掉,图像模糊程度就越小。

2. 巴特沃斯(Butterworth)低通滤波器

理想低通滤波器的截止频率是直上直下的,物理上不可实现。而巴特沃斯低通滤波器的通带和阻带之间没有明显的不连续性,物理可实现,且不会出现振铃现象,模糊程度相对要小。因此,巴特沃斯低通滤波器又称最大平坦滤波器。

一个 n 阶截止频率为 D_0 的巴特沃斯低通滤波器的传递函数为

$$H(u,v) = \frac{1}{1+\left[\dfrac{D(u,v)}{D_0}\right]^{2n}} \tag{5-45}$$

其中,n 为阶数,取正整数;$D(u,v)$ 用来控制曲线的衰减速度。在 $n=1$,$D(u,v)=D_0$ 时,$H(u,v)=1/2$。

巴特沃斯低通滤波器传递函数的透视图及剖面图分别如图 5.39(a) 和 5.39(b) 所示,其特性是连续衰减,而不像理想滤波器那样陡峭和有明显的不连续性。因此采用该滤波器滤波在抑制图像噪声的同时,图像边缘的模糊程度大大减小,没有振铃现象产生,但计算量大于理想低通滤波。

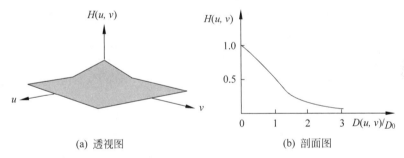

(a) 透视图   (b) 剖面图

图 5.39 巴特沃斯低通滤波器的传递函数

【例 5-19】 巴特沃斯低通滤波器 MATLAB 实现。

解:MATLAB 代码如下所示:

```
clear all;close all;clc;
Image=imread('lena.bmp');
Image=imnoise(Image,'gaussian');                    %加入高斯噪声
imshow(Image);
FImage=fftshift(fft2(double(Image)));               %傅里叶变换及频谱搬移
[N M]=size(FImage);
g=zeros(N,M);
r1=floor(M/2);   r2=floor(N/2);
figure;imshow(mat2gray (log(abs(FImage)+1)),[]),title('傅里叶频谱');
```

```
imwrite(Image,'含噪声图像.bmp');
imwrite(log(abs(FImage)+1),'傅里叶频谱.bmp');
hold on
imwrite(mat2gray (log(abs(FImage)+1)),'傅里叶频谱.bmp');
d0=30;
n=[1 2 3 4];
for i=1:4
    for x=1:M
        for y=1:N
            d=sqrt((x-r1)^2+(y-r2)^2);
            h=1/(1+(d/d0)^(2*n(i)));
            g(y,x)=h*FImage(y,x);
        end
    end
    g=ifftshift(g);
    g=real(ifft2(g));
figure,imshow(uint8(g)),title(['Butterworth 低通滤波 n=',num2str(n(i))]);
imwrite(uint8(g),strcat('Butterworth 低通滤波 n=',num2str(n(i)),'.bmp'));
end
```

程序运行结果如图 5.40 所示。

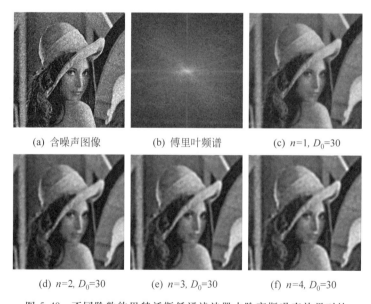

(a) 含噪声图像　　(b) 傅里叶频谱　　(c) $n=1, D_0=30$

(d) $n=2, D_0=30$　　(e) $n=3, D_0=30$　　(f) $n=4, D_0=30$

图 5.40　不同阶数的巴特沃斯低通滤波器去除高斯噪声效果对比

3. 指数低通滤波器

指数低通滤波器是图像处理中常用的另一种平滑滤波器，它的传递函数为

$$H(u,v)=e^{-\left[\frac{D(u,v)}{D_0}\right]^n} \tag{5-46}$$

其中，D_0 为截止频率，当 $D(u,v)=D_0$ 时，指数低通滤波器下降到其最大值的 60.7%。

指数低通滤波器的透视图和剖面图分别如图 5.41(a)和图 5.41(b)所示。采用该滤波器抑制噪声的同时,图像边缘的模糊程度较用巴特沃斯滤波产生的大,无明显的"振铃"现象。

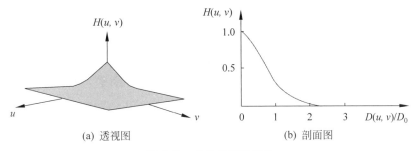

图 5.41 指数低通滤波器

【**例 5-20**】 指数低通滤波器 MATLAB 实现。

解:MATLAB 代码如下所示:

```
clear all;close all;clc;
Image=imread('lena.bmp');
Image=imnoise(Image,'gaussian');          %加入噪声
imshow(Image);
FImage=fftshift(fft2(double(Image)));     %傅里叶变换及频谱搬移
[N M]=size(FImage);
g=zeros(N,M);
r1=floor(M/2);   r2=floor(N/2);
figure;
imshow(log(abs(FImage)+1),[]),title('傅里叶频谱');
d0=[20 40];
n=2;
for i=1:2
    for x=1:M
        for y=1:N
            d=sqrt((x-r1)^2+(y-r2)^2);
            h=exp(-0.5*(d/d0(i))^n);
            g(y,x)=h*FImage(y,x);
        end
    end
    g=ifftshift(g);
    g=real(ifft2(g));
figure,imshow(uint8(g)),title(['指数低通滤波 D0=',num2str(d0(i))]);
imwrite(uint8(g),strcat('指数低通滤波 D0=',num2str(d0(i)),'.bmp'));
end
```

程序运行结果如图 5.42 所示。

4. 梯形低通滤波器

梯形低通滤波器是理想低通滤波器和完全平滑滤波器的折中,其传递函数为

(a) 原图　　　　　　(b) 低通滤波D_0=20　　　　(c) 低通滤波D_0=40

图 5.42　不同截止频率的指数低通滤波器效果对比

$$H(u,v)=\begin{cases}1, & D(u,v)<D_0\\ \dfrac{D(u,v)-D_1}{D_0-D_1}, & D_0\leqslant D(u,v)\leqslant D_1\\ 0, & D(u,v)>D_1\end{cases} \quad (5\text{-}47)$$

式中,D_1 是大于 D_0 的任意正数。梯形低通滤波器的透视图和剖面图分别如图 5.43(a)、图 5.43(b)所示,采用梯形滤波器滤波后的图像有一定的模糊和振铃现象。

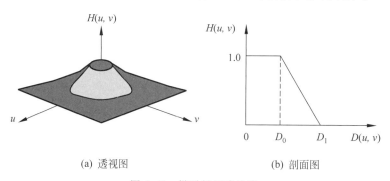

(a) 透视图　　　　　　　　　　(b) 剖面图

图 5.43　梯形低通滤波器

【例 5-21】　梯形低通滤波器 MATLAB 实现。

解:MATLAB 代码如下所示:

```
clear all;close all;clc;
Image=imread('lena.bmp');
Image=imnoise(Image,'gaussian');                    %加入噪声
imshow(Image);
FImage=fftshift(fft2(double(Image)));               %傅里叶变换及频谱搬移
[N M]=size(FImage);
g=zeros(N,M);
r1=floor(M/2);   r2=floor(N/2);
d0=[5 30];
d1=[45 70];
for i=1:2
    for x=1:M
        for y=1:N
            d=sqrt((x-r1)^2+(y-r2)^2);
```

```
            if d>d1     h=0;
            else
                if d>d0
                    h=(d-d1)/(d0-d1);
                else   h=1;
                end
            end
            g(y,x)=h * FImage(y,x);
        end
    end
    g=ifftshift(g);
    g=real(ifft2(g));
    figure,imshow(uint8(g)),title(['梯形低通滤波 D0=',num2str(d0(i)),',D1=',
    num2str(d1(i))]);
    imwrite(uint8(g),strcat('梯形低通滤波 D0=',num2str(d0(i)),',D1=',num2str(d1
    (i)),'.bmp'));
end
```

程序运行结果如图 5.44 所示。

(a) 原图

(b) 梯形低通滤波D_0=5, D_1=45

(c) 梯形低通滤波D_0=30, D_1=70

图 5.44 梯形低通滤波器效果

5.3 图像锐化

图像中的边缘急剧变化部分与高频分量有关,当利用高通滤波器衰减图像信号中的低频分量时就会相对强调其高频分量,从而加强了图像的边缘和急剧变化的部分,形成图像锐化的效果。图像锐化(image sharpening)的目的就是增强图像中景物的边缘和轮廓,突出图像中的细节或增强被模糊了的细节。本节着重讲解常见的图像锐化算子。

5.3.1 图像的边缘

图像的边缘定义为图像中亮度突变的区域,图像的边缘主要有细线型边缘、突变型边缘和渐变型边缘。把这三类图像边缘放在同一图像中,绘制的灰度变化曲线及曲线的一阶和二阶导数如图 5.45 所示。

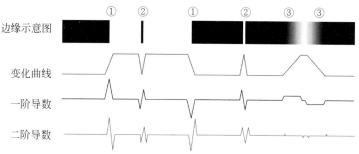

图 5.45 三类图像边缘灰度变化及曲线的一阶和二阶导数示意图

5.3.2 微分算子与边缘检测

本节主要介绍常用的边缘检测算子,包括一阶微分算子(如梯度算子、Roberts 算子、Sobel 算子及 Prewitt 算子)和二阶微分算子(如拉普拉斯算子)。

1. 梯度算子

图像锐化最常用的是梯度法,梯度是方向导数取最大值的方向向量。对于图像 $f(x,y)$,在 (x,y) 处的梯度定义为

$$\operatorname{grad}(x,y) = \begin{pmatrix} f'_x \\ f'_y \end{pmatrix} = \begin{pmatrix} \dfrac{\partial f(x,y)}{\partial x} \\ \dfrac{\partial f(x,y)}{\partial y} \end{pmatrix} \tag{5-48}$$

梯度是一个矢量,其大小和方向分别为

$$\operatorname{grad}(x,y) = \sqrt{f'^2_x + f'^2_y} = \sqrt{\left(\dfrac{\partial f(x,y)}{\partial x}\right)^2 + \left(\dfrac{\partial f(x,y)}{\partial y}\right)^2} \tag{5-49}$$

$$\theta = \arctan\left(\dfrac{f'_y}{f'_x}\right) = \arctan\left(\dfrac{\partial f(x,y)}{\partial x} \Big/ \dfrac{\partial f(x,y)}{\partial y}\right) \tag{5-50}$$

梯度的方向是 $f(x,y)$ 在该点灰度变化率最大的方向。对于离散图像处理而言,常用到梯度的大小,因此把梯度的大小习惯称为"梯度",如不做特别说明,本书中沿用这一习惯。并且一阶偏导数采用一阶差分近似表示,即

$$f'_y = f(x,y+1) - f(x,y) \tag{5-51}$$

$$f'_x = f(x+1,y) - f(x,y) \tag{5-52}$$

为简化梯度的计算,经常使用下面的近似表达式:

$$\operatorname{grad}(x,y) = |f'_x| + |f'_y| \tag{5-53}$$

对于数字图像,在计算梯度时可用差分来代替微分,得到梯度图像 $g(x,y)$

$$\left. \begin{aligned} \dfrac{\partial f}{\partial x} &= \dfrac{\Delta f}{\Delta x} = \dfrac{f(x+1,y)-f(x,y)}{x+1-x} = f(x+1,y)-f(x,y) \\ \dfrac{\partial f}{\partial y} &= \dfrac{\Delta f}{\Delta y} = \dfrac{f(x,y+1)-f(x,y)}{y+1-y} = f(x,y+1)-f(x,y) \\ g(x,y) &= |f(x+1,y)-f(x,y)| + |f(x,y+1)-f(x,y)| \end{aligned} \right\} \tag{5-54}$$

图像锐化的实质是原图像和梯度图像相加以增强图像中的变化。

【例 5-22】 设原图像 $f=\begin{pmatrix} 4 & 4 & 4 & 4 & 4 \\ 4 & 8 & 8 & 8 & 4 \\ 4 & 8 & 8 & 8 & 4 \\ 4 & 8 & 8 & 8 & 4 \\ 4 & 4 & 4 & 4 & 4 \end{pmatrix}$,计算该图像的梯度图像。

解:按照梯度算子计算公式,计算图中每一个像素点和其右邻点、下邻点差值的绝对值的和,并赋给该像素点,不存在右邻点和下邻点的直接赋背景值 0,计算过程如下:

$g(0,0)=|f(1,0)-f(0,0)|+|f(0,1)-f(0,0)|=|4-4|+|4-4|=0$
$g(0,1)=|f(1,1)-f(0,1)|+|f(0,2)-f(0,1)|=|8-4|+|4-4|=4$…

最终结果为 $g=\begin{pmatrix} 0 & 4 & 4 & 4 & 0 \\ 4 & 0 & 0 & 4 & 0 \\ 4 & 0 & 0 & 4 & 0 \\ 4 & 4 & 4 & 8 & 0 \\ 0 & 0 & 0 & 0 & 0 \end{pmatrix}$

【例 5-23】 编程实现梯度算子锐化图像。

解:MATLAB 代码如下所示:

```
Image=imread('house.png');
Image=rgb2gray(Image);
subplot(131),imshow(Image),title('原图像');
[h,w]=size(Image);
edgeImage=zeros(h,w);
for x=1:w-1
    for y=1:h-1
        edgeImage(y,x)=abs(Image(y,x+1)-Image(y,x))+abs(Image(y+1,x)-Image(y,x));
    end
end
sharpImage=Image+uint8(edgeImage);
subplot(132),imshow(edgeImage),title('梯度图像');
subplot(133),imshow(sharpImage),title('锐化图像');
imwrite(edgeImage,'梯度图像.jpg');
imwrite(sharpImage,'锐化图像.jpg');
```

程序运行结果如图 5.46 所示。

2. Roberts 算子

Roberts 算子是利用局部差分算子寻找边缘的算子,像素点 (i,j) 位置的 Roberts 算子计算公式如下:

$$G(i,j)=|f(i,j)-f(i+1,j+1)|+|f(i+1,j)-f(i,j+1)| \quad (5-55)$$

它是由两个模板组成:

$$\boldsymbol{G}_x=\begin{pmatrix} 1 & 0 \\ 0 & -1 \end{pmatrix}, \quad \boldsymbol{G}_y=\begin{pmatrix} 0 & 1 \\ -1 & 0 \end{pmatrix} \quad (5-56)$$

(a) 原图像　　　　　(b) 梯度图像　　　　　(c) 锐化图像

图 5.46　梯度算子锐化图像

标注・的是当前像素的位置。梯度算子幅值计算近似方法如图 5.47 所示。

【例 5-24】 利用 Roberts 算子锐化图像。

解：按照 Roberts 算子对图中的每一个像素点进行计算，模板罩不住的像素点直接赋背景值 0。以 (0,0) 点为例：

$$g(0,0)=|f(0,0)-f(1,1)|+|f(1,0)-f(0,1)|$$
$$=|4-8|+|4-4|=4$$

(i,j)	$(i,j+1)$
$(i+1,j)$	$(i+1,j+1)$

图 5.47　Roberts 算子幅值计算示意图

每一点进行同样的运算，得到的最终结果：

$$g=\begin{pmatrix}4&8&8&4&0\\8&0&0&8&0\\8&0&0&8&0\\4&8&8&4&0\\0&0&0&0&0\end{pmatrix}$$

【例 5-25】 MATLAB 编程实现 Roberts 算子的边缘检测和图像锐化。

解：MATLAB 代码如下所示：

```
Image=imread('house.png');
Image=rgb2gray(Image);
BW= edge(Image,'roberts');
H1=[1 0; 0 -1];
H2=[0 1;-1 0];
R1=imfilter(Image,H1);
R2=imfilter(Image,H2);
edgeImage=abs(R1)+abs(R2);
sharpImage=Image+edgeImage;
subplot(221),imshow(Image),title('原始图像');
subplot(222),imshow(BW),title('边缘检测');
subplot(223),imshow(edgeImage),title('Roberts 梯度图像');
subplot(224),imshow(sharpImage),title('Roberts 锐化图像');
%imwrite(BW,'robertBW.jpg');
imwrite(Image,'原始图像.jpg');
imwrite(BW,'边缘检测.jpg');
```

```
imwrite(edgeImage,'Roberts 梯度图像.jpg');
imwrite(Image,'Roberts 锐化图像.jpg');
```

程序运行结果如图 5.48 所示。

 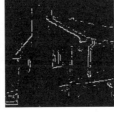  

(a) 原始图像　　　　(b) 边缘检测　　　　(c) Roberts梯度图像　　　(d) Roberts锐化图像

图 5.48　Roberts 算子锐化图像

3. Prewitt 算子

Prewitt 算子是一种一阶微分算子的边缘检测，是利用像素点上下左右邻点的灰度差，在边缘处达到极值检测边缘，去掉部分伪边缘，对噪声具有平滑作用。其原理是在图像空间利用两个方向模板与图像进行邻域卷积来完成的，这两个方向模板一个检测水平边缘，一个检测垂直边缘。为在检测边缘的同时减少噪声的影响，Prewitt 算子从加大边缘检测算子的模板大小出发，由 2×2 扩大到 3×3 来计算差分算子，如图 5.49 所示。

-1	-1	-1
0	0	0
1	1	1

-1	0	1
-1	0	1
-1	0	1

图 5.49　Prewitt 算子

对于 Prewitt 算子，其定义为

$$S_y = \mid f(x-1,y+1) + f(x,y+1) + f(x+1,y+1) \mid - \\ \mid f(x-1,y-1) + f(x,y-1) + f(x+1,y-1) \mid \tag{5-57}$$

$$S_x = \mid f(x+1,y-1) + f(x+1,y) + f(x+1,y+1) \mid - \\ \mid f(x-1,y-1) + f(x-1,y) + f(x-1,y+1) \mid \tag{5-58}$$

$$g = \mid S_x \mid + \mid S_y \mid \tag{5-59}$$

$$\boldsymbol{H}_x = \begin{pmatrix} -1 & -1 & -1 \\ 0 & 0 & 0 \\ 1 & 1 & 1 \end{pmatrix}, \quad \boldsymbol{H}_y = \begin{pmatrix} -1 & 0 & 1 \\ -1 & 0 & 1 \\ -1 & 0 & 1 \end{pmatrix} \tag{5-60}$$

【例 5-26】MATLAB 编程实现不同模板下的图像锐化。

解：MATLAB 代码如下所示：

```
clear,clc,close all;
Image=im2double(imread('house.png'));
H1=[-1 -1 -1;0 0 0;1 1 1];
H2=[0 -1 -1;1 0 -1; 1 1 0];
H3=[1 0 -1;1 0 -1;1 0 -1];
```

```
H4=[1 1 0;1 0 -1;0 -1 -1];
H5=[1 1 1;0 0 0;-1 -1 -1];
H6=[0 1 1;-1 0 1;-1 -1 0];
H7=[-1 0 1;-1 0 1;-1 0 1];
H8=[-1 -1 0;-1 0 1;0 1 1];
R1=imfilter(Image,H1);
R2=imfilter(Image,H2);
R3=imfilter(Image,H3);
R4=imfilter(Image,H4);
R5=imfilter(Image,H5);
R6=imfilter(Image,H6);
R7=imfilter(Image,H7);
R8=imfilter(Image,H8);
edgeImage1=abs(R1)+abs(R7);
sharpImage1=edgeImage1+Image;
f1=max(max(R1,R2),max(R3,R4));
f2=max(max(R5,R6),max(R7,R8));
edgeImage2=max(f1,f2);
sharpImage2=edgeImage2+Image;
subplot(231),imshow(Image),title('原图');
subplot(232),imshow(edgeImage1),title('两个模板边缘检测');
subplot(233),imshow(edgeImage2),title('八个模板边缘检测');
subplot(234),imshow(sharpImage1),title('两个模板边缘锐化');
subplot(235),imshow(sharpImage2),title('八个模板边缘锐化');
imwrite(Image,'原图.jpg');
imwrite(edgeImage1,'两个模板边缘检测.jpg');
imwrite(edgeImage2,'八个模板边缘检测.jpg');
imwrite(sharpImage1,'两个模板边缘锐化.jpg');
imwrite(sharpImage2,'八个模板边缘锐化.jpg');
```

程序运行结果如图 5.50 所示。

(a) 原图　　　(b) 两个模板边缘检测　　　(c) 八个模板边缘检测

(d) 两个模板边缘锐化　　(e) 八个模板边缘锐化

图 5.50　MATLAB 编程实现模板边缘锐化

4. Sobel 算子

Sobel 算子与 Prewitt 算子类似，其定义为

$$S_y = |f(x-1,y+1) + 2f(x,y+1) + f(x+1,y+1)| - \\ |f(x-1,y-1) + 2f(x,y-1) + f(x+1,y-1)| \quad (5\text{-}61)$$

$$S_x = |f(x+1,y-1) + 2f(x+1,y) + f(x+1,y+1)| - \\ |f(x-1,y-1) + 2f(x-1,y) + f(x-1,y+1)| \quad (5\text{-}62)$$

$$g = |S_x| + |S_y| \quad (5\text{-}63)$$

Sobel 算子模板如图 5.51 所示。

-1	-2	-1
0	0	0
1	2	1

-1	0	1
-2	0	2
-1	0	1

图 5.51 Sobel 算子模板

【例 5-27】 MATLAB 编程实现模板边缘锐化。

解：MATLAB 代码如下所示：

```
clear all;close all;clc;
Image=im2double(imread('house.png'));
Image=rgb2gray(Image);
figure,imshow(Image),title('原图像');
BW= edge(Image,'sobel');
figure,imshow(BW),title('边缘检测');
H1=[-1 -2 -1;0 0 0;1 2 1];
H2=[-1 0 1;-2 0 2;-1 0 1];
R1=imfilter(Image,H1);
R2=imfilter(Image,H2);
edgeImage=abs(R1)+abs(R2);
figure,imshow(edgeImage),title('Sobel 梯度图像');
sharpImage=Image+edgeImage;
figure,imshow(sharpImage),title('Sobel 锐化图像');
imwrite(Image,'原图像.jpg');
imwrite(BW,'边缘检测.jpg');
imwrite(edgeImage,'Sobel 梯度图像.jpg');
imwrite(sharpImage,'Sobel 锐化图像.jpg');
```

程序运行结果如图 5.52 所示。

5. Laplace 算子

Laplace 算子是二阶微分算子，其定义如下：

$$\frac{\partial^2 f}{\partial x^2} = \Delta_x f(x+1,y) - \Delta_x f(x,y)$$

$$= [f(x+1,y) - f(x,y)] - [f(x,y) - f(x-1,y)]$$

$$= f(x+1,y) + f(x-1,y) - 2f(x,y) \quad (5\text{-}64)$$

　　(a) 原图像　　　　(b) 边缘检测　　　(c) Sobel梯度图像　　(d) Sobel锐化图像

图 5.52　Sobel 算子锐化图像

$$\frac{\partial^2 f}{\partial y^2} = \Delta_y f(x, y+1) - \Delta_y f(x, y)$$
$$= [f(x, y+1) - f(x, y)] - [f(x, y) - f(x, y-1)]$$
$$= f(x, y+1) + f(x, y-1) - 2f(x, y) \tag{5-65}$$

$$\nabla^2 f = \frac{\partial^2 f}{\partial x^2} + \frac{\partial^2 f}{\partial y^2} \tag{5-66}$$

$$\nabla^2 f = f(x+1, y) + f(x-1, y) + f(x, y+1) + f(x, y-1) - 4f(x, y) \tag{5-67}$$

模板可以表示为

$$\boldsymbol{H}_1 = \begin{pmatrix} 0 & 1 & 0 \\ 1 & -4 & 1 \\ 0 & 1 & 0 \end{pmatrix} \quad 或 \quad \boldsymbol{H}_1 = \begin{pmatrix} 0 & -1 & 0 \\ -1 & 4 & -1 \\ 0 & -1 & 0 \end{pmatrix} \tag{5-68}$$

Laplace 锐化模板表示为

$$\boldsymbol{H} = \begin{pmatrix} 0 & -1 & 0 \\ -1 & 5 & -1 \\ 0 & -1 & 0 \end{pmatrix} \tag{5-69}$$

【例 5-28】 MATLAB 编程实现 Laplace 锐化图像增强。

解：MATLAB 代码如下所示：

```
clear all;close all;clc;
Image=im2double(imread('house.png'));
figure,imshow(Image),title('原图像');
H=fspecial('laplacian',0);
R=imfilter(Image,H);
edgeImage=abs(R);
figure,imshow(edgeImage),title('Laplace 梯度图像');
H1=[0 -1 0;-1 5 -1;0 -1 0];
sharpImage=imfilter(Image,H1);
figure,imshow(sharpImage),title('Laplace 锐化图像');
imwrite(Image,'原图像.jpg');
imwrite(edgeImage,'Laplace 梯度图像.jpg');
imwrite(sharpImage,'Laplace 锐化图像.jpg');
```

程序运行结果如图 5.53 所示。

(a) 原图像　　　　(b) Laplace梯度图像　　　(c) Laplace锐化图像

图 5.53　Laplace 锐化图像

6. Log 算子

Log 算子是 laplacian-of-gaussian 算子的简写，是 David Courtnay Marr 和 Ellen Hildreth 于 1980 年共同提出的，也称为 Marr & Hildreth 算子。该算法将 Gauss 平滑滤波器和 Laplacian 锐化滤波器结合，先平滑掉噪声，再进行边缘检测，最后，通过检测滤波结果的零交叉（zero crossings）可以获得图像或物体的边缘。所以效果会更好，常用于数字图像的边缘提取和二值化。

可以证明，$\nabla^2[f(x,y) * g(x,y)] = f(x,y) * \nabla^2 g(x,y)$，即卷积运算和二阶导数顺序可以交换。其中，$\nabla^2 g(x,y)$ 称为 Log 滤波器，其 σ 为高斯函数的标准差，σ 值大可以用来检测模糊的边缘，σ 值小可以用来检测聚焦良好的图像细节。当边缘模糊或噪声较大时，检测过零点能提供较可靠的边缘位置。Log 算子形状如图 5.54 所示，Log 算子到中心的距离与位置加权系数的关系曲线像墨西哥草帽的剖面，所以 Log 算子也叫"墨西哥草帽"滤波器。

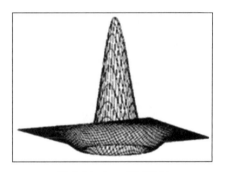

图 5.54　Log 算子形状

【例 5-29】　MATLAB 编程实现 Log 算子锐化图像。

解：MATLAB 代码如下所示：

```
clear all;close all;clc;
Image=im2double(imread('house.png'));
Image=rgb2gray(Image);
figure,imshow(Image),title('原图像');
BW= edge(Image,'log');
figure,imshow(BW),title('Log 边缘检测');
H=fspecial('log',7,1);
R=imfilter(Image,H);
edgeImage=abs(R);
figure,imshow(edgeImage),title('Log 滤波图像');
sharpImage=Image+edgeImage;
figure,imshow(sharpImage),title('Log 锐化图像');
```

```
imwrite(Image,'原图像.jpg');
imwrite(BW,'Log边缘检测.jpg');
imwrite(edgeImage,'Log滤波图像.jpg');
imwrite(sharpImage,'Log锐化图像.jpg');
```

程序运行结果如图 5.55 所示。

  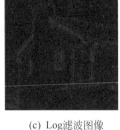 

　　(a) 原图像　　　　　(b) Log 边缘检测　　　(c) Log 滤波图像　　　(d) Log 锐化图像

图 5.55　Log 算子锐化图像

7. Canny 算子

Canny 边缘检测算法是 John F. Canny 于 1986 年开发出来的一种多级边缘检测算法，类似于 Log 边缘检测方法，也属于先平滑后求导的方法。图像边缘检测必须满足两个条件：① 能有效地抑制噪声；② 必须尽量精确确定边缘的位置。Canny 边缘检测是根据对信噪比与定位乘积进行测度，得到最优化逼近算子，即 Canny 边缘检测算子。

Canny 边缘检测的目标是找到一个最优的边缘检测算法，最优边缘检测的含义是：

(1) 好的检测，即算法能够尽可能多地标识出图像中的实际边缘；

(2) 好的定位，标识出的边缘要尽可能与实际图像中的实际边缘接近；

(3) 最小响应，即图像中的边缘只能标识一次，并且可能存在的图像噪声部分不应被标识为边缘。

Canny 边缘检测算法的步骤如下。

(1) 去噪。任何边缘检测算法都不可能在未经处理的原始数据上进行很好的处理，所以第一步是对原始数据与高斯模板作卷积，得到的图像与原始图像相比有些轻微的模糊(blurry)，但是有一定的去噪声作用。

(2) 用一阶偏导的有限差分来计算梯度的幅值和方向。

(3) 对梯度幅值进行非极大值抑制。仅仅得到全局的梯度并不足以确定边缘，因此为确定边缘，必须保留局部梯度最大的点，把其他非局部极大值点置零。

(4) 用双阈值算法检测和连接边缘。高阈值被用来找到每一条线段：如果某一个像素位置的梯度幅值超过该高阈值，表明找到了一条线段的起始点。低阈值被用来确定线段上的点：从上一步找到的线段起始点出发，在其邻域内搜索梯度值大于该低阈值的像素点，保留为边缘点，梯度幅值小于低阈值的像素点被置为背景。

【例 5-30】　MATLAB 编程实现 Canny 边缘检测。

解：MATLAB 代码如下所示：

```
clear all;close all;clc;
```

```
Image=im2double(imread('house.png'));
Image=rgb2gray(Image);
figure,imshow(Image),title('原图像');
BW= edge(Image,'canny');
figure,imshow(BW),title('Canny边缘检测');
imwrite(Image,'原图像.jpg');
imwrite(BW,'Canny边缘检测.jpg');
```

程序运行结果如图 5.56 所示。

(a) 原图像　　　　(b) Canny边缘检测

图 5.56　Canny 算子边缘检测

5.3.3　频率域锐化增强

图像边缘对应着图像的高频分量,所以图像锐化可以采用高通滤波器来实现。频率域锐化增强的基本步骤是将图像 $f(x,y)$ 通过正交变换为 $F(u,v)$,设计高通滤波器 $H(u,v)$,频率域乘以滤波器,再反变换回空间域,并与原图像相作用得到频率域锐化增强后的图像 $g(x,y)$。可见,频率域高通滤波的关键就是选择合适的高通滤波器 $H(u,v)$。

1. 理想高通滤波器

二维理想高通滤波器的传递函数为

$$H(u,v)=\begin{cases}0, & D(u,v)\leqslant D_0 \\ 1, & D(u,v)>D_0\end{cases} \tag{5-70}$$

理想高通滤波器的透视图和剖面图分别如图 5.57(a) 和 5.57(b) 所示。与理想低通滤波器相反,它把半径为 D_0 的圆内所有频谱成分完全去掉,对圆外则无损地通过。

【例 5-31】　理想高通滤波器 MATLAB 滤波程序示例。

解：MATLAB 代码如下所示：

```
clear all;close all;clc;
%A=imread('Letters-a.jpg');
A=rgb2gray(imread('house.png'));
A=double(A)/255;
[m,n]=size(A);
```

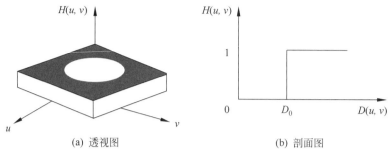

(a) 透视图　　　　　　　　　　　(b) 剖面图

图 5.57　理想高通滤波器

```
for i=1:size(A,1)
    for j=1:size(A,2)
        B(i,j)=(-1)^(i+j) * A(i,j);
    end
end
FB=fft2(B); %傅里叶变换
for i=1:size(A,1)
    for j=1:size(A,2)
        if sqrt((i-m/2)^2+(j-n/2)^2)>5                      %5 相当于 D0
            H(i,j)=1;
        else
            H(i,j)=0;
        end
    end
end
FB=FB.*H;                                                   %这里是理想高通滤波器
C=abs(real(ifft2(FB)));
subplot(1,2,1),imshow(A),title('原始图像');
subplot(1,2,2),imshow(C),title('理想高通滤波图像,截止频率 5');
imwrite(A,'原始图像.jpg');
imwrite(C,'理想高通滤波图像,截止频率 5.jpg');
```

程序运行结果如图 5.58 所示。

(a) 原始图像　　　　(b) 理想高通滤波图
　　　　　　　　　　　像，截止频率5

图 5.58　理想高通滤波结果

2. 巴特沃斯高通滤波器

n 阶巴特沃斯高通滤波器的传递函数定义如下：

$$H(u,v) = \frac{1}{1+\left[\dfrac{D_0}{D(u,v)}\right]^{2n}} \tag{5-71}$$

它的剖面图如图 5.59 所示。

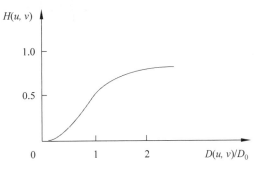

图 5.59 巴特沃斯高通滤波器剖面图

【例 5-32】 巴特沃斯高通滤波器 MATLAB 滤波程序示例。

解：MATLAB 代码如下所示：

```
I=rgb2gray(imread('house.png'));
n1=2;w1=5;                                %2阶巴特沃斯高通滤波器,截止频率为80
f=im2double(I);
g=fft2(f);                                %傅里叶变换
g=fftshift(g);                            %转换数据矩阵
[M,N]=size(g);
m=fix(M/2);
n=fix(N/2);
for i=1:M
   for j=1:N
        d=sqrt((i-m)^2+(j-n)^2);
        h1=1/(1+0.414*(w1/d)^(2*n1));    %计算高通滤波器传递函数
        s1(i,j)=h1*g(i,j);
        T1(i, j) = h1;
   end
end
Y=im2uint8(real(ifft2(ifftshift(s1))));
figure,subplot(1,2,1),imshow(I),title('原始图像');
subplot(1,2,2),imshow(Y),title('巴特沃斯高通滤波图像,截止频率5');
imwrite(I,'原始图像.jpg');
imwrite(Y,'巴特沃斯高通滤波图像,截止频率5.jpg');
```

程序运行结果如图 5.60 所示。

3. 指数高通滤波器

指数高通滤波器的传递函数为

(a) 原始图像　　　　(b) 巴特沃斯高通滤波
　　　　　　　　　　　图像，截止频率5

图 5.60　巴特沃斯高通滤波结果

$$H(u,v) = e^{-\left[\frac{D_0}{D(u,v)}\right]^n} \tag{5-72}$$

式中，n 控制函数的增长率。

4. 梯形高通滤波器

梯形高通滤波器的定义为

$$H(u,v) = \begin{cases} 0, & D(u,v) < D_1 \\ \dfrac{D(u,v) - D_1}{D_0 - D_1}, & D_1 \leqslant D(u,v) \leqslant D_0 \\ 1, & D(u,v) > D_0 \end{cases} \tag{5-73}$$

【例 5-33】 梯形高通滤波器 MATLAB 滤波程序示例。

解：MATLAB 代码如下所示：

```
clear all;close all;clc;
I=rgb2gray(imread('house.png'));
T=im2double(I);
[f1,f2]=freqspace(size(T),'meshgrid');
Y=fft2(T);                              %傅里叶变换
Y=fftshift(Y);                          %转换数据矩阵
D=100/size(I,1); D0=0.1; D1=0.9;
r=sqrt(f1.^2+f2.^2);
H=zeros(size(T));
H(r>D0)=1;
for i=1:size(T,1)
    for j=1:size(I,2)
        if r(i,j)>=D0 & r(i,j)<=D1
            H(i,j)=(D1-r(i,j))/(D1-D0);
        end
    end
end
Ya=Y.*H;
Ya=im2uint8(real(ifft2(ifftshift(Ya))));
figure,subplot(1,2,1),imshow(I),title('原始图像');
```

```
subplot(1,2,2),imshow(Ya),title('梯形高通滤波图像');
imwrite(I,'原始图像.jpg');
imwrite(Ya,'梯形高通滤波图像.jpg');
```

程序运行结果如图 5.61 所示。

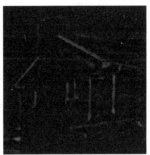

(a) 原始图像　　　　　　(b) 梯形高通滤波图像

图 5.61　梯形高通滤波结果

5. 高斯高通滤波器

高斯高通滤波器的传递函数为

$$H(u,v)=1-e^{-\frac{D^2(u,v)}{2D_0^2}} \tag{5-74}$$

高斯高通滤波器对于微小物体和细线条而言,结果也非常清晰。

【例 5-34】 高斯高通滤波器 MATLAB 滤波程序示例。

解：MATLAB 代码如下所示：

```
clear all;close all;clc;
I=rgb2gray(imread('house.png'));
T=im2double(I);
[f1,f2]=freqspace(size(T),'meshgrid');
D=1/size(I,1);
r=f1.^2+f2.^2;
H=ones(size(T));
for i=1:size(T,1)
    for j=1:size(T,2)
        t=r(i,j)/2/(D*D);
        H(i,j)=1-exp(-t);
    end
end
Y=fft2(double(T));
Y=fftshift(Y);
Ya=Y.*H;
Ya=im2uint8(real(ifft2(ifftshift(Ya))));
subplot(1,2,1),imshow(I),title('原始图像');
subplot(1,2,2),imshow(Ya),title('高斯高通滤波图像');
imwrite(I,'原始图像.jpg');
imwrite(Ya,'高斯高通滤波图像.jpg');
```

程序运行结果如图 5.62 所示。

(a) 原始图像　　　　　(b) 高斯高通滤波图像

图 5.62　高斯高通滤波结果

四种高通滤波的比较。
(1) 理想高通滤波器有明显振铃,图像的边缘模糊不清。
(2) 巴特沃斯高通滤波器效果较好,振铃现象不明显,但计算复杂。
(3) 梯形高通滤波器的效果是微有振铃现象,但计算简单,故较常用。
(4) 高斯高通滤波无振铃现象,滤波效果较其他几种滤波最好。
一般来说,不管是在图像空间域还是在频率域,采用高通滤波法对图像滤波不但会使图像有用的信息增强,同时也使噪声增强,因此不能随意地使用。

5.4　基于照度-反射模型的图像增强

一般情况下,自然景物图像 $f(x,y)$ 可以表示为光源照度场(照明函数)$i(x,y)$ 和场景中物体反射光的反射场(反射函数)$r(x,y)$ 的乘积,如式(5-75)所示:

$$f(x,y)=i(x,y) \cdot r(x,y) \tag{5-75}$$

其中,$0<i(x,y)<1;0<r(x,y)<1$。一般把式(5-75)称为图像的照度-反射模型。

一般认为照明函数的频谱集中在低频段,为反射函数的频谱集中在高频段。这样,就可根据式(5-75)将图像理解为高频分量与低频分量乘积的结果。基于照度-反射模型的处理算法,通常会借助对数变换,将式(5-75)中两个相乘分量变成两个相加分量。这样不仅能够简化计算,而且对数变换接近人眼亮度感知能力,能够增强图像的视觉效果。

下面主要介绍两种基于照度-反射模型的处理算法:基于同态滤波的增强;基于 Retinex 方法的增强。

5.4.1　基于同态滤波的增强

若物体受到照度明暗不匀的情况,图像上对应照度暗的部分细节就较难辨别。基于同态滤波的增强方法的主要目的就是消除不均匀照度的影响,增强图像细节。基于同态滤波增强方法的基本原理是根据图像的照度-反射模型,对原始图像 $f(x,y)$ 中的反射分

量 $r(x,y)$ 进行扩展,对光照分量 $i(x,y)$ 进行压缩,以获得所要求的增强图像。具体算法步骤如下。

(1) 先对式(5-75)的两边同时取对数得:
$$\ln f(x,y) = \ln i(x,y) + \ln r(x,y) \tag{5-76}$$

(2) 对式(5-76)两边进行傅里叶变换得:
$$F(u,v) = I(u,v) + R(u,v) \tag{5-77}$$

(3) 用一个频率域函数 $H(u,v)$ 处理 $F(u,v)$,可得到:
$$H(u,v)F(u,v) = H(u,v)I(u,v) + H(u,v)R(u,v) \tag{5-78}$$

(4) 式(5-78)两边傅里叶逆变换到空间域得:
$$h_f(x,y) = h_i(x,y) + h_r(x,y) \tag{5-79}$$
可见增强后的图像是由对应照度分量与反射分量的两部分叠加而成。

(5) 再将上式两边进行指数运算得:
$$g(x,y) = e^{h_f(x,y)} = e^{h_i(x,y)} \cdot e^{h_r(x,y)} \tag{5-80}$$

其中,$H(u,v)$ 称为同态滤波函数,它可以分别作用于照度分量和反射分量上。因为一般照度分量在空间域变化缓慢,而反射分量在不同物体的交界处是急剧变化的,所以图像对数的傅里叶变换中的低频部分主要对应照度分量,而高频部分主要对应反射分量。以上特性表明,可以设计一个对高频和低频部分有不同影响的滤波函数 $H(u,v)$。

如图 5.63 所示给出了这样一个函数的剖面图。将它绕纵轴转 360°就得到了完整的 $H(u,v)$。如果选择 $H_L<1, H_H>1$,那么 $H(u,v)$ 将会一方面削弱低频,而另一方面增强高频,最终结果是既使图像的动态范围压缩又使图像各部分之间的对比度增强。

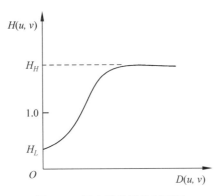

图 5.63 同态滤波器的剖面图

需要指出,在傅里叶平面上用同态滤波器来增强高频分量以突出轮廓细节的同时,也平滑了低频分量,使图像中灰度变化平缓区域出现模糊。因此,通常会增加一个后滤波处理来补偿低频分量,使得图像得到很大的改善。

【例 5-35】 同态滤波示例。

解:MATLAB 代码如下所示:

```
clear all;close all;clc;
%读取图片并进行傅里叶变换
img1=imread('graygoldilocks.bmp');
```

```
img = im2double(img1);
max0 = max(img(:));
min0 = min(img(:));
img = log(img+1e-12);
img_f = fftshift(fft2(img));

%设置滤波器参数,设计滤波器
r_h = 0.5;r_l = 0.25;D_0 = 10;c = 1;

[h,w] = size(img_f);
[x,y] = meshgrid(-w/2:w/2,-h/2:h/2);
H = h_generate_2d(r_h,r_l,c,x,y,D_0,D_0);    %设计滤波器
H = imresize(H,[h,w]);

%进行频率域滤波
img_f_filter = img_f.*H;

%反变换到空间域
img_out = real(ifft2(ifftshift(img_f_filter)));

img_out = exp(img_out);                       %指数变换恢复图像
img_out = (img_out-min(img_out(:)));
img_out = img_out/max(img_out(:));
img_out=img_out*(max0-min0)+min0;
img = exp(img_out);
%显示结果图像
subplot(1,2,1),imshow(img1),title('原始图像');
subplot(1,2,2),imshow(img_out),title('同态滤波图像');

%滤波器函数
function h = h_generate_2d(r_h,r_l,c,x,y,D_0,D_1)
    h = (r_h-r_l)*(1-exp(-c*(x.^2+y.^2)/(D_0^2+D_1^2)))+r_l;
end
```

程序运行结果如图 5.64 所示。

(a) 原始图像　　　　　　(b) 同态滤波图像

图 5.64　同态滤波增强效果示意图

5.4.2 基于 Retinex 理论的增强

"Retinex 理论"又被称为"视网膜大脑皮层理论"。基于 Retinex 理论增强方法的基本原理就是根据图像的照度-反射模型,通过从原始图像中估计光照分量,然后设法去除(或降低)光照分量,获得物体的反射性质,从而获得物体的本来面貌。

根据不同的估计光照分量方法,产生了各种 Retinex 算法。在中心环绕 Retinex 方法中,估计光照分量的计算如式(5-81)所示,其物理意义是通过计算被处理像素与其周围区域加权平均值的比值来消除照度变化的影响。

$$i'_c(x,y) = F(x,y) * f_c(x,y) \tag{5-81}$$

其中,$c \in \{R,G,B\}$;$f_c(x,y)$ 是图像 $f(x,y)$ 的第 c 颜色通道的亮度分量;$i'_c(x,y)$ 是第 c 颜色通道的光照分量估计值;$F(x,y)$ 是中心环绕函数,一般采用高斯函数形式的环绕函数为

$$F(x,y) = K \cdot e^{-\frac{x^2+y^2}{\sigma^2}} \tag{5-82}$$

其中,σ 为标准差,表示高斯环绕函数的尺度常数,决定了卷积核的作用范围。尺度 σ 越小,越能够较好地完成动态范围压缩,但全局照度损失,图像呈现"白化";尺度 σ 越大,越能够较好地保证图像的色感一致性,但局部细节模糊,强边缘处有明显"光晕"。

中心环绕 Retinex 方法主要分为单尺度 Retinex 方法(single-scale retinex,SSR)和多尺度 Retinex 方法(multi-scale retinex,MSR)。

1. 单尺度 Retinex 增强

单尺度 Retinex 增强方法的具体步骤如下。

(1) 根据式(5-81)、式(5-82)计算第 c 颜色通道的光照分量估计值 $i'_c(x,y)$。

(2) 对 $f_c(x,y)$ 取对数,即进行对数变换处理,得到:

$$\begin{aligned}\ln[f_c(x,y)] &= \ln[i_c(x,y) \cdot r_c(x,y)] \\ &= \ln[i_c(x,y)] + \ln[r_c(x,y)]\end{aligned} \tag{5-83}$$

(3) 在对数域中,用 $f_c(x,y)$ 减去光照分量估计 $i'_c(x,y)$,计算反射分量,即获得图像的高频分量:

$$\begin{aligned}R_c(x,y) &= \ln[r'_c(x,y)] = \ln[f_c(x,y)] - \ln[i'_c(x,y)] \\ &= \ln[f_c(x,y)] - \ln[F(x,y) * f_c(x,y)]\end{aligned} \tag{5-84}$$

其中,$R_c(x,y)$ 是第 c 颜色通道的单尺度 Retinex 增强输出图像。

【**例 5-36**】 单尺度 Retinex 图像增强。

解:MATLAB 代码如下所示:

```
clear all;close all;clc;
Image=imread('Goldilocks.bmp');              %打开图像并转换为 double 数据

[height,width,c]=size(Image);
RI=double(Image(:,:,1)); GI=double(Image(:,:,2)); BI=double(Image(:,:,3));
sigma=100;   filtersize=[height,width];      %高斯滤波器参数
gaussfilter=fspecial('gaussian',filtersize,sigma);  %构造高斯低通滤波器
```

```
Rlow=imfilter(RI,gaussfilter,'replicate','conv');
Glow=imfilter(GI,gaussfilter,'replicate','conv');
Blow=imfilter(BI,gaussfilter,'replicate','conv');
minRL=min(min(Rlow)); minGL=min(min(Glow)); minBL=min(min(Blow));
maxRL=max(max(Rlow)); maxGL=max(max(Glow)); maxBL=max(max(Blow));
RLi=(Rlow-minRL)/(maxRL-minRL);
GLi=(Glow-minGL)/(maxGL-minGL);
BLi=(Blow-minBL)/(maxBL-minBL);
Li=cat(3,RLi,GLi,BLi);

Rhigh=log(RI./Rlow+1);%获得 R 通道的高频分量
Ghigh=log(GI./Glow+1);%获得 G 通道的高频分量
Bhigh=log(BI./Blow+1);%获得 B 通道的高频分量
SSRI=cat(3,Rhigh,Ghigh,Bhigh);

subplot(131),imshow(Image),title('原图');
subplot(132),imshow(Li),title('估计光照分量');
subplot(133),imshow(SSRI),title('单尺度 Retinex 增强量');
imwrite(Li,'light.bmp');
imwrite(SSRI,'SSRI.bmp');
```

程序运行结果如图 5.65 所示。

(a) 原图　　　　　　　(b) 估计光照分量　　　　　(c) 单尺度Retinex增强量

图 5.65　单尺度 Retinex 图像增强

2. 多尺度 Retinex 增强

单尺度 Retinex 增强方法很难在动态范围压缩和色感一致性上寻找到平衡点。因此,对单尺度改进后,就产生了多尺度 Retinex 增强方法。多尺度 Retinex 增强实质上是多个不同单尺度 Retinex 的加权平均,其具体算法步骤如下。

(1) 设置不同尺度 $\sigma_n, n=1,2,\cdots,N$。其中,N 为设置的不同尺度个数。

(2) 根据式(5-82),计算不同尺度的中心环绕函数 $F_n(x,y)$。

(3) 根据式(5-85),求图像的不同尺度的 Retinex 增强输出。

$$R_{N_c}(x,y) = \ln[f_c(x,y)] - \ln[F_n(x,y) * f_c(x,y)] \tag{5-85}$$

其中,$R_{N_c}(x,y)$ 是第 c 颜色通道第 n 个尺度的 Retinex 增强输出。

(4) 对多个不同尺度的 Retinex 增强输出结果进行加权平均。

$$R_{M_c}(x,y) = \left[\sum_{n=1}^{N} \omega_n R_{N_c}(x,y)\right] \cdot \gamma_c(x,y) \tag{5-86}$$

其中，$R_{M_c}(x,y)$ 是第 c 颜色通道的多尺度 Retinex 增强输出；ω_n 是给不同尺度 σ_n 分配的权重因子；$\gamma_c(x,y)$ 是第 c 颜色通道的色彩恢复系数，其定义为

$$\gamma_c(x,y) = \eta \cdot \ln\left[\beta \frac{f_c(x,y)}{\sum_{c \in (R,G,B)} f_c(x,y)}\right] \tag{5-87}$$

其中，η 为增益常数，β 为非线性强度的控制因子。

【例 5-37】 多尺度 Retinex 增强。

解：MATLAB 代码如下所示：

```
clear all;close all;clc;
Image=imread('Goldilocks.bmp');                      %打开图像并转换为double数据

[height,width,c]=size(Image);
RI=double(Image(:,:,1)); GI=double(Image(:,:,2)); BI=double(Image(:,:,3));
beta=0.4;
alpha=125;
CR=beta*(log(alpha*(RI+1))-log(RI+GI+BI+1));
CG=beta*(log(alpha*(GI+1))-log(RI+GI+BI+1));
CB=beta*(log(alpha*(BI+1))-log(RI+GI+BI+1));
Rhigh=zeros(height,width);
Ghigh=zeros(height,width);
Bhigh=zeros(height,width);
sigma=[15 80 250];  filtersize=[height,width];       %高斯滤波器参数
for i=1:3
    gaussfilter=fspecial('gaussian',filtersize,sigma(i)); %构造高斯低通滤波器
    Rlow=imfilter(RI,gaussfilter,'replicate','conv');
    Glow=imfilter(GI,gaussfilter,'replicate','conv');
    Blow=imfilter(BI,gaussfilter,'replicate','conv');
    Rhigh=1/3*(CR.*log(RI./Rlow+1)+Rhigh);%获得R通道的高频分量
    Ghigh=1/3*(CG.*log(GI./Glow+1)+Ghigh);%获得G通道的高频分量
    Bhigh=1/3*(CB.*log(BI./Blow+1)+Bhigh);%获得B通道的高频分量
end
MSRCRI=cat(3,Rhigh,Ghigh,Bhigh);

subplot(121),imshow(Image),title('原图');
subplot(122),imshow(MSRCRI),title('多尺度Retinex增强');
imwrite(MSRCRI,'MSRCRI.bmp');
```

程序运行结果如图 5.66 所示。

(a) 原图　　　　　　(b) 多尺度Retinex增强

图 5.66　多尺度 Retinex 图像增强

5.5　彩色图像增强

人眼对黑白图像的分辨能力有限，大致只有十几个灰度级，对彩色图像的分辨能力则要高得多，人眼能够辨别彩色差异的级数要远远大于黑白差异的级数。为了充分利用色彩在图像处理中的优势，常常需要进行彩色图像的增强处理。

5.5.1　彩色图像

彩色图像可以分为真彩色图像和假彩色图像。以遥感图像为例，真彩色图像上的颜色与人眼视觉所看到的实物的自然颜色基本一致；假彩色图像是图像上的色相与实际的物色相不一致的图像。

彩色图像合成包括伪彩色图像合成、真彩色图像合成、假彩色图像合成和模拟真彩色图像合成四种方法。其中，伪彩色图像合成是将单波段灰度图像转变为彩色图像的方法；真彩色图像合成和假彩色图像合成是彩色合成方法；模拟真彩色图像合成是通过模拟产生近似真彩色的彩色合成方法。这些彩色合成方法又被定义为彩色增强。

（1）伪彩色(pseudo-color)图像合成是按特定的数学关系，把单波段灰度图像的灰度级变成彩色，然后进行彩色显示的方法，其目的是通过数据的彩色表达来增强图像目标的可辨识能力。

（2）在真彩色图像合成中，如果选择的波段波长与红、绿、蓝光的波长相同或近似，那么合成后的图像颜色就会与真彩色近似，这种合成方式称为真彩色图像合成。其优点是合成后图像的颜色更接近自然色，与人对景物的视觉感觉相一致，更容易对目标进行分辨和识别。

（3）假彩色(false color)是人工合成的非物体原有颜色的颜色，假彩色图像合成是最常用的一种图像合成方法，用来提高图像对特定对象的显示效果。假彩色图像合成与伪彩色图像合成的不同之处在于，假彩色图像合成使用的数据来自多个波段；与真彩色图像合成的不同之处在于，合成的波段是多波段图像中的任意三个波段，分别赋予红、绿、蓝三种原色,在屏幕上合成彩色图像。三个波段原色的选择是根据增强的目的确定的,与原来波段的真实颜色不同,所合成的彩色图像并不表示实物真实的颜色,因此,这种合成方法称为假彩色图像合成,在图像增强上称为假彩色图像增强。

(4) 模拟真彩色图像合成一般在遥感图像彩色合成领域用得较多,在遥感图像成像过程中,蓝光容易受到大气中气溶胶的影响从而影响图像质量,因而有些遥感传感器舍弃了蓝波段,因此无法合成真彩色图像。这时,可通过某种形式的运算得到模拟的红、绿、蓝三个通道,然后通过彩色合成产生近似的真彩色图像。

5.5.2 伪彩色图像增强

伪彩色图像增强是一种灰度到彩色的映射技术,是将灰度图像的不同灰度级按照线性或非线性映射为不同颜色,以提高图像辨识度达到图像增强的目的。常见的伪彩色图像增强的方法主要有以下三种。

1. 密度分割法

密度分割法又称强度分割法,是伪彩色图像增强中一种最简单的方法,如图 5.67(a) 和图 5.67(b)所示。它是把黑白图像的灰度级从 0(黑)到 M_0(白)分成 N 个区间 I_i($i=1,2,\cdots,N$),为每个区间 I_i 指定一种彩色 C_i,这样,便可以把一幅灰度图像变成一幅伪彩色图像。密度分割法直观简单,便于软件或硬件实现;缺点是变换出的彩色数目有限,且变换后的图像通常会显得不够细腻。

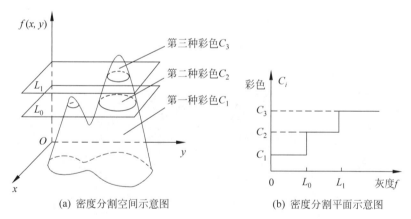

(a) 密度分割空间示意图　　(b) 密度分割平面示意图

图 5.67　密度分割原理

【例 5-38】　密度分割法。

解:MATLAB 代码如下所示:

```
I=imread('westconcordorthophoto.png');
Image = double(I);
[height,width]=size(Image);
NewImage=zeros(height,width,3);
for i=1:height
    for j=1:width
```

```
            if  Image(i,j)<52                    %灰度级位于[0,52]
                NewImage(i,j,1)=16;
                NewImage(i,j,2)=25;
                NewImage(i,j,3)=64;
            elseif  Image(i,j)<92                %灰度级位于[52,92]
                NewImage(i,j,1)=27;
                NewImage(i,j,2)=45;
                NewImage(i,j,3)=125;
            elseif Image(i,j)<115                %灰度级位于[92,115]
                NewImage(i,j,1)=101;
                NewImage(i,j,2)=146;
                NewImage(i,j,3)=79;
            elseif Image(i,j)<170                %灰度级位于[115,170]
                NewImage(i,j,1)=115;
                NewImage(i,j,2)=156;
                NewImage(i,j,3)=142;
             else                                %灰度级位于[170,255]
                NewImage(i,j,1)=213;
NewImage(i,j,2)=222;
NewImage(i,j,3)=159;
            end
        end
end
figure,imshow(I),title('原始图像');
figure,imshow(uint8(NewImage)),title('密度分割的伪色彩图像增强');
```

程序运行结果如图 5.68 所示。

(a) 原始图像　　　　　　　　　(b) 密度分割的伪色彩图像增强

图 5.68　密度分割处理结果

2. 空间域灰度-彩色变换合成法

空间域灰度-彩色变换合成法可将灰度图像变为具有多种颜色渐变的连续彩色图像，是一种更为常用的、比密度分割法更有效的伪彩色增强方法。处理过程如图 5.69 所示。

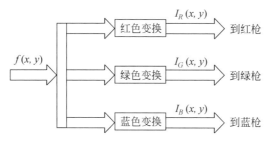

图 5.69 灰度-彩色变换过程

它是根据色度学的原理，将原图像 $f(x,y)$ 的灰度分段经过红、绿、蓝三种不同变换 $T_R(\cdot)$、$T_G(\cdot)$ 和 $T_B(\cdot)$ 变成三基色分量 $I_R(x,y)$、$I_G(x,y)$、$I_B(x,y)$，然后用它们分别去控制彩色显示器的红、绿、蓝电子枪，便可以在彩色显示器的屏幕上合成一幅彩色图像。彩色的含量由变换函数 $T_R(\cdot)$、$T_G(\cdot)$ 和 $T_B(\cdot)$ 的函数形状而定。典型的变换函数如图 5.70 所示，其中图 5.70(a)～图 5.70(c) 分别为红、绿、蓝三种变换函数，而图 5.70(d)是把三种变换画在同一坐标系上以便看清相互间的关系。由图 5.70(d)可见，只有在灰度为 0 时呈蓝色，灰度为 L/2 龙时呈绿色，灰度为 L 时呈红色，灰度为其他值时将由三基色混合成不同的色调。

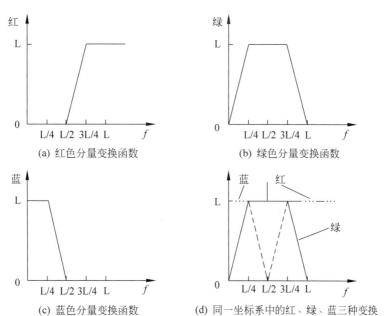

(a) 红色分量变换函数　　(b) 绿色分量变换函数

(c) 蓝色分量变换函数　　(d) 同一坐标系中的红、绿、蓝三种变换

图 5.70 典型的变换函数

【例 5-39】 空间域灰度-彩色变换。

解：MATLAB 代码如下所示：

```
clear all;close all;clc
Image=double(imread('moon.tif'));
[height,width]=size(Image);
NewImage=zeros(height,width,3);
```

```
L=255;
for i=1:height
    for j=1:width
        if Image(i,j)<=L/4
            NewImage(i,j,1)=0;
            NewImage(i,j,2)=4*Image(i,j);
            NewImage(i,j,3)=L;
        else if Image(i,j)<=L/2
            NewImage(i,j,1)=0;
            NewImage(i,j,2)=L;
            NewImage(i,j,3)=-4*Image(i,j)+2*L;
        else if Image(i,j)<=3*L/4
            NewImage(i,j,1)=4*Image(i,j)-2*L;
            NewImage(i,j,2)=L;
            NewImage(i,j,3)=0;
        else
            NewImage(i,j,1)=L;
            NewImage(i,j,2)=-4*Image(i,j)+4*L;
            NewImage(i,j,3)=0;
        end
        end
    end
    end
end
subplot(121),imshow(uint8(Image)),title('原图');
subplot(122),imshow(uint8(NewImage));
title('空间域灰度-彩色变换伪彩色增强图像');
imwrite(uint8(NewImage),'huicai.bmp');
```

程序运行结果如图 5.71 所示。

(a) 原图　　(b) 空间域灰度-彩色变换伪
　　　　　　　彩色增强图像

图 5.71　空间域灰度-彩色变换增强示例

3. 频率域伪彩色增强

频率域伪彩色增强是先把灰度图像经傅里叶变换到频率域,在频率域内用三个不同传递特性的滤波器分离成三个独立分量,然后对它们进行傅里叶逆变换,得到三幅代表不同频率分量的单色图像,接着对这三幅图像做进一步的处理(如直方图均衡化),使其彩色对比度更强。最后将它们作为三基色分量加到彩色显示器的红、绿、蓝显示通道,从而实现频率域分段的伪彩色增强。其原理图如图 5.72 所示。

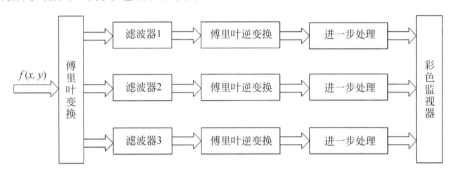

图 5.72 频率域伪彩色增强原理图

【例 5-40】 MATLAB 程序实现频率域伪彩色图像增强示例。

解:MATLAB 代码如下所示:

```
clear all;close all;clc;
Image=imread('moon.tif');
[height,width]=size(Image);
NewImage=zeros(height,width,3);
G=fft2(Image);
n=2;                                                %阶数 n 为 2
RedD0=150; GreenD0=200;                             %低通、高通滤波器参数设置
Bluecenter=150; Bluewidth=100; Blueu0=10; Bluev0=10;   %带通滤波器参数设置
for u=1:height
    for v=1:width
        D(u,v)=sqrt(u^2+v^2);
        RedH(u,v)=1/(1+(sqrt(2)-1) * (D(u,v)/RedD0)^(2 * n));    %低通滤波器转移函数
        GreenH(u,v)=1/(1+(sqrt(2)-1) * (GreenD0/D(u,v))^(2 * n)); %高通滤波器转移函数
        BlueD(u,v)=sqrt((u-Blueu0)^2+(v-Bluev0)^2);
        BlueH(u,v)=1-1/(1+BlueD(u,v) * Bluewidth/((BlueD(u,v))^2-
        (Bluecenter)^2)^(2 * n));  %带通滤波器转移函数
    end
end
Red=RedH. * G;
RedC=ifft2(Red);
Green=GreenH. * G;
GreenC=ifft2(Green);
Blue=BlueH. * G;
BlueC=ifft2(Blue);
```

```
NewImage(:,:,1)=uint8(real(RedC));
NewImage(:,:,2)=uint8(real(GreenC));
NewImage(:,:,3)=uint8(real(BlueC));
subplot(121),imshow(uint8(Image)),title('原图');
subplot(122),imshow(uint8(NewImage));title('频率域伪彩色增强图像');
imwrite(NewImage,'pinwei.bmp');
```

程序运行结果如图 5.73 所示。

(a) 原图　　　　(b) 频率域伪彩色增强图像

图 5.73　频率域伪彩色图像增强示例

5.5.3　真彩图像增强

在彩色图像处理中,选择合适的彩色模型是很重要的。数字电子设备(如电脑显示器、彩色电视和彩色扫描仪等)在屏幕上显示彩色图像都是根据 RGB 颜色模型进行显示的。本书 2.2 节介绍过不同颜色模型及其相互转换,已知 HIS 模型在许多图像处理应用中有其独特的优点,例如,在 HIS 模型中,亮度分量与色度分量是分开的,色调和色饱和度的概念与人的感知紧密相连。因此,如果将 RGB 颜色模型转换为 HIS 颜色模型,亮度分量和色度分量就分开了,前面介绍的多种灰度图像增强方法就都可以使用了,亮度分量增强后,再结合色度分量转换到 RGB 颜色空间,即可得到增强后的真彩色图像。具体的真彩色图像增强方法步骤如下:

(1) 将 R、G、B 颜色分量转换为 H、I、S 颜色分量;
(2) 利用对灰度图增强的方法增强其中的亮度分量 I,得到 I';
(3) 再将 H、I'、S 结果转换为用 R、G、B 分量来表示。

以上方法并不改变原图像的彩色内容,但增强后的图像看起来可能会有些不同。这是因为尽管色调和饱和度没有变化,但亮度分量得到了增强,整个图像会比原来更亮一些。

彩色图像合成原理如图 5.74 所示。需要指出,尽管对 R、G、B 各分量直接使用对灰度图像的增强方法可以增加图像中的可视细节亮度,但得到的增强图像中的色调有可能完全没有意义。这是因为在增强图像中对应同一个像素的 R、G、B 这 3 个分量都发生了变化,它们的相对数值与原来不同,从而导致原图像颜色的较大改变。

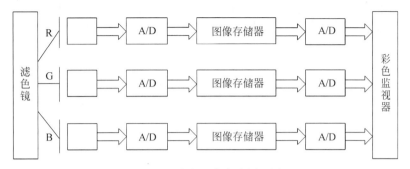

图 5.74 彩色图像合成原理图

【例 5-41】 RGB 颜色模型转换 HIS 颜色彩模型,实现真彩色增强示例。

解:MATLAB 代码如下所示:

```
clear;clc;close;
x=imread('onion.png');
rgb=im2double(x);
%提取彩色图像 R、G、B 三个色彩通道的分量
r=rgb(:,:,1);
g=rgb(:,:,2);
b=rgb(:,:,3);
%构建 RGB 到 HSI 模型的转换公式
num=0.5*((r-g)+(r-b));
den=sqrt((r-g).^2+(r-b).*(g-b));
theta=acos(num./(den+eps));
H=theta;
H(b>g)=2*pi-H(b>g); H=H/(2*pi);
num=min(min(r,g),b);
den=r+g+b;
den(den==0)=eps;
S=1-3.*num./den;
H(S==0)=0;
I=(r+g+b)/3;
%将色调 H(hue)、色饱和度 S(saturation)、强度 I(intensity)分量合并成 HSI 颜色空间矩阵
hsi=cat(3,H,S,I);
subplot(121),imshow(x),title('原始 RGB 图像');
subplot(122),imshow(hsi),title('RGB 颜色空间转 HSI 颜色空间结果');
```

程序运行结果如图 5.75 所示。

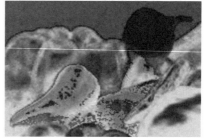

(a) 原始RGB图像　　　　　　(b) RGB颜色空间转HIS颜色空间结果

图 5.75　RGB 颜色模型转换 HSI 颜色模型的结果

5.6　本章小结

本章着重介绍了常用的图像增强处理方法,主要包括基于灰度级变换图像增强、直方图修正增强、基于模板运算的图像平滑和图像锐化、频率域图像增强和彩色图像增强等。对原理、算法及实现程序进行了详细讲解和效果对比。在实际的应用过程中,为了得到满意的结果,可以采用多种方法相结合的方式来对图像进行处理,得到预期的图像增强效果。

习题

1. 请简要概括什么是图像增强处理,图像增强的目的是什么。
2. 设有一幅图像将[0,10]灰度扩展为[0,15],将[10,20]灰度移到[15,25],将[20,30]灰度压缩为[25,30],则相应的分段线性变换表达式是什么?
3. 请简要概括数字图像直方图的定义,直方图的主要作用。试叙述直方图均衡化增强的原理,说明图像均衡化后产生灰阶兼并现象(灰度直方图不平坦现象)的根本原因及减少灰阶兼并现象的方法。
4. 数字图像的空间域滤波主要包括哪几种情况?
5. 什么是邻域平均滤波法?它具有哪些主要特点?
6. 利用 3×3 模板对图 5.76 进行增强处理(仅虚线框内部分),并说明均值滤波法的特点。
7. 选择一幅图像,编写 MATLAB 程序对其进行邻域平均滤波,观察滤波结果,总结邻域平均滤波的适应性和相关特点。
8. 非线性滤波中常用的方法有哪几种?各有何特点?
9. 选择一幅图像并添加椒盐噪声,编写 MATLAB 程序对其进行中值滤波,观察滤波效果。

图 5.76　数字图像示例

10. 什么是锐化滤波？常见的锐化滤波方式主要有哪几种？

11. 挑选一幅图像，编写 MATLAB 频率域滤波程序，实现如下功能：

（1）对图像进行低通滤波；

（2）对图像进行高通滤波；

（3）观察低通、高通滤波的实验结果，分析两种滤波方法的功能和应用范围。

12. 简述同态滤波的原理，并编写程序应用同态滤波将一幅低曝光图像转变为细节清晰的图像。

13. 应用彩色图像增强的方法，将一幅普通的遥感图像处理成细节清晰的图像。

第 6 章 图像复原与图像重建

图像在形成、传输和记录过程中,由于受到成像系统、成像设备或外界环境等多种因素的影响,图像的质量会有所下降,典型表现是图像出现了一定程度的模糊、失真或噪声等现象,这种图像质量下降的过程称为图像退化。对退化的图像进行处理并使之恢复原貌的技术称为图像复原(image restoration)。图像复原是根据退化原因,建立相应的数学模型,从被污染或畸变的图像信号中提取所需要的信息,沿着使图像退化的逆过程恢复图像本来面貌。因此,图像复原的关键是估计图像退化原因,根据退化过程建立退化模型(又称"降质模型"),再针对退化模型,采取相应处理方法,恢复或重建原来的图像。一般情况,复原的好坏应有一个规定的客观标准,以便能对复原的结果做出某种最佳的估计。

图像复原和图像增强既有相同点又有不同点,二者的目的都是为了改善图像质量,但图像增强不考虑图像是如何退化的,只是通过使用各种技术来增强图像的视觉效果。因此,图像增强可以不考虑增强后的图像是否失真,只要看着舒服就行。而图像复原则完全不同,需知道图像退化机制、退化过程等先验知识,按照图像退化的逆过程进行估计运算,得到复原结果图像。图像增强方法更偏向主观判断,而图像复原则是根据图像畸变或退化原因,进行模型化处理。既然图像复原是将退化了的图像恢复成原来的图像,那就要求对图像退化的原因有一定的了解。

实际的图像复原过程是设计一个滤波器,使其能从降质的图像 $g(x,y)$ 中计算得到真实图像的估值 $f(x,y)$,使其根据预先规定的误差准则,最大限度地接近真实图像 $f(x,y)$。从广义上讲,图像复原是一个求逆问题,逆问题经常存在非唯一解,甚至无解。为了得到物理模型到逆问题的有用解,需要有先验知识及对解的附加约束条件。在给定模型的条件下,图像复原技术可分为无约束和有约束两大类。根据是否需要外界干预,图像复原技术又可分为自动和交互两大类。另外,根据处理所在的域,图像复原技术还可分为频率域和空间域两大类。本章先介绍图像退化模型,然后依次介绍图像的代数复原法、图像的频率域复原法和其他图像复原法。

6.1 图像退化的数学模型

为了给出图像退化的数学模型,首先要清楚图像降质的原因,即成像过程的数学过程。为了方便描述成像系统,通常把成像系统看成一个线性系统。

6.1.1 图像降质因素

产生图像降质的因素有很多,例如,光学系统的像差、成像过程的相对运动、X 射线的散布特性、各种外界因素的干扰及噪声等。典型降质原因表现为:

(1) 成像系统的像差、畸变、带宽有限等造成图像失真;

(2) 由于成像器件拍摄姿态和扫描非线性引起的图像几何失真;

(3) 运动模糊,成像传感器与被拍摄景物之间的相对运动,引起所成图像的运动模糊;

(4) 灰度失真,光学系统或成像传感器本身特性不均匀,造成同样亮度景物成像灰度不同;

(5) 辐射失真,由于场景能量传输通道中的介质特性,如大气湍流效应、大气成分变化引起图像失真;

(6) 图像在成像、数字化、采集和处理过程中引入的噪声等。

产生图像降质的一个复杂因素是随机噪声。在形成数字图像的过程中,噪声会不可避免地加入。考虑有噪声情况下的图像复原,就必须知道噪声的统计特性及噪声和图像信号的相关情况,这是非常复杂的。在实际应用中,往往假设噪声是白噪声,即它的频谱密度为常数并且与图像不相关。这种假设是理想情况,因为白噪声的概念是一个数学上的抽象概念,但只要在噪声带宽比图像带宽大得多的情况下,此假设还是比较可行和方便的。同时,还应注意不同的复原技术需要已知不同的有关噪声的先验信息。

6.1.2 图像退化模型

图像退化模型一般可分为 4 种,如图 6.1 所示。图 6.1(a)和图 6.1(b)表示一般的点的非线性退化,在拍摄照片时,由于曝光量和感光密度的非线性关系,会引起这种非线性退化。图 6.1(c)和图 6.1(d)是一种空间模糊退化模型,它可解释成许多物理图像系统中光经有限窗口从而发生衍射作用所引起的。图 6.1(e)和图 6.1(f)表示由于旋转运动所引起的退化模型。事实上,运动还可以是平移或者两者均有。图 6.1(g)和图 6.1(h)表示由随机噪声引起的退化模型。其中,除第 4 种是随机的外,其余 3 种都是确定性的。除第 1 种仅具有位移不变性(模糊情况不因图像空间位置和作用时间而改变)外,其余 3 种均是

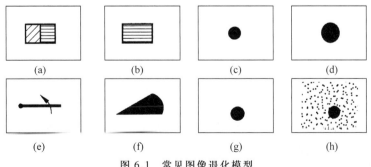

图 6.1 常见图像退化模型

线性(叠加性和齐次性)位移不变的。尽管恢复问题具有病态性质,但如果对恢复过程施加某些约束,仍然可以获得在给定某种准则下的最佳解。

如果将图像的降质过程模型化为一个降质系统(或算子)H,并假设输入原图为$f(x,y)$,经降质系统作用后输出的降质图像为$g(x,y)$,同时引进的随机噪声为加性噪声$n(x,y)$。如果不是加性噪声,而是乘性噪声,可以用对数转换方式将其转化为相加的形式,则降质过程的模型如图6.2所示。

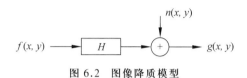

图6.2 图像降质模型

假设成像系统是线性位移不变系统,即退化性质与图像的位置无关,在噪声$n(x,y)=0$时获取的图像$g(x,y)$表示为

$$g(x,y) = f(x,y) * h(x,y) \tag{6-1}$$

式中,$f(x,y)$表示理想的未退化图像;$g(x,y)$是观察到的退化(降质)图像;$h(x,y)$称为系统的点扩散函数(point spread function,PSF)。

考虑到加性噪声$n(x,y)$的影响,退化图像可以表示为

$$g(x,y) = f(x,y) * h(x,y) + n(x,y) \tag{6-2}$$

在图像降质模型(图6.2)中,理想高分辨率图像和实际低分辨率图像也可用如下矩阵关系描述:

$$\boldsymbol{g} = \boldsymbol{H}\boldsymbol{f} + \boldsymbol{n} \tag{6-3}$$

式中,$\boldsymbol{H}$为图像退化矩阵,且$\boldsymbol{H}=\boldsymbol{DBM}$,则式(6-3)可变为

$$\boldsymbol{g} = \boldsymbol{DBM}\boldsymbol{f} + \boldsymbol{n} \tag{6-4}$$

其中,$\boldsymbol{f}$是真实的原始图像;$\boldsymbol{g}$是传感器捕获的退化后的模糊图像;$\boldsymbol{M}$是运动变形算子;$\boldsymbol{B}$为模糊算子;$\boldsymbol{D}$为下采样因子;$\boldsymbol{n}$是噪声。其具体含义如下。

$\boldsymbol{M}$为仿射变换矩阵,也称为景物的变形矩阵,主要包括物体的平移(全局平移和局部平移)或旋转运动。这些像素间的运动情况通常是未知的,可以通过估计场景帧间的运动信息来近似估计。

$\boldsymbol{B}$为模糊矩阵,主要包括摄像机的离焦、镜头的抖动、场景相对摄像机的运动等因素引入的模糊。模糊函数一般假设为已知,在未知的情况下可通过模糊辨识进行估计。

$\boldsymbol{D}$为欠采样矩阵,反映了成像系统对原高分辨率场景的下采样过程,作用于变形、模糊的高分辨率图像,以产生低分辨率观测图像。在实际的成像系统中,欠采样效应是普遍存在的,由此造成实际观测图像的频谱混叠也是普遍存在的,只是轻重程度不同而已。

图像复原指在给定退化图像$g(x,y)$,了解退化的点扩散函数$h(x,y)$和噪声项$n(x,y)$的情况下,估计出原始图像$f(x,y)$。

图像复原一般按以下步骤进行。

(1)确定图像的退化函数。在实际图像复原中,退化函数一般是未知的,因此,图像复原需要先估计退化函数。

(2)采用合适的图像复原方法复原图像。图像复原是沿着图像退化的逆过程,使复

原后的图像尽可能接近原图像，一般要确定一个合适的准则函数，最优的准则函数对应着最好的复原图像。因此，关键技术在于确定最优的准则函数。

图像复原也可以采用盲复原方法。在实际应用中，由于导致图像退化的因素复杂，点扩散函数难以解析表示或测量困难，可以直接从退化图像估计原图像，这类方法称为盲图像复原或盲区卷积复原。

6.2 图像退化模型的估计

图像复原的首要工作是确定图像退化模型，估计退化函数，本节主要介绍基于模型的估计和基于退化图像本身特性的估计方法。基于模型的估计法指已知引起退化的原因，根据基本原理推导出其退化模型的估计方法。

6.2.1 基于模型的估计方法

1. 运动模糊模型估计

下面以运动模糊模型估计为例，根据运动模糊产生的原理推导出运动模糊退化函数。运动模糊指获取图像时景物和摄像机之间的相对运动造成的图像模糊。对于运动产生的模糊，可以通过分析其产生原理，估计其降质函数，对其进行逆滤波从而复原图像。

运动模糊是由景物在不同时刻的多个影像叠加而导致的，设 $x_0(t)$、$y_0(t)$ 分别为 x、y 方向上的运动分类，T 为曝光时间，得到的模糊图像为

$$g(x,y) = \int_0^T f[x-x_0(t), y-y_0(t)]dt \tag{6-5}$$

对运动模糊图像进行傅里叶变换，即

$$\begin{aligned}G(u,v) &= \int_{-\infty}^{+\infty}\int_{-\infty}^{+\infty} g(x,y) e^{-j2\pi(ux+vy)} dxdy \\ &= \int_{-\infty}^{+\infty}\int_{-\infty}^{+\infty} \left\{\int_0^T f[x-x_0(t), y-y_0(t)]dt\right\} e^{-j2\pi(ux+vy)} dxdy \\ &= \int_0^T \left\{\int_{-\infty}^{+\infty}\int_{-\infty}^{+\infty} f[x-x_0(t), y-y_0(t)] e^{-j2\pi(ux+vy)} dxdy\right\} dt \end{aligned} \tag{6-6}$$

则可以得到：

$$G(u,v) = \int_0^T F(u,v) e^{-j2\pi(ux+vy)} dt = F(u,v) \int_0^T e^{-j2\pi(ux+vy)} dt \tag{6-7}$$

又因为 $G(u,v) = F(u,v)H(u,v)$，所以退化函数为

$$H(u,v) = \int_0^T e^{-j2\pi(ux+vy)} dt \tag{6-8}$$

假设景物和摄像机之间是匀速直线运动关系，在 T 时间内 x、y 方向上的运动距离为 a 和 b，即

$$\begin{cases} x_0(t) = at/T \\ y_0(t) = bt/T \end{cases} \tag{6-9}$$

则运动模糊的传递函数为

$$H(u,v) = \int_0^T e^{-j2\pi(uat/T+vbt/T)} dt$$

$$= \frac{T}{\pi(ua+vb)} \sin[\pi(ua+vb)] e^{-j\pi(ua+vbt)} \quad (6-10)$$

由此估计出运动模糊退化模型(或点扩散函数)为

$$h(x,y) = \begin{cases} 1/L, & y = x\tan\theta, 0 \leqslant x \leqslant L\cos\theta \\ 0, & y \neq x\tan\theta, -\infty \leqslant x \leqslant +\infty \end{cases} \quad (6-11)$$

式中,L 为运动尺度;θ 为运动方向。L 越大,图像越模糊。

运动模糊点扩散函数的参数 L 和 θ 是未知的,可以在时(空)域和频率域进行估计,只在此简要介绍频率域的参数估计。

【例 6-1】 MATLAB 编程实现不同方向的运动模糊图像分析其频谱变化。将图像分别向 0°、30°、60°和 90°方向运动 20 个像素产生的模糊图像及其频谱图及在 90°方向上运动 5、20、40、80 个像素产生的模糊图像频谱图。

解:MATLAB 代码如下所示:

```
Image=im2double(imread('lena.bmp'));
H1 = fspecial('motion',20,0);
H2 = fspecial('motion',20,30);
H3 = fspecial('motion',20,60);
H4 = fspecial('motion',20,90);
MotionBlur0 = imfilter(Image,H1,'replicate');
MotionBlur30 = imfilter(Image,H2,'replicate');
MotionBlur60 = imfilter(Image,H3,'replicate');
MotionBlur90 = imfilter(Image,H4,'replicate');
subplot(341);imshow(MotionBlur0);title('Motion Blurred0 Image');
subplot(342);imshow(MotionBlur30);title('Motion Blurred30 Image');
subplot(343);imshow(MotionBlur60);title('Motion Blurred60 Image');
subplot(344);imshow(MotionBlur90);title('Motion Blurred90 Image');
imwrite(MotionBlur0,'MotionBlurred0.jpg');
imwrite(MotionBlur30,'MotionBlurred30.jpg');
imwrite(MotionBlur60,'MotionBlurred60.jpg');
imwrite(MotionBlur90,'MotionBlurred90.jpg');
FT1=fftshift(fft2(MotionBlur0));
FT2=fftshift(fft2(MotionBlur30));
FT3=fftshift(fft2(MotionBlur60));
FT4=fftshift(fft2(MotionBlur90));
subplot(345);imshow(FT1);title('FT1');
subplot(346);imshow(FT2);title('FT2');
subplot(347);imshow(FT3);title('FT3');
subplot(348);imshow(FT4);title('FT4');
imwrite(FT1,'FT1.jpg');
imwrite(FT2,'FT2.jpg');
imwrite(FT3,'FT3.jpg');
```

```
imwrite(FT4,'FT4.jpg');
HH1 = fspecial('motion',5,90);
HH2 = fspecial('motion',20,90);
HH3 = fspecial('motion',40,90);
HH4 = fspecial('motion',80,90);
MotionBlur5 = imfilter(Image,HH1,'replicate');
MotionBlur20 = imfilter(Image,HH2,'replicate');
MotionBlur40 = imfilter(Image,HH3,'replicate');
MotionBlur80 = imfilter(Image,HH4,'replicate');
FFT1=fftshift(fft2(MotionBlur5));
FFT2=fftshift(fft2(MotionBlur20));
FFT3=fftshift(fft2(MotionBlur40));
FFT4=fftshift(fft2(MotionBlur80));
subplot(3,4,9);imshow(FFT1);title('FFT1');
subplot(3,4,10);imshow(FFT2);title('FFT2');
subplot(3,4,11);imshow(FFT3);title('FFT3');
subplot(3,4,12);imshow(FFT4);title('FFT4');
imwrite(FFT1,'FFT1.jpg'); imwrite(FFT2,'FFT2.jpg');
imwrite(FFT3,'FFT3.jpg'); imwrite(FFT4,'FFT4.jpg');
```

程序运行结果如图 6.3 所示。

(a) 0°、30°、60°和90°方向运动20个像素产生的模糊图像

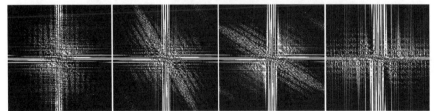

(b) 0°、30°、60°和90°方向运动20个像素产生的模糊图像频谱图

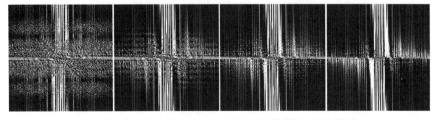

(c) 90°方向运动5、20、40、80个像素产生的模糊图像频谱图

图 6.3 运动模糊图像与其频谱特点

从图 6.3 中可以看出，运动模糊图像的频谱图有黑色的平行条纹，随着运动方向的变

化,条纹也随之变化,条纹的方向总是与运动方向垂直。因此,可以通过判定模糊图像频谱图条纹的方向来确定实际的运动模糊方向。随着运动模糊长度的变化,条纹的数量也随之变化,图像频谱图条纹的个数即为图像实际运动模糊的长度。因此,可以通过计算模糊图像频谱图条纹的数量来确定实际的运动模糊长度。

以上从分析图示的角度解释了运动模糊方向、长度和频谱图的关系,若对匀速运动模糊图像点扩散函数进行推导,可以得出模糊图像频谱条纹间距和模糊长度的数学关系式。在此不做展开介绍,可参看相关资料。

2. 其他退化函数模型

造成图像模糊的因素有很多种,不同退化因素造成的图像模糊类型不同,其相应的退化模型或点扩散函数 PSF 也不一样。因此,需要对这些退化成因进行数学表示。下面对几种常用的 PSF 进行介绍。

(1) 高斯模糊。将高斯分布作用于图像处理中,将其与图像卷积,即为高斯模糊。一般来说,高斯模糊的 PSF 如式(6-12)所示:

$$h(x,y) = \begin{cases} \dfrac{1}{2\pi\sigma^2}\exp\left(-\dfrac{x^2+y^2}{2\sigma^2}\right), & (x,y) \in \Omega \\ 0, & (x,y) \notin \Omega \end{cases} \quad (6\text{-}12)$$

式中,σ 是标准差;x 为水平距离;y 为垂直距离;Ω 为模糊核的支持域。高斯模糊的模糊核标准差越大,图像就越模糊。

(2) 散焦模糊。图像成像设备的焦点调整不准确的时候会造成散焦模糊。一般来说,它的 PSF 如式(6-13)所示:

$$h(x,y) = \begin{cases} \dfrac{1}{\pi R^2}, & x^2+y^2 \leqslant R^2 \\ 0, & x^2+y^2 > R^2 \end{cases} \quad (6\text{-}13)$$

式中,x 和 y 分别为像素点在水平轴和竖直轴中的位置;R 为圆盘半径,即散焦模糊半径。散焦模糊的半径 R 越大,图像越模糊。

造成图像模糊的 PSF 均不是特别规则且难以预测,模型估计都涉及参数的确定问题,在实际生活中,可以通过图像自身及成像系统的先验信息估计出模型中的参数。

6.2.2 基于退化图像特性的估计法

如果退化的过程太复杂或对引起退化的原因不了解,导致无法用分析法确定点扩散函数,则可以采用退化图像本身的特性来进行模型估计。

1. 原景物中含有点源

如果确定原景物中存在一个点源,忽略噪声干扰,则该点源的影像便是点扩散函数。则系统退化函数为

$$H(u,v) = \dfrac{G(u,v)}{K} \quad (6\text{-}14)$$

其中,$G(u,v)$ 为观察图像的傅里叶变换;K 是一个常数,代表冲击强度。

2. 原景物中含有直线源

同含有点源类似,可以根据原景物中含有直线源的影像来估计点扩散函数。给定方

向上线源的模糊影像等于点扩散函数在该线源方向上的积分。若点扩散函数为圆对称函数,则由线源的影像确定点扩散函数时与线源取向无关。

3. 原景物中含有边界线

若原景物中不含有明显的点或线,却含有明显的亮度突变(即边界),则称它的影像或成像系统对它的响应为界线扩散函数,可以根据界线扩散函数估计系统的点扩散函数。界线影像的导数,等于平行于该界线的线源的影像(证明略)。因此,可以根据界线影像的导数确定线源的影像,从而求出退化系统的点扩散函数。

6.3 图像复原的代数方法

图像代数复原方法指根据图像退化模型式(6-3),假设具备 g、H、n 的某些先验知识,确定某种优化准则,寻找原图像 f 的最优估计图像 $\hat{f}$。

6.3.1 图像的无约束复原

图像的无约束复原指已知退化图像 g,根据退化系统 H 和噪声 n 的一些了解和假设,满足事先规定的误差准则前提下,估计出原图像 f。当图像退化系统为线性位移不变系统,且为加性噪声时,可将复原问题在线性系统理论框架内处理,退化模型为

$$g(x,y) = f(x,y) * h(x,y) + n(x,y) \tag{6-15}$$

据式(6-15)可得:

$$n(x,y) = g(x,y) - f(x,y) * h(x,y) \tag{6-16}$$

式(6-16)可写为

$$\boldsymbol{n} = \boldsymbol{g} - \boldsymbol{H}\boldsymbol{f} \tag{6-17}$$

1. 无约束最小二乘方复原

当完全不知道噪声类型时,图像复原的目的就是要寻找一个 $\hat{f}$,使 $\boldsymbol{H}\hat{f}$ 在最小二乘意义上最接近 $\boldsymbol{g}$,也就是使噪声项的范数尽可能小,即

$$\min \| \boldsymbol{g} - \boldsymbol{H}\boldsymbol{f} \|^2 \tag{6-18}$$

该问题可以等效为求准则函数,即

$$J(\hat{f}) = \| \boldsymbol{g} - \boldsymbol{H}\hat{f} \|^2 \tag{6-19}$$

关于 $\hat{f}$ 取何值时,上式最小的问题,即

$$\frac{\partial J(\hat{f})}{\partial \hat{f}} = 2\boldsymbol{H}'(\boldsymbol{g} - \boldsymbol{H}\hat{f}) = 0 \tag{6-20}$$

由上面的等式可推出:

$$\hat{f} = (\boldsymbol{H}'\boldsymbol{H})^{-1}\boldsymbol{H}'\boldsymbol{g} \tag{6-21}$$

假设图像为 M 行、N 列,且 $M=N$,则 $\boldsymbol{H}$ 为一方阵。并设 $\boldsymbol{H}^{-1}$ 存在,则式(6-21)可化为

$$\hat{f} = (\boldsymbol{H}'\boldsymbol{H})^{-1}\boldsymbol{H}'\boldsymbol{g} = \boldsymbol{H}^{-1}\boldsymbol{g} \tag{6-22}$$

当已知退化过程 H 时,即可实现退化图像 g 的复原估计图像 $\hat{f}$。

2. 逆滤波复原

逆滤波复原法是无约束复原法的一种,又称反向滤波复原法。逆滤波复原的基本原理是根据图像退化的原因进行反向滤波,其主要过程是:首先将要处理的数字图像从空间域转换到傅里叶频率域中,进行反向滤波后再由频率域转换到空间域,从而得到复原的图像信号,基本原理如下。

(1) 在不考虑噪声的情况下,逆滤波复原法的基本原理可写成如下形式:

$$G(u,v) = F(u,v)H(u,v) \tag{6-23}$$

则傅里叶逆变换可得:

$$F(u,v) = \frac{G(u,v)}{H(u,v)} \tag{6-24}$$

$$f(x,y) = F^{-1}[F(u,v)] = F^{-1}\left[\frac{G(u,v)}{H(u,v)}\right] \tag{6-25}$$

式中,$H(u,v)$ 可以理解为成像系统的"滤波"传递函数。在频率域中系统的传递函数与原图像信号相乘实现"正向滤波",这里 $G(u,v)$ 除以 $H(u,v)$ 起到了"反向滤波"的作用。这意味着,如果已知退化图像的傅里叶变换和"滤波"传递函数,则可以求得原始图像的傅里叶变换,经傅里叶逆变换就可求得原始图像 $f(x,y)$。这就是逆滤波复原法的基本原理。

(2) 在有噪声的情况下,逆滤波复原法的基本原理可写成如下形式:

$$G(u,v) = F(u,v)H(u,v) + N(u,v) \tag{6-26}$$

$$\hat{F}(u,v) = \frac{G(u,v) - N(u,v)}{H(u,v)} \tag{6-27}$$

在上面的分析中可以看出,如果噪声强度为零的话,采用逆滤波法可以完全恢复原图像本来的形式。但在噪声存在的情况下,复原就存在一个误差项 $N(u,v)/H(u,v)$,当 $|H(u,v)|$ 较小时,噪声将被放大,特别是当 $|H(u,v)|$ 很小或为零时,小的噪声就会对逆滤波复原的图像产生很大的影响,有可能使恢复的图像 $\hat{f}(x,y)$ 和原始图像 $f(x,y)$ 相差很大,甚至完全不同。

一种解决以上问题的途径就是使 $H^{-1}(u,v)$ 具有低通的性质,系统函数调整为

$$M(u,v) = \begin{cases} 1/H(u,v), & u^2 + v^2 \leqslant w_0^2 \\ 1, & u^2 + v^2 > w_0^2 \end{cases} \tag{6-28}$$

同时,对 $M(u,v)$ 做进一步的改进,使 $H(u,v)=0$ 及其附近时,人为地设置 $H^{-1}(u,v)$ 的值,使 $N(u,v) \cdot H^{-1}(u,v)$ 不会对 $\hat{F}(u,v)$ 有太大的影响,即

$$M(u,v) = \begin{cases} k, & H(u,v) \leqslant d \\ M(u,v), & 其他 \end{cases} \tag{6-29}$$

其中,k 和 d 均为小于 1 的常数,而且 d 选得较小为好。

【**例 6-2**】 对图像进行均值模糊,并进行逆滤波复原。

解:MATLAB 代码如下所示:

```
Image=im2double(imread('lena.bmp'));
```

```
window=15;
[n,m]=size(Image);
n=n+window-1;
m=m+window-1;
h=fspecial('average',window);
BlurI=conv2(h,Image);
BlurandnoiseI=imnoise(BlurI,'salt & pepper',0.001);
figure,imshow(Image),title('Original Image');
figure,imshow(BlurI),title('Blurred Image');
figure,imshow(BlurandnoiseI);title('Blurred Image with noise');
h1=zeros(n,m);
h1(1:window,1:window)=h;
H=fftshift(fft2(h1));
H(abs(H)<0.0001)=0.01;
M=H.^(-1);
d0=sqrt(m^2+n^2)/20;
r1=floor(m/2);   r2=floor(n/2);
for u=1:m
    for v=1:n
        d=sqrt((u-r1)^2+(v-r2)^2);
        if d>d0
            M(v,u)=0;
        end
    end
end
G1=fftshift(fft2(BlurI));
G2=fftshift(fft2(BlurandnoiseI));
f1=ifft2(ifftshift(G1./H));
f2=ifft2(ifftshift(G2./H));
f3=ifft2(ifftshift(G2.*M));
result1=f1(1:n-window+1,1:m-window+1);
result2=f2(1:n-window+1,1:m-window+1);
result3=f3(1:n-window+1,1:m-window+1);
figure,imshow(abs(result1),[]),title('Filtered Image1');
figure,imshow(abs(result2),[]),title('Filtered Image2');
figure,imshow(abs(result3),[]),title('Filtered Image3');
imwrite(Image,'原始图像.jpg');
imwrite(BlurI,'模糊图像.jpg');
imwrite(abs(result1),'模糊图像的逆滤波图像.jpg');
imwrite(BlurandnoiseI,'模糊加噪声图像.jpg');
imwrite(abs(result2),'模糊加噪声图像逆滤波图像.jpg');
imwrite(abs(result3),'模糊加噪声图像低通特性逆滤波图像.jpg');
```

程序运行结果如图 6.4 所示。

在图 6.4 可以看出,在逆滤波时,$H(u,v)$ 的幅度随着离 u、v 平面原点的距离增加而迅速下降,但噪声幅度变化平缓,在远离 u、v 平面原点时,$N(u,v)/H(u,v)$ 的值变得很

图 6.4 逆滤波图像复原

大,而 $F(u,v)$ 却很小,因此,无法恢复出原始图像,如图 6.4(e)所示。采用低通特性的 $M(u,v)$ 进行逆滤波,在一定程度上恢复了原图像,如图 6.4(f)所示。

6.3.2 图像的有约束复原

为了在数学上更容易处理,通常在无约束复原方法的基础上附加一定的约束条件,从而在多个可能的结果中选择一个最佳结果,这便是有约束的图像复原方法。

1. 维纳滤波复原

图像存在噪声的情况下,简单的逆滤波方法不能很好地处理噪声,需要采用约束复原的方法,维纳滤波复原是一种有代表性的约束复原方法,是使原始图像 $f(x,y)$ 和复原图像 $\hat{f}(x,y)$ 之间均方误差最小的复原方法。

维纳滤波器又称为最小均方误差滤波器,其均方误差表达式为

$$e^2 = E\{[f(x,y) - \hat{f}(x,y)]^2\} \tag{6-30}$$

其中,$E[\cdot]$ 表示数学期望。

假设噪声 $n(x,y)$ 和图像 $f(x,y)$ 不相关,且 $f(x,y)$ 或 $n(x,y)$ 有零均值,估计图像 $\hat{f}(x,y)$ 是退化图像 $g(x,y)$ 的线性函数。满足这些条件下,均方误差取最小值时有下列表达式:

$$\hat{F}(u,v) = \left[\frac{H^*(u,v)}{|H(u,v)|^2 + \gamma \dfrac{P_n(u,v)}{P_f(u,v)}}\right] G(u,v)$$

$$= \left[\frac{1}{H(u,v)} \frac{|H(u,v)|^2}{|H(u,v)|^2 + \gamma \dfrac{P_n(u,v)}{P_f(u,v)}} \right] G(u,v)$$

$$u,v = 0,1,2,\cdots,N-1 \tag{6-31}$$

式中，$H^*(u,v)$ 是退化函数 $H(u,v)$ 的复共轭；$\dfrac{P_n(u,v)}{P_f(u,v)}$ 是信噪比。

可以看出，维纳滤波的传递函数为

$$H_w(u,v) = \frac{1}{H(u,v)} \cdot \frac{|H(u,v)|^2}{|H(u,v)|^2 + \gamma \dfrac{P_n(u,v)}{P_f(u,v)}} \tag{6-32}$$

若 $\gamma = 1$，则称其为维纳滤波器；当无噪声影响时，由于 $P_n(u,v) = 0$，则其退化为逆滤波器，又称为理想逆滤波器。因此，逆滤波器是维纳滤波器的一种特殊情况。需要注意的是，$\gamma = 1$ 并不是在有约束条件下的最佳解，此时并不满足约束条件 $\|\boldsymbol{n}\|^2 = \|\boldsymbol{g} - \boldsymbol{H}\hat{\boldsymbol{f}}\|^2$。若 γ 为变参数，则称为变参数维纳滤波器。

【例 6-3】 用 MATLAB 提供的函数，运行图像维纳滤波。

deconvwnr 函数使用维纳滤波器对图像进行去模糊，具有以下几种调用形式。

J=deconvwnr(I,PSF)：PSF 为点扩散函数矩阵。

J=deconvwnr(I,PSF,NSR)：NSR 为信噪比，默认为 0。

J=deconvwnr(I,PSF,NSR,ICORR)：NCORR 和 ICORR 为噪声和原图像的自相关函数值。

解：MATLAB 代码如下所示：

```
clear,clc,close all;
Image=im2double(imread('lena.bmp'));
subplot(221),imshow(Image),title('原始图像');
imwrite(Image,'Original Image.jpg');
LEN=21;
THETA=11;
PSF=fspecial('motion', LEN, THETA);
BlurredI=imfilter(Image, PSF, 'conv', 'circular');
noise_mean = 0;
noise_var = 0.0001;
BlurandnoisyI=imnoise(BlurredI, 'gaussian', noise_mean, noise_var);
subplot(222), imshow(BlurandnoisyI),title('模拟模糊和噪声');
imwrite(BlurandnoisyI,'sbn.jpg');
estimated_nsr = 0;
result1= deconvwnr(BlurandnoisyI, PSF, estimated_nsr);
subplot(223),imshow(result1),title('NSR = 0时进行恢复');
imwrite(result1,'runsr0.jpg');
estimated_nsr = noise_var / var(Image(:));
result2 = deconvwnr(BlurandnoisyI, PSF, estimated_nsr);
subplot(224),imshow(result2),title('使用估计NSR进行恢复');
```

```
imwrite(result2,'ruensr.jpg');
```

程序运行结果如图 6.5 所示。

　(a) 原始图像　　　(b) 模拟模糊和噪声　　(c) NSR为0时进行恢复　(d) 使用估计NSR进行恢复

图 6.5　运动模糊加高斯噪声图像维纳滤波复原

在 NSR＝0 时,维纳滤波实际上是逆滤波方法,从图 6.5(c)可以看出,未能复原图像;在程序中,噪声信号是人为叠加的,估计 NSR 的值较准确,复原效果较好,如图 6.5(d)所示。在实际问题中,对于噪声不够了解,需要根据经验或其他方法来确定 NSR 的取值。

2. 等功率谱滤波

等功率谱滤波是使原始图像 $f(x,y)$ 和复原图像 $\hat{f}(x,y)$ 的功率谱相等的复原方法。此方法假设图像和噪声均属于均匀随机场,噪声均值为零,且与图像不相关。

由退化模型及功率谱的定义,可知:

$$S_g(u,v)=|H(u,v)|^2 S_f(u,v)+S_n(u,v) \tag{6-33}$$

设复原滤波器的传递函数为 $M(u,v)$,则

$$S_{\hat{f}}(u,v)=S_g(u,v)|M(u,v)|^2 \tag{6-34}$$

根据等功率谱的概念,$S_{\hat{f}}(u,v)=S_f(u,v)$,可得

$$M(u,v)=\left[\frac{1}{|H(u,v)|^2+S_n(u,v)/S_f(u,v)}\right]^{1/2} \tag{6-35}$$

则等功率谱滤波公式如下:

$$\hat{F}(u,v)=\left[\frac{1}{|H(u,v)|^2+S_n(u,v)/S_f(u,v)}\right]^{1/2} G(u,v) \tag{6-36}$$

在没有噪声情况下,$S_n(u,v)=0$,等功率谱变为逆滤波,类似于维纳滤波,等功率谱滤波复原图像时,可令 $K=S_n(u,v)/S_f(u,v)$。

【例 6-4】　用 MATLAB 提供的函数,运行图像等功率谱滤波。

解：MATLAB 代码如下所示:

```
clear,clc,close all;
Image=im2double(imread('lena.bmp'));
[n,m]=size(Image);
LEN=10;
THETA=5;
PSF=fspecial('motion', LEN, THETA);
BlurredI=conv2(PSF,Image);
```

```
[nh,mh]=size(PSF);
n=n+nh-1;
m=m+mh-1;
noise=imnoise(zeros(n,m),'salt & pepper',0.001);
BlurandnoiseI=BlurredI+noise;
h1=zeros(n,m);
h1(1:nh,1:mh)=PSF;
H=fftshift(fft2(h1));
K=sum(noise(:).^2)/sum(Image(:).^2);
M=(1./(abs(H).^2+K)).^0.5;
G=fftshift(fft2(BlurandnoiseI));
f=ifft2(ifftshift(G.*M));
result=f(1:n-nh+1,1:m-mh+1);
subplot(221),imshow(Image),title('原图');
subplot(222),imshow(BlurredI),title('运动模糊图像');
subplot(223),imshow(BlurandnoiseI),title('运动模糊噪声图像');
subplot(224),imshow(abs(result)),title('等功率谱图像');
imwrite(Image,'原图.jpg');imwrite(BlurredI,'运动模糊.jpg');
imwrite(BlurandnoiseI,'运动模糊噪声图像.jpg'); imwrite(abs(result),'等功率谱图像.jpg');
```

程序运行结果如图 6.6 所示。

(a) 原图　　　　(b) 运动模糊图像　　　(c) 运动模糊噪声图像　　(d) 等功率谱图像

图 6.6　运动模糊加高斯噪声图像等功率谱滤波复原

3. 几何均值滤波

几何均值滤波器公式如下：

$$M(u,v) = \left[\frac{H^*(u,v)}{|H(u,v)|^2}\right]^\alpha \left[\frac{1}{|H(u,v)|^2 + \gamma S_n(u,v)/S_f(u,v)}\right]^{1-\alpha} \quad (6-37)$$

其中，α、γ 为正实常数。

可以看出，当 $\alpha=1$ 时，几何均值滤波器是逆滤波器；若 $\alpha=0$ 时，则是参数化的维纳滤波器；当 $\alpha=1/2$ 且 $\gamma=1$ 时，则是等功率谱滤波器；当 $\alpha=1/2$ 时，则是普通逆滤波和维纳滤波的几何平均，即几何均值滤波器；当 $\gamma=1$ 时，若 $\alpha<1/2$，则滤波器越来越接近维纳滤波；若 $\alpha>1/2$，则滤波器越来越接近逆滤波。因此，可以通过灵活选择 α、γ 的值来获得好的平滑效果。

4. 最小二乘类约束复原

最小二乘类约束复原指除了要求了解关于退化系统的传递函数 H 之外，还需要知道某些噪声的统计特性或噪声与图像的某些相关情况。根据所了解的噪声先验知识的不同,应采用不同的约束条件,可得到不同的图像复原技术。

在最小二乘类约束复原中,复原问题表现为在满足 $\|n\|^2=\|g-H\hat{f}\|^2$ 的约束条件下,要设法寻找一个最优估计 $\hat{f}$,使形式为 $\|Q\hat{f}\|^2=\|n\|^2$ 的函数最小化。对于这类有约束最小化问题,通常采用拉格朗日乘数法进行处理。即寻找一个 $\hat{f}$,使如下准则函数最小。

$$J(\hat{f})=\|Q\hat{f}\|^2+\lambda(\|g-H\hat{f}\|^2-\|n\|^2) \tag{6-38}$$

其中,Q 为 $\hat{f}$ 的线性算子,λ 为一常数(称为拉格朗日乘子)。对式(6-38)求导可得:

$$\frac{\partial}{\partial \hat{f}}J(\hat{f})=2Q^{\mathrm{T}}Q\hat{f}-2\lambda H^{\mathrm{T}}(g-H\hat{f})=0 \tag{6-39}$$

$$\hat{f}=\left(H^{\mathrm{T}}H+\frac{1}{\lambda}Q^{\mathrm{T}}Q\right)^{-1}H^{\mathrm{T}}g \tag{6-40}$$

令 $\gamma=1/\lambda$ 可得:

$$\hat{f}=(H^{\mathrm{T}}H+\gamma Q^{\mathrm{T}}Q)^{-1}H^{\mathrm{T}}g \tag{6-41}$$

常数 λ 必须反复迭代,直到满足约束条件 $\|n\|^2=\|g-H\hat{f}\|^2$。求解式(6-41)的关键就是如何选用一个合适的变换矩阵 Q。

相对于无约束问题,有约束条件的图像复原更符合图像退化的实际情况,因此其适应面更加广泛。对式(6-41),若选择不同形式的矩阵 Q,则可得到不同类型的最小二乘类约束图像复原方法。

【例 6-5】 最小二乘类约束复原实验。

解:MATLAB 代码如下所示:

```
Image=im2double(imread('lena.bmp'));
window=15;
[N,M]=size(Image);
N=N+window-1;
M=M+window-1;
h=fspecial('average',window);
BlurI=conv2(h,Image);
sigma=0.001;
miun=0;
nn=M*N*(sigma+miun*miun);
BlurandnoiseI=imnoise(BlurI,'gaussian',miun,sigma);
figure,imshow(BlurandnoiseI),title('模糊加高斯噪声图像');
imwrite(BlurandnoiseI,'Blurrednoiseimage.jpg');
h1=zeros(N,M);
h1(1:window,1:window)=h;
H=fftshift(fft2(h1));
lap=[0 1 0;1 -4 1;0 1 0];
L=zeros(N,M);
```

```
L(1:3,1:3)=lap;
L=fftshift(fft2(L));
G=fftshift(fft2(BlurandnoiseI));
gama=0.3;step=0.01;alpha=nn*0.001;
flag=true;
while flag
    MH=conj(H)./(abs(H).^2+gama*(abs(L).^2));
    F=G.*MH;
    E=G-H.*F;
    E=abs(ifft2(ifftshift(E)));
    ee=sum(E(:).^2);
    if ee<nn-alpha
        gama=gama+step;
    elseif ee>nn+alpha
        gama=gama-step;
    else
        flag=false;
    end
end
MH=conj(H)./(abs(H).^2+gama*(abs(L).^2));
f=ifft2(ifftshift(G.*MH));
result=f(1:N-window+1,1:M-window+1);
figure,imshow(abs(result),[]),title('最小二乘类约束滤波图像');
imwrite(abs(result),'最小二乘类约束滤波图像.jpg');
```

程序运行结果如图 6.7 所示。

(a) 模糊加高斯噪声图像　　(b) 最小二乘类约束滤波图像

图 6.7　最小二乘类约束复原实验

5. Lucy-Richardson 滤波复原

Lucy-Richardson(L-R)算法是目前应用最广泛的图像复原技术之一,采用迭代的方法。Lucy-Richardson 算法能够按照泊松噪声统计标准求出与给定 PSF 卷积后,最有可能成为输入模糊图像的图像。当 PSF 已知,但图像噪声信息未知时,也可以使用这个函数进行有效的计算。

Lucy-Richardson 迭代复原图像的公式为

$$\hat{f}_{k+1}(x,y) = \hat{f}_k(x,y)\left[h(-x,-y) * \frac{g(x,y)}{h(x,y) * \hat{f}_k(x,y)}\right] \tag{6-42}$$

根据公式(6-42)就可迭代得到复原图像。对于实拍图像,要选择合适的迭代次数,以达到理想的复原效果。

MATLAB 提供的 deconvlucy() 函数,就是利用加速收敛的 Lucy-Richardson 算法对图像进行复原。deconvlucy() 函数还能够用于实现复杂图像重建的多种算法中,这些重建算法都是基于原始的 Lucy-Richardson 最大化可能性算法。deconvlucy() 函数的调用方式如下:

J=deconvlucy(I,PSF);
J=deconvlucy(I,PSF,NUMIT);
J=deconvlucy(I,PSF,NUMIT,DAMPAR);
J=deconvlucy(I,PSF,NUMIT,DAMPAR,WEIGHT);
J=deconvlucy(I,PSF,NUMIT,DAMPAR,WEIGHT,READOUT);
J=deconvlucy(I,PSF,NUMIT,DAMPAR,WEIGHT,READOUT,SUBSMPL)。

其中,I 表示输入图像;PSF 表示点扩散函数。其他参数都是可选参数:NUMIT 表示算法的重复次数,默认值为 10;DAMPAR 表示偏差阈值,默认值为 0(无偏差);WEIGHT 表示像素加权值,默认值为原始图像的数值;READOUT 表示噪声矩阵,默认值为 0;SUBSMPL 表示子采样时间,默认值为 1。

【例 6-6】 MATLAB 编程,实现 L-R 算法滤波。

解:MATLAB 代码如下所示:

```
I=im2double(imread('lena.bmp'));
figure,imshow(I),title('原图像');
PSF=fspecial('gaussian',7,10);%产生一个高斯低通滤波器,模板尺寸为[7 7],滤波器的
                              %标准差为10
V=0.0001;%高斯加性噪声的标准差
IF1=imfilter(I,PSF);%原图像通过高斯低通滤波器
BlurredNoisy=imnoise(IF1,'gaussian',0,V);%加入高斯噪声
figure,imshow(BlurredNoisy),title('高斯模糊加噪声图像');
WT=zeros(size(I));%产生权重矩阵
WT(5:end-1,5:end-4)=1;
%使用不同的参数进行复原
J1=deconvlucy(BlurredNoisy,PSF);
J2=deconvlucy(BlurredNoisy,PSF,50,sqrt(V));
J3=deconvlucy(BlurredNoisy,PSF,100,sqrt(V),WT);
subplot(141),imshow(BlurredNoisy),title('高斯模糊加噪声图像');
subplot(142),imshow(J1),title('10次迭代');
subplot(143),imshow(J2),title('50次迭代');
subplot(144),imshow(J3),title('100次迭代');
imwrite(BlurredNoisy,'高斯模糊加噪声图像.jpg'); imwrite(J1,'10次迭代.jpg');
imwrite(J2,'50次迭代.jpg'); imwrite(J3,'100次迭代.jpg');
```

程序运行结果如图 6.8 所示。

(a) 高斯模糊加噪声图像　　(b) 10 次迭代　　(c) 50 次迭代　　(d) 100 次迭代

图 6.8　L-R 算法滤波结果

6.3.3　盲解卷积复原

前面几种图像复原方法都是在知道模糊图像的点扩散函数情况下进行的，而在实际应用中，通常都要在不知道点扩散函数的情况下进行图像复原。盲解卷积复原就是在这种应用背景下提出的，不以 PSF 知识为基础的图像复原方法统称为盲解卷积复原。常见的盲解卷积复原算法有多种，如以最大似然复原法、迭代法、总变分正则化方法等。

具体实现算法有先验模糊辨识方法、非参数限定支持域恢复方法及 ARMA 参数估计方法、基于高阶统计量的非参数法等。采用先验约束模糊图像盲复原方法称为先验辨识法，该方法通过两个步骤对模糊图像进行复原。第一步，估计出模糊核；第二步，输入上步所获得的模糊核结合非盲复原方法求解，就可以获得所需的清晰图像。

MATLAB 提供了 deconvblind() 函数用于实现盲解卷积，该函数类似于加速收敛 Lucy-Richardson 算法的执行过程，同时要重建图像和 PSF。盲解卷积算法一个很好的优点是：在对失真情况（包括噪声和模糊）毫无先验知识的情况下，仍然能够实现对模糊图像的复原操作。同时，deconvblind() 与 deconvlucy() 函数一样，也可以用于实现多种复杂图像重建修改算法，而这些算法都是以原始 Lucy-Richardson 最大化可能性算法为基础的。

deconvblind() 函数的调用格式如下：

[J, PSF]= deconvblind(I, INITPSF);

[J, PSF]= deconvblind(I, INITPSF, NUMIT);

[J, PSF]= deconvblind(I, INTPSF, NUMIT, DAMPAR);

[J, PSF]= deconvblind(I, INTPSF, NUMIT, DAMPAR, WEIGHT);

[J, PSF]= deconvblind(I, INTPSF, NUMIT, DAMPAR, WEIGHT, READOUT)。

其中，I 表示输入图像；INITPSF 表示 PSF 的估计值；NUMIT 表示算法重复次数；DAMPAR 只表示偏移阈值；WEIGHT 用来屏蔽坏像素；READOUT 表示噪声矩阵；输出参数 J 表示复原后的图像；PSF 与 INITPSF 具有相同的大小，表示重建点扩散函数。

下面将通过几个程序代码实例来说明 deconvblind() 函数的使用方法。

【例 6-7】 基于 MATLAB 实现盲解卷积复原。

解：MATLAB 代码如下所示：

```
I=im2double(imread('lena.bmp'));
PSF=fspecial('gaussian',7,10);
%产生一个高斯低通滤波器,模板尺寸为[7 7],滤波器的标准差为 10
V=0.0001;%高斯加性噪声的标准差
IF1=imfilter(I,PSF);%原图像通过高斯低通滤波器
BlurredNoisy=imnoise(IF1,'gaussian',0,V);%加入高斯噪声
WT = zeros(size(I));WT(5:end-4,5:end-4) = 1;
INITPSF = ones(size(PSF));
[J,P] = deconvblind(BlurredNoisy,INITPSF,20,10 * sqrt(V),WT);
subplot(221),imshow(BlurredNoisy),title('高斯模糊加噪声图像');
subplot(222),imshow(PSF,[]),title('真实的高斯低通滤波器');
subplot(223),imshow(J),title('去模糊图像');
subplot(224),imshow(P,[]),title('估计的高斯低通滤波器');
imwrite(BlurredNoisy,'高斯模糊加噪声图像.jpg');imwrite(PSF,'真实的高斯低通滤波器.jpg');
imwrite(J,'去模糊图像.jpg');imwrite(P,'估计的高斯低通滤波器.jpg');
```

程序运行结果如图 6.9 所示。

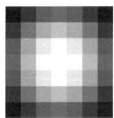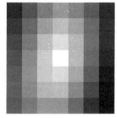

(a) 高斯模糊加噪声图像　(b) 真实的高斯低通滤波器　　(c) 去模糊图像　　(d) 估计的高斯低通滤波器

图 6.9　盲解卷积复原

在此介绍一种暗通道先验图像盲解卷积复原算法。

图像的暗通道体现了图像暗点的分布状况。暗通道的定义是由 He Kaiming 等人首次提出的，最早应用于图像去雾的问题。He 等人通过对户外大量清晰无雾的自然图像观察统计得到：在绝大多数非天空的局部区域内，某一些像素在 RGB 三色通道中至少有一个通道的像素颜色值比较低。换言之，该区域光强度的最小值是个很小的数。

He 等人通过实验发现在图像去模糊过程中，传统的算法框架会导致这些暗像素点变得不够暗，从而反应为复原图像的分辨率（清晰度）不够高，这也在文献中通过数学理论进行了推导证明。于是，He 等人提出了用于图像去模糊的暗通道模型，如下所示：

$$D(I)(x) = \min_{y \in N(x)} \left(\min_{c \in \{r,g,b\}} I^c(y) \right) \tag{6-43}$$

其中：x 和 y 是像素点；c 表示图像的颜色通道（彩色图像具有三个颜色通道，灰度图像具有两个颜色通道）；$N(x)$ 是中心在 x 像素点的图像块。暗通道先验主要被用来描述小图像块中的最小值，大多数自然的清晰图像暗通道的元素是 0，而模糊图像则不具有这样

的特征。

基于暗通道先验盲解卷积图像复原可以转化为求解下式的最优化问题，即

$$\min_{I,k} \|I \otimes k - B\|_2^2 + \gamma \|k\|_2^2 + \mu \|\nabla I\|_0 + \lambda \|D(I)\|_0 \qquad (6\text{-}44)$$

其中：I, k, B 分别代表清晰图像、模糊核和模糊图像；$D(I)$ 为暗通道；$\|\cdot\|_0$ 为 L_0 范数；γ, μ 为权重系数；$\|I \otimes k - B\|_2^2$ 为数据拟合项，即清晰图像卷积模糊核后与模糊图像的误差；$\lambda \|D(I)\|_0$ 为暗通道稀疏先验。基于暗通道先验图像复原结果如图 6.10 所示。

(a) 原始模糊图像　　　(b) 基于暗通道先验复原图像　　　(c) 估计出的模糊核

图 6.10　基于暗通道先验图像复原结果

6.4　图像重建

图像重建技术指通过物体外部测量的数据，经数字图像处理获得三维物体形状信息的技术。最早应用于放射医疗影像的应用研究中，通过对某切面作多个 X 射线投影，来获得切面的结构图像，显示人体各部分的图像，如计算机断层扫描（CT）图像、磁共振（MR）图像等。图像重建有很多方法，当人们在处理二维或三维投影数据时，真正有效的重要算法都是以 Radon 变换为数学基础的。

6.4.1　投影重建图像背景

由投影重建图像的原理很简单，可以用医学影像诊断的例子直观地加以解释。在医学上，观察一个通过人体截面的"切片"，该切片显示均匀的组织（黑色背景）中有一个肿瘤（明亮区域）。例如，通过将一束较细的 X 射线垂直通过人体，并在另一端记录测量值（该测量值正比于射线穿过人体时人体所吸收的量），可以得到这样一个区域。肿瘤吸收更多的 X 射线能量，因此有更高的吸收读数。射线束在此处遇到了通过肿瘤的最长路径。在这一点，吸收剖面就是具有的这一物体的全部信息。

单个投影无法确定沿着射线路径处理的是单个物体还是多个物体，但可以基于这种部分信息来开始重建工作。方法是沿射线射入的方向把吸收剖面投影回去，这种方法称为反投影处理，是由一个吸收剖面波形生成一幅二维数字图像的操作。这幅图像本身并没有什么价值，然而，假定我们将射线束或检测器排列旋转 $90°$，并重复投影过程。通过

把得到的反投影加到由一个吸收剖面波形生成的二维数字图像中,便得到一个垂直交叉的吸收剖面的反投影。注意,包含目标区域的灰度是图像其他主要分量灰度的两倍。

一般情况下,以不同的角度生成更多的反投影应该能够细化前面的结果。当改变角度,反投影的数量增加时,相对原始区域中的平坦区,有较大吸收区域的强度将增大,当为了显示而标定图像时,这些区域会消隐到背景中。

基于前面的讨论,给定一组一维投影和这些投影所取的角度,X 射线断层的基本问题就是由生成的投影来重建该区域的一幅图像(称为一个切片)。在实践中,通过平移垂直于射线束或检测器的物体(即人体的一个横截面)可以得到多个切片。堆叠这些切片可再现这些扫描物体内部的三维视图,实现图像重建。

这些简单的反投影可以得到粗略的近似结果,但结果通常会因为太模糊而不实用。因此,X 射线断层问题还包含一些减少反投影处理中固有模糊的技术。

6.4.2　基于 Radon 变换的图像重建

Radon 变换是数学上描述投影所需要的重要方法,是由奥地利数学家 Johann Karl August Randon 于 1917 推导的二维物体沿平行射线投影的表达式。40 余年后,被英国和美国在研制 CT 机期间重视和利用。Radon 变换是一种重要的图像处理方法,指图像沿其所在平面内的不同直线做线积分,即进行投影变换,可以获取图像在该方向上的突出特性。在此着重介绍 Radon 变换在图像重建中的应用和实现。

Radon 变换坐标系如图 6.11(a)所示,直线 L 的方程可以表示为 $\rho = x\cos\theta + y\sin\theta$。其中,$\rho$ 代表坐标原点到直线 L 的距离;$\theta \in [0, \pi]$ 是直线法线与 x 轴正方向的夹角。要将函数 $f(x,y)$ 沿直线 L 做线积分,即进行 Radon 变换,变换式可表示为

$$R(\rho, \theta) = \int_L f(x, y) \mathrm{d}s \tag{6-45}$$

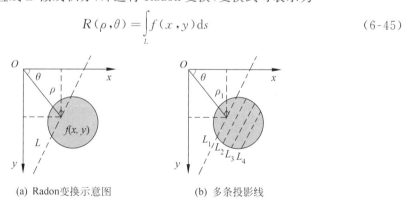

(a) Radon变换示意图　　(b) 多条投影线

图 6.11　Radon 变换坐标系

Radon 变换可以看成是 xOy 空间向 $\rho O\theta$ 空间的投影,$\rho O\theta$ 空间上的每一点对应 xOy 空间的一条直线。图像中高灰度值的线段会在 $\rho O\theta$ 空间形成亮点,而低灰度值的线段在 $\rho O\theta$ 空间形成暗点。因而,对图像中线段的检测可转化为在变换空间对亮点、暗点的检测。

二维 Radon 变换的逆变换如式(6-46)所示:

$$f(x, y) = \frac{1}{2\pi^2} \int_0^\pi \mathrm{d}\theta \int_{-\infty}^{+\infty} \frac{\partial R / \partial \rho}{x\cos\theta + y\sin\theta - \rho} \mathrm{d}\rho \tag{6-46}$$

1. Radon 正变换生成平行射线投影

MATLAB 中的 Radon 函数用来对给定的二维矩形数组生成一组平行射线投影,该函数的基本语法是 R=Radon(I, theta)。其中:I 是一个二维图像数组;theta 是角度值的一维数组。投影包含在 R 的列中,生成的投影数等于数组 theta 中的角度数。生成的投影长到足以在射线束旋转时跨越观察的宽度。当射线垂直于矩形数组的主对角线时会出现这种视图。

对于一个大小为 $M \times N$ 的输入图像数组,投影的最小长度是 $[M^2 \times N^2]^{1/2}$。当然,其他角度的投影事实上要短得多,且它们要用 0 来填充,以便所有投影的长度都相同(如所要求的那样,R 应该是一个矩形数组)。由函数 Radon 返回的实际长度,要稍大于每个像素单位面积的主对角线长度。

间距为 1 个像素的平行光束穿过图像,Radon 变换计算穿过图像长度上的积分为

$$R_\theta(x') = \int_{-\infty}^{+\infty} f(x'\cos\theta - y'\sin\theta, x'\sin\theta + y'\cos\theta) \mathrm{d}y' \qquad (6\text{-}47)$$

式中,$R_\theta(x')$ 表示积分结果。实际上,在医疗 X 射线图像上,它是射源强度与拍摄强度之差,即沿途损耗。而且:

$$\begin{pmatrix} x' \\ y' \end{pmatrix} = \begin{pmatrix} \cos\theta & \sin\theta \\ -\sin\theta & \cos\theta \end{pmatrix} \begin{pmatrix} x \\ y \end{pmatrix} \qquad (6\text{-}48)$$

Radon 函数有个更一般的语法:[R, xp]=Radon(I, theta),其中,xp 包含沿着 x' 轴的坐标值,xp 中的值用于标注图轴。R 的各行返回 theta 中各方向上的 Radon 变换值。

在 CT 算法模拟中,用来生成一幅著名图像(称为 Shepp-Logan 头部幻影)的一个函数的语法为:P=phantom(def, n)。其中:def 是一个指定生成头部幻影类型的字符串;n 是行数和列数(默认值为 256)。字符串 def 的有效值为

Shepp-Logan:计算机断层研究人员广泛使用的测试图像。这幅图像的对比度很低。

Modified Shepp-Logan:Shepp-Logan 幻影的变体,其对比度得到了改进,因此有更好的视觉效果。

【例 6-8】 利用 MATLAB 编程,针对方形图像,从 0°~180°每隔 1°计算一次 Radon 变换。

解:MATLAB 代码如下所示:

```
iptsetpref('ImshowAxesVisible','on')
I=zeros(100,100);
I(25:75,25:75)=1;
theta=0:180;
[R,xp]=Radon(I,theta);
imshow(R,[],'Xdata',theta,'Ydata',xp);
xlabel('\theta (degrees)')
ylabel('x''')
imwrite(R,'方形图形在 0°~180°上的 Radon 变换.jpg');
iptsetpref('ImshowAxesVisible','off')
```

程序运行结果如图 6.12 所示。

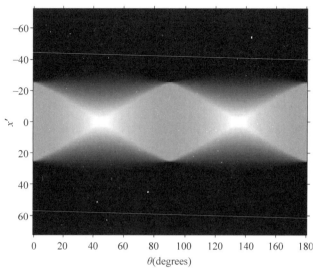

图 6.12 方形图形在 0°～180°上的 Radon 变换

2. Radon 逆变换实现投影值重建图像

在医学影像扫描中，以 X 光扫描为例，X 光通过人的身体会不断地衰减，这个衰减的量可视作沿 X 光方向上的积分。因此，水平扫描一圈可以得到一个切面的 Radon 变换结果。对于不同方向上的切面 Radon 变换结果，利用其逆变换，即可恢复出切面图形。更进一步，众多不同位置的切面图像便可构建三维结构。

在 MATLAB 图像处理工具箱中提供了 iradon 函数用于实现 Radon 逆变换。该函数常用于投影成像中，其调用格式如下。

I＝iradon(R，theta)：在求 Radon 逆变换时，是利用 R 各列中的投影值来构造图像 I 的近似值。使用的投影次数越多，所获得的图像越接近原始图像，失真也越小。对于角度 theta，必须是固定增量的均匀向量，即每次角度增值为常数。如果角度增量已知，可以作为参数取代 theta 值传入 iradon 函数。投影值含有噪声时，可以通过加窗消除高频噪声。

IR＝iradon(R，theta,'Ram-Lak')：采用 Ram-Lak 滤波(默认)。

IR＝iradon(R，theta,'Shepp-Logan')：采用 Shepp-Logan 窗做滤波；sinc 函数生成 Ram-Lak 滤波器。

IR＝iradon(R，theta,'Cosine')：采用 Cosine 窗做滤波；Cosine 函数生成 Ram-Lak 滤波器。

IR＝iradon(R，theta,'Hamming')：采用 Hamming 窗做滤波；Hamming 函数生成 Ram-Lak 滤波器。

IR＝iradon(R，theta,'Hann')：采用 Hann 窗做滤波；Hann 函数生成 Ram-Lak 滤波器。

IR＝iradon(R，theta，0.90)：允许指定归一化频率 D，高于 D 的滤波器响应为零，整个滤波器压缩在[0,D]的范围内。当系统不含高频信息而存在高频噪声时，可用来完全拟制噪声，又不会影响图像重建。

【例 6-9】 利用 Radon 函数和 iradon 函数构造一个简单图像的投影并重建图像。

解：MATLAB 代码如下所示：

```
P=phantom(256);
imshow(P);
imwrite(P,'Shepp-Logan 的大脑图.jpg');
theta1=0:10:170;
theta2=0:5:175;
theta3=0:2:178;
[R1,xp]=radon(P,theta1);
[R2,xp]=radon(P,theta2);
[R3,xp]=radon(P,theta3);
figure,imagesc(theta3,xp,R3);
imwrite(R3,'Shepp-Logan 大脑图的 Radon 变换.jpg');
xlabel('\theta');ylabel('x\prime');
figure
I1=iradon(R1,10); I2=iradon(R2,5); I3=iradon(R3,2);
subplot(131);imshow(I1); subplot(132);imshow(I2);
subplot(133);imshow(I3);
imwrite(I1,'R1 重构图像.jpg'); imwrite(I2,'R2 重构图像.jpg');
imwrite(I3,'R3 重构图像.jpg');
```

程序运行结果如图 6.13 所示。

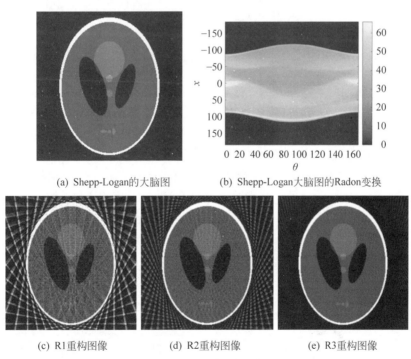

(a) Shepp-Logan的大脑图　　(b) Shepp-Logan大脑图的Radon变换

(c) R1重构图像　　(d) R2重构图像　　(e) R3重构图像

图 6.13　Radon 的逆变换重构图像

6.4.3 基于 Fan-Beam 投影的图像重建

1. Fan-Beam 投影重建

Fan-Beam 投影与 Radon 投影类似,也指图像沿着指定方向上的投影。区别在于 Radon 投影是一个平行光束;而 Fan-Beam 投影则是点光束,发散成一个扇形,因此称为扇形射线。

在 MATLAB 图像处理工具箱中,fanbeam 函数便是用于计算图像沿着指定方向上的 Fan-Beam 投影。一个二元函数 $f(x,y)$ 的投影是其一组线性积分,fanbeam 函数沿着一个光束发散路径(形成扇形)计算线性积分。如图 6.14 所示为指定旋转角度的一个 Fan-Beam 投影。

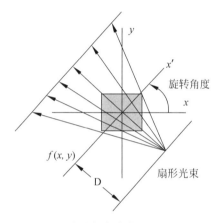

图 6.14 指定旋转角度的 Fan-Beam 投影

Fan-Beam 投影如图 6.15 所示。在使用 fanbeam 函数计算图像 Fan-Beam 投影时,需要指定一些参数,如图像 Fan-Beam 投影光束源点距离和旋转中心(图像中心像素点)等。射线数量由 fanbeam 函数根据图像大小和给定的一些参数来设定。在默认情况下,扇形光束在离旋转中心距离 D 处,沿着探测器弧形 1°的间隔分配发散光束。参数 FanSensorSpacing 指定连续扇形射线束投影间的角度增量;参数 FanRotationIncrement 指定射线间的角度增量;参数 FanSensorGenometry 指定扇形光束投影的探测器是直线还是弧线。

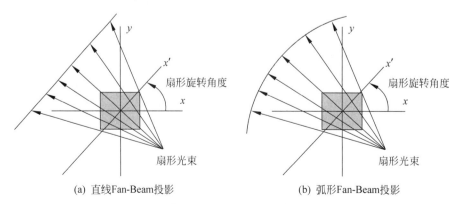

(a) 直线Fan-Beam投影   (b) 弧形Fan-Beam投影

图 6.15 Fan-Beam 投影

在 MATLAB 中提供了 fanbeam 函数用于计算 Fan-Beam 变换,其调用格式为

```
F=fanbeam(I,D);
F=fanbeam(…,param1,val1,param1,val2,…);
[F,fan_sensor_positions,fan_rotation_angles]=fanbeam(…);
```

其中:I 表示需要进行 Fan-Beam 变换的图像;D 表示光源到图像中心像素点的距离;"param1,val1,param1,val2,…"表示输入的一些参数;sensor_positions、fan_rotation_angles 分别表示返回探测器和扇形旋转角度信息。如果扇形光束投影的传感器 FanSensorGeometry 为 arc,则 sensor_positions 包含扇形光束传感器测量角度,以 degree 为单位。如果 FanSensorGeometry 是 line,则 sensor_positions 包含扇形光束传感器的线性位置,以像素为单位。

【例 6-10】 对创建的图像进行 Fan-Beam 变换。

解:MATLAB 代码如下所示:

```
iptsetpref('ImshowAxesVisible','on')
ph=phantom(128);
subplot(121);imshow(ph);
title('大脑图像');
imwrite(ph,'大脑图像.jpg');
[F,Fpos,Fangles]=fanbeam(ph,250);
subplot(122);imshow(F,[],'XData',Fangles,'YData',Fpos);
imwrite(F,'Fan-Beam 变换图像.jpg');
axis normal
xlabel('旋转角度(degrees)');
ylabel('传感器位置(degrees)');
title('Fan-Beam 变换图像');
colormap(hot);colorbar
```

程序运行结果如图 6.16 所示。

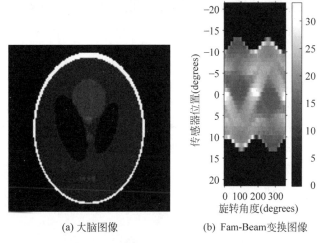

(a) 大脑图像　　(b) Fam-Beam变换图像

图 6.16　图像的 Fan-Beam 变换效果

在 MATLAB 中，从 Fan-Beam 变换数据中重构图像可以用 ifanbeam 函数来实现。该函数的调用格式为：

```
I=ifanbeam(F,D);
I=ifanbeam(…,param1,val1,param1,val2,…);
[I,H]=ifanbeam(…);
```

其中，F 表示二维 Fan-Beam 变换数据，每列数据对应一个旋转角度的 Fan-Beam 变换数据；ifanbeam 假定的投影中心点是 ceil(size(F,1)/2)；H 为返回的频率响应滤波器；"param1,val1,param1,val2,…"表示输入的一些参数。

【例 6-11】 对创建的图像进行 Fan-Beam 重构。

解：MATLAB 代码如下所示：

```
ph=phantom(128);
d=100;
F=fanbeam(ph,d);
I=ifanbeam(F,d);
subplot(121);imshow(ph);
imwrite(ph,'原始图像.jpg');
subplot(122);imshow(I);
imwrite(I,'Fan-Beam重构图像.jpg');
```

程序运行结果如图 6.17 所示。

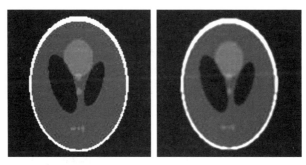

(a) 原始图像　　　　　　(b) Fan-Beam重构图像

图 6.17　Fan-Beam 重构效果

2. Radon 投影和 Fan-Beam 投影的转换

由于 Radon 投影和 Fan-Beam 投影特别类似，MATLAB 专门提供了这两种投影之间进行转换的函数——para2fan 函数和 fan2para 函数。这两个函数与 fanbeam (ifanbeam、radon 和 iradon)的调用方法类似，在此就不加以赘述了。

【例 6-12】 用 MATLAB 编程实现 Radon 投影和 Fan-Beam 投影的转换。

解：MATLAB 代码如下所示：

```
clear all;
ph=phantom(128);
theta=0:180;
[P,xp]=radon(ph,theta);
```

```
imshow(P,[],'Xdata',theta,'Ydata',xp);
axis normal
xlabel('旋转角度(degrees)');
ylabel('x''');
colorbar;
imwrite(P,'Radon 变换投影.jpg');
%把 Radon 变换数据转换成 Fan-Beam 变换数据
[F,Fpos,Fangles]=para2fan(P,100);
%再把刚才得到的 Fan-Beam 变换数据转换成 Radon 变换数据
figure
imshow(F,[],'XData',Fangles,'YData',Fpos);
axis normal
xlabel('旋转角度(degrees)');
ylabel('传感器位置(pixels)');
colorbar;
imwrite(F,'Fan-Beam 变换投影.jpg');
```

程序运行结果如图 6.18 所示。

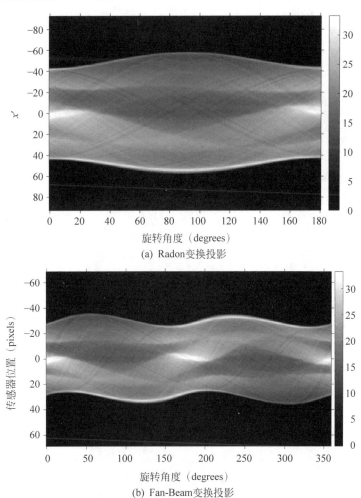

(a) Radon 变换投影

(b) Fan-Beam 变换投影

图 6.18　Radon 投影与 Fan-Beam 投影相互转换

6.5 本章小结

本章主要介绍了图像复原与图像重建技术,其中,图像退化模型的描述及其估计方法是图像复原的关键,直接决定着图像复原效果。本章着重讲解了图像的有约束和无约束代数图像复原方法和盲解卷积图像复原方法,最后讨论了适用于 X 射线应用的图像重建技术。

习题

1. 简述什么是图像复原,图像复原和图像增强的异同。
2. 试述什么是图像退化?写出离散数字图像退化模型。
3. 试述逆滤波复原的基本原理。它的主要难点是什么?如何克服?
4. 试述维纳滤波的基本原理。
5. 什么是盲复原?常用的盲复原算法有哪些?
6. 试述最小二乘复原法的原理。
7. 什么是图像重建?简述图像重建的应用。

第7章 图像压缩编码

随着信息技术的发展,图像信息已成为通信和计算机系统中的重要处理内容,越来越多的应用要求传输图像信息,如电视会议、遥感、记录文献、医疗成像、传真等。与文字信息不同,图像信息占据大量的存储容量,所用传输信道也较宽。图像的最大特点也是最大难点就是海量数据的表示与传输。例如,一幅图像为 512×512 像素,8 位量化的灰度图像要占 256KB 的磁盘空间;而一幅 512×512 像素的真彩色静止图像则占 3×256KB=768KB 的磁盘空间。如果以每秒 25 帧(一帧即一幅图像)传送此真彩色图像,则 1s 的数据量就有 25×768KB=18.75MB,那么一张 680MB 容量的 CD-ROM 仅能存储三十多秒的原始数据,即使以现在的技术,仍然难以满足原始数字图像存储和传输的需要,因此对数字图像数据的压缩成了技术进步的迫切需求。

图像压缩(image compression)是利用图像数据固有的冗余性和相关性,将一个大的图像数据文件转换成较小的同性质文件,即设法寻找有效表示图像信息的符号代码,用最少的码数传递最大的信息量。图像压缩的目的是节省图像存储空间,减少传输信道容量,缩短图像加工处理时间。本章主要介绍典型的无损压缩编码方法,如 Huffman 编码、算术编码、LZW 编码等及有损压缩编码方法,如预测编码、变换编码等。

7.1 图像编码的基本理论

7.1.1 图像数据的冗余

图像数据文件通常包含着大量冗余信息,另外还有相当数量的不相干信息,这为数据压缩技术提供了可能。数据压缩技术利用图像数据固有的冗余性和不相干性,将一个大的数据文件转换成较小的文件,图像数据压缩就是去掉数据的冗余性。一般来说,数字图像的信息冗余主要包括视觉冗余、空间冗余、时间冗余、信息熵冗余、结构冗余和知识冗余等。

1. 视觉冗余

视觉冗余指人类视觉系统不敏感或不能感知的那部分图像信息。人的眼睛对图像细节和颜色的辨认能力是有限的。研究表明,人类的视觉能力最多可辨认出上千种颜色;而彩色图像的每个像素用 24 位表示,可表示出 2^{24} 种颜色,由此可见彩色图像对人的视觉特性而言存在大量的信息冗余,称为视觉冗余。

2. 空间冗余

图像中大部分物体的表面颜色都是均匀的、连续的,图像内部相邻像素之间存在较强的相关性。因此图像数字化为像素点的数据矩阵以后,矩阵中的大量相邻数据十分接近或完全一样。这种图像内部相邻像素之间存在较强的相关性所产生的图像信息冗余称为空间冗余。

3. 时间冗余

对于以电视、电影等为代表的视频图像,视频图像信号播放过程中图像序列的不同帧之间存在大量的相关性,由此产生的信息冗余称为时间冗余。

4. 信息熵冗余

信息熵冗余又称编码冗余。如果图像中平均每个像素使用的比特数大于该图像的信息熵 H,则图像中存在信息冗余,这类冗余称为信息熵冗余。

5. 结构冗余

在许多图像中,可能存在很强的纹理结构或自相似性,或图像全局或不同部分之间存在很强的纹理结构或自相似性,由此产生的图像信息冗余称为结构冗余。

6. 知识冗余

图像中包含与某些先验知识有关的信息,由此产生的图像信息冗余称为知识冗余。

图像数据中存在的冗余信息为图像压缩编码提供了依据。图像编码的目的就是尽可能去除图像数据中存在的各种冗余信息,特别是空间冗余、视觉冗余及时间冗余,以尽可能少的比特编码表示一幅图像数据。例如,由于人眼的视觉特性对蓝色不敏感,因此,彩色图像编码时,就可以用较低的精度对蓝色分量进行编码。利用各种冗余信息,压缩编码技术就能够很好地解决将模拟信号转换为数字信号后所产生的对带宽需求增加的问题,它是使数字信号走上实用化的关键技术之一。

7.1.2 图像压缩的可能性

图像能够进行压缩有以下几方面的原因。

(1) 原始图像数据是高度相关的,存在很大的数据冗余。例如,图像内相邻像素之间的空间冗余、序列图像前后帧之间的时间冗余、多光谱遥感图像各频谱间的结构冗余等,它们造成了大量的比特数浪费,消除这些冗余就可以节约码字,大大减少数据量,达到数据压缩的目的。

(2) 人眼具有视觉冗余特性,对于某些失真不敏感或难以察觉。在许多应用场合中,并不要求经压缩及复原以后的图像和原始图像完全相同,可以允许有少量的失真,只要这些失真并不被人眼所察觉即可,这就为图像压缩提供了十分有利的条件。很多实际应用中,如果能充分利用人眼的视觉特性,采用合理的图像编码方法,就可以保证在复原图像主观质量较好的前提下大大降低图像数据量。

(3) 可以利用先验知识来实现图像编码,降低图像数据量。例如,在可视电话中,编码对象可为人的头和肩等,这时可利用对编码对象的先验知识为编码对象建立模型,通过对模型参数进行编码而不对图像直接编码,达到降低图像数据量的目的。

7.1.3 图像压缩的性能评价

在数据的有损压缩中,编码恢复的信号 $\hat{f}(x,y)$ 与原始信号 $f(x,y)$ 存在偏差。为了评价数据压缩性能,一般引入保真度准则来度量这种偏差。常用的图像压缩性能评价准则有客观评价与主观评价。

1. 客观评价

令 $f(x,y)$ 表示原始图像,$\hat{f}(x,y)$ 表示解压图像,$f(x,y)$ 与 $\hat{f}(x,y)$ 之间的偏差为

$$E(x,y) = f(x,y) - \hat{f}(x,y) \tag{7-1}$$

假定两幅图像的大小为 $M \times N$,它们之间的均方根误差 E_{ms} 为

$$E_{ms} = \frac{1}{MN} \sqrt{\sum_{x=1}^{M} \sum_{y=1}^{N} [f(x,y) - \hat{f}(x,y)]^2} \tag{7-2}$$

可以采用均方根误差作为客观保真度,进行图像压缩性能评价。数据压缩的性能评价与压缩比结合起来考虑。压缩比定义为表示原始数据所需的比特数与压缩编码后所需比特数之比,是衡量数据压缩程度的指标之一。压缩比定义为

$$C_R = n_1 / n_2 \tag{7-3}$$

其中,C_R 是压缩比;n_1 是原图像所携载的数据量;n_2 是压缩后图像所携载的数据量。一般 $C_R \geqslant 1$,C_R 越大,图像压缩程度越高。

在相同的压缩比下,均方误差越小,性能越好。反之,在相同的均方根误差下,压缩比越大,性能越好。

常用的客观保真度信噪比 SNR 和峰值信噪比 PSNR 公式为

$$\text{SNR} = 10 \lg \left\{ \frac{\sum_{x=1}^{M} \sum_{y=1}^{N} [f(x,y) - \bar{f}]^2}{\sum_{x=1}^{M} \sum_{y=1}^{N} [f(x,y) - \hat{f}(x,y)]^2} \right\} \tag{7-4}$$

$$\text{PSNR} = 10 \lg \left\{ \frac{255 \times 255 MN}{\sum_{x=1}^{M} \sum_{y=1}^{N} [f(x,y) - \hat{f}(x,y)]^2} \right\} \tag{7-5}$$

其中,SNR 和 PSNR 的单位均为分贝(dB);$\bar{f}$ 为图像 $f(x,y)$ 的平均值,即

$$\bar{f} = \frac{1}{MN} \sum_{x=1}^{M} \sum_{y=1}^{N} f(x,y) \tag{7-6}$$

在相同的压缩比下,信噪比 SNR 和峰值信噪比 PSNR 越大,性能越好。反之,在信噪比 SNR 或峰值信噪比 PSNR 下,压缩比越大性能越好。

2. 主观评价

主观评价指人对图像质量的主观感觉,因为解压图像最终是给人观看的,所以在图像压缩性能评价中,主观评价往往更实用、更重要。一种常用的主观评价方法是把图像展示给一组观察者,把他们对该图像的评价结果加以平均,以该平均结果来评价图像的

主观质量。主观评价可参照某种绝对尺度,有关电视图像的绝对评价如表7.1所示。

表7.1　电视图像的主观评价打分标准

评分	评价	说　　明
1	优秀	图像质量非常好,人能想象出的最好质量
2	良好	图像质量好,观看舒服,有干扰但不影响观看
3	可用	图像质量可接受,有干扰但不太影响观看
4	刚可看	图像质量差,干扰有些妨碍观看,观察者都希望改进
5	差	图像质量很差,妨碍观看的干扰始终存在,几乎无法观看
6	不能用	图像质量极差,不能使用

7.1.4　图像编码方法的分类

图像编码方法目前已有多种,其分类方法根据出发点不同而有差异,可以从多个角度对其进行以下分类。

1. 根据编码对象不同分类

编码对象不同,可去除的冗余信息也不相同,具体的编码方法也会有很大差别。根据编码具体对象可分为静止图像编码、序列图像编码、传真文件编码等,也可以分为二值图像编码、灰度图像编码和彩色图像编码等。

2. 根据编码后图像与原始图像之间是否有信息丢失分类

根据编码前后图像之间是否有信息丢失,图像压缩分为无损压缩和有损压缩两大类。无损压缩中改变的仅仅是图像数据中冗余的表示方式,经解码后,重建图像和原始图像没有任何失真,常用于保存珍贵资料、遥感图像、医学图像等,目前技术所能提供的压缩比一般在2∶1到10∶1之间。而这样的压缩比还不能满足很多领域的需要,为了得到更好的压缩效果,就需要牺牲部分次要信息和图像质量,使解码图像与原图像相比有失真,不能恢复原图像,这就是有损压缩算法,只能用于容许有一定的信息损失的场合,在数字电视、网络视频电话、多媒体等场合常采用这类压缩方法。

3. 根据编码原理分类

根据编码原理可以将图像编码分为熵编码、预测编码、变换编码和混合编码等。

(1) 熵编码。熵编码又称为统计编码,是一种建立在图像统计特性基础之上的数据压缩方法。其基本原理是出现概率较大的符号用一个短码字表示,而出现概率小的符号用长码字表示,从而使平均码长很小。常见的熵编码有行程编码、霍夫曼编码和算术编码。

(2) 预测编码。基于图像数据的空间或时间冗余特性,用相邻的已知像素(或像素块)来预测当前像素(或像素块)的值,然后再对预测误差进行量化和编码,预测编码可分为帧内预测和帧间预测。常用的预测编码有差值编码和运动补偿编码。

(3) 变换编码。将空间域中描述的图像经过正交变换映射到变换域上进行描述,达到改变能量分布的目的,实现对信源图像数据的有效压缩。常见的变换编码有DCT变换编码、DFT变换编码、小波变换编码。

(4) 混合编码。指编码过程中，综合了熵编码、变换编码和预测编码的编码方法，主要包括静止图像和运动图像的压缩标准系列。常见的混合编码如 JPEG 编码和 MPEG 编码。

(5) 其他编码方法。其他编码方法还有很多，近年来出现了很多新的压缩编码方法，如使用人工神经网络的压缩编码、分形编码、小波编码、基于模型的压缩编码和基于对象的压缩编码等。

7.1.5 图像编码术语

(1) 图像熵与平均码长。令图像灰度级集合为 $\{d_1, d_2, \cdots, d_m\}$，其对应的概率分别为 $\{p(d_1), p(d_2), \cdots, p(d_m)\}$，熵定义为

$$H = -\sum_{i=1}^{m} p(d_i) \log_2 p(d_i) \tag{7-7}$$

熵的单位为 bit/字符，图像熵表示图像灰度级集合的比特数均值或者说描述了图像信源的平均信息量。如果令 $m = 2^L$，当灰度级集合 $\{d_1, d_2, \cdots, d_m\}$ 出现的概率 d_i 相等时（均为 2^{-L}），熵 H 最大，且等于 L，即 $H = L$。只有当 d_i 不等时，$H < L$。

借助熵的概念，可以定义平均码长度量编码的性能准则：

$$\bar{L} = \sum_{i=1}^{L} L_i p(d_i) \tag{7-8}$$

式中，L_i 为灰度级 d_i 所对应的码字的长度；$\bar{L}$ 的单位是 bit/字符。

(2) 编码效率。编码效率定义为

$$\eta = \frac{H}{\bar{L}} \times 100\% \tag{7-9}$$

如果 $\bar{L}$ 与 H 相等，编码效果最佳；$\bar{L}$ 远大于 H，编码效果较差。

7.2 图像的无损压缩编码

无损压缩编码方法指编码后的图像可完全恢复为原图像的压缩编码方法，在编码系统中也称为熵编码。本节主要介绍传统的无损压缩编码方法：霍夫曼编码、算术编码、LZW 编码。

7.2.1 无损压缩编码理论基础

1. 等长编码和变长编码

若每个信源符号都是以相同长度的二进制码表示，称为等长编码，其优点是编码方法简单，缺点是编码效率低。要提高图像的编码效率，可采用不等长编码（或称为变长编码），变长编码一般比等长编码所需码长要短。下面具体说明一下等长编码和变长编码。

假设有一原始信源符号序列为$\{x_1,x_4,x_4,x_1,x_2,x_1,x_1,x_4,x_1,x_3,x_2,x_1,x_4,x_1,x_1\}$,其中含4个符号元素$x_1$、$x_2$、$x_3$、$x_4$。该序列以等长编码的码字输出为

x_1	x_2	x_3	x_4
00	01	10	11

则该信源符号序列编码后存储为

x_1	x_4	x_4	x_1	x_2	x_1	x_1	x_4	x_1	x_3	x_2	x_1	x_4	x_1	x_1
00	11	11	00	01	00	00	11	00	10	01	00	11	00	00

存储该信源序列需用 30bit。通过观察,符号x_1、x_2、x_3、x_4出现的频率不一样,x_1出现 8 次,x_2出现 2 次,x_3出现 1 次,x_4出现 4 次。于是,把等长编码方式改为变长编码方式,出现次数多的用短的码字表示,出现次数少的用长的码字表示,其对应的编码码字输出为

x_1	x_2	x_3	x_4
0	110	111	10

则,可重新编码为

x_1	x_4	x_4	x_1	x_2	x_1	x_1	x_4	x_1	x_3	x_2	x_1	x_4	x_1	x_1
0	10	10	0	110	0	0	10	0	111	110	0	10	0	0

用新的编码存储该信源序列需用 25bit,从而减少了信源存储的数据量。

在变长编码中,对于出现概率较大的信息符号赋予短字长的码,对于出现概率较小的符号赋予长字长的码。如果编码的码字长度严格按照所对应的信息符号出现的概率大小逆顺序排列,则其平均码字长度为最小,这就是变长最佳编码定理。

2. Shannon 无失真编码定理

对于离散信源 X,对其编码时每个字符能达到的平均码字长度需满足式(7-10):

$$H(X) \leqslant \bar{L} < H(X) + \varepsilon \tag{7-10}$$

其中,$\bar{L}$ 为编码的平均码字长度;ε 为任意小的正数;$H(X)$为信源 X 的熵。

Shannon 无失真编码定理一方面指出了每个字符平均码字长度的下限为信源的熵,另一方面说明存在任意接近该下限的编码。通常,这样的编码可通过变字长编码和信源的扩展来实现。例如,基于图像概率分布特性的霍夫曼编码、算术编码和基于图像相关性的 LZW 编码等。

7.2.2 霍夫曼编码

霍夫曼编码的理论基础是变长最佳编码定理。霍夫曼编码是 Huffman 于 1952 提出

来的,在具有相同信源概率分布时,它的平均码长比其他任何一种变长编码方法都短。其理论来源于信息论中的信源编码理论,当平均码长远大于图像信息熵时,表明这时编码方法效率很低;当平均码长等于或接近(但不会大于)图像熵时,称此编码方法为最佳编码。

霍夫曼编码的基本步骤如下。

(1) 统计信源字符序列中各符号出现的概率,将各字符出现的概率按由大到小的顺序排列。

(2) 将最小的两个概率相加,合并成新的概率,与其他概率再重新按由大到小的顺序进行排列。

(3) 重新排列后将两个最小概率相加合并为新的概率,即重复步骤(2)直到最后两个概率之和为1。

(4) 对每个概率相加的组合中,概率大的指定为0,概率小的指定为1(或者概率大的指定为1,小的指定为0),若两者相等,则可以指定任意一个为0,而另一个为1。

(5) 找出由每一个信源字符到达概率为1处的路径,顺序记录沿路径的每一个1和0的数字编码。

(6) 反向写出编码,即为该信源字符的霍夫曼编码。

下面以信源 a_0、a_1、a_2、a_3、a_4、a_5 及概率分布为 0.4、0.3、0.1、0.1、0.06、0.04 为例,详细说明霍夫曼编码的过程。

图 7.1 说明了在二值编码情况下的这种处理过程,在最左边,一个假设的信源符号集合和它们的概率从上到下按概率递减的顺序排列。

原始信源		信源化简			
符号	概率	步骤1	步骤2	步骤3	步骤4
a_0	0.4	0.4	0.4	0.4	0.6
a_1	0.3	0.3	0.3	0.3	0.4
a_2	0.1	0.1	0.2	0.3	
a_3	0.1	0.1	0.1		
a_4	0.06	0.1			
a_5	0.04				

图 7.1 霍夫曼信源化简例图

霍夫曼编码过程的第二步是对每个化简后的信源进行编码,先从消减到最小的信源开始,一直赋值到初始信源。对于一个只有两个符号信源,可以分别用0和1将这两个符号信源区分开。这里赋0或1是任意的,掉转0、1并不影响最终的结果,但通常应当确定概率大的用0表示,概率小的用1表示。对于不可分的信源,符号编码即确定,而对于可分的信源,继续按上面的方法进行编码,直到初始信源,即所有信源符号都已经确定了变长码。图 7.2 是霍夫曼编码赋值过程的示例。

因此,其霍夫曼编码为:

信源	a_0	a_1	a_2	a_3	a_4	a_5
概率	0.4	0.3	0.1	0.1	0.06	0.04
编码	1	00	011	0100	01010	01011

原始信源		信源编码赋值									
符号	概率	编码	概率	编码	概率	编码	概率	编码	概率	编码	
a_0	0.4	1	0.4	1	0.4	1	0.4	1	0.6	0	
a_1	0.3	00	0.3	00	0.3	00	0.3	00	0.4	1	
a_2	0.1	011	0.1	011	0.2	010	0.3	01			
a_3	0.1	0100	0.1	0100	0.1	011					
a_4	0.06	01010	0.1	0101							
a_5	0.04	01011									

图 7.2 霍夫曼编码赋值过程图例

下面看一看例子中霍夫曼编码的编码效率。

平均码长 $\bar{B}$ 为

$$\bar{B} = \sum_{k=0}^{N-1} B_k P_k$$
$$= 1 \times 0.4 + 2 \times 0.3 + 3 \times 0.1 + 4 \times 0.1 + 5 \times 0.06 + 5 \times 0.04$$
$$= 2.2$$

图像信源熵 H 为

$$H = -\sum_{k=0}^{N-1} P_k \log_2 P_k$$
$$= -[0.4 \times \log_2 0.4 + 0.3 \times \log_2 0.3 + 0.1 \times \log_2 0.1 + $$
$$0.1 \times \log_2 0.1 + 0.06 \times \log_2 0.06 + 0.04 \times \log_2 0.04]$$
$$= 2.14$$

对于这个信源,采用霍夫曼编码的编码效率 η 为

$$\eta = \frac{H}{\bar{B}} \times 100\% = \frac{2.14}{2.2} \times 100\% = 97.3\%$$

如果采用等长编码,由于有 6 个符号,则需要用 3 比特来表示。即平均码长为 3,编码效率为 71.3%。

霍夫曼编码的特点有以下 5 方面。

(1) 当图像灰度值分布很不均匀时,霍夫曼编码效率比较高;而在图像灰度值的概率分布比较均匀时,霍夫曼编码的效率就低。

(2) 对不同概率分布的信源,霍夫曼编码的编码效率各不相同。对于二进制编码体系,当信源概率为 2 的负幂次方时,霍夫曼编码的编码效率可达 100%,其平均码字长度也很短;而当信源概率为均匀分布时,其编码效果明显降低。也就是说,在信源概率接近于均匀分布时,一般不使用霍夫曼编码。

(3) 霍夫曼编码方法产生的编码不是唯一的。编码过程中在给两个最小概率的灰度值进行编码时,既可以是大概率为 0,小概率为 1;也可以是大概率为 1,小概率为 0。另外,当两个灰度值出现的概率相等时,0 和 1 的分配也是随机的,因此编码不具唯一性。

(4) 霍夫曼编码需建立在已知图像数据信息的概率分布特性的基础上,才可以实现图像数据编码,若信源符号很多,那么码表就会很大,这必将影响到存储、编码与传输。

因此,有些观点认为霍夫曼编码缺乏构造性。

(5) 霍夫曼编码方法对图像数据进行编码时,需两次读取图像数据。第一次是为了计算每个数据出现的概率,并对各数据出现的概率进行排序,在排序过程中获得各数据的编码值;第二次读取数据是以转换表格中的编码值代替图像数据存入图像编码文件中。

【例 7-1】 基于 MATLAB 实现霍夫曼编码。

解:MATLAB 代码如下所示:

```
clc;clear;
%load image
Image=[0 1 3 2 1 3 2 1; 0 5 7 6 2 5 6 7; 1 6 0 6 1 6 3 4; 2 6 7 5 3 5 6 5;
       3 2 2 7 2 6 1 6; 2 6 5 0 2 7 5 01; 1 2 3 2 1 2 1 2; 3 1 2 3 1 2 2 1];
[h w]=size(Image);    totalpixelnum=h*w;
len=max(Image(:))+1;
for graynum=1:len
    gray(graynum,1)=graynum-1;%将图像的灰度级统计在数组 gray 第一列
end
%将各个灰度出现的频数统计在数组 histgram 中
for graynum=1:len
    histgram(graynum)=0;    gray(graynum,2)=0;
    for i=1:w
        for j=1:h
            if gray(graynum,1)==Image(j,i)
                histgram(graynum)=histgram(graynum)+1;
            end
        end
    end
    histgram(graynum)=histgram(graynum)/totalpixelnum;
end
histbackup=histgram;
%找到概率序列中最小的两个,相加,依次增加数组 hist 的维数,存放每一次的概率和,同时将原
%概率屏蔽(置为 1.1)
%最小概率的序号存放在 tree 第一列中,次小的放在第二列
sum=0;    treeindex=1;
while(1)
    if sum>=1.0
        break;
    else
        [sum1,p1]=min(histgram(1:len));    histgram(p1)=1.1;
        [sum2,p2]=min(histgram(1:len));    histgram(p2)=1.1;
        sum=sum1+sum2;            len=len+1;        histgram(len)=sum;
        tree(treeindex,1)=p1;        tree(treeindex,2)=p2;
        treeindex=treeindex+1;
    end
end
```

```
%数组gray第一列表示灰度值,第二列表示编码码值,第三列表示编码的位数
for k=1:treeindex-1
    i=k;    codevalue=1;
    if or(tree(k,1)<=graynum,tree(k,2)<=graynum)
        if tree(k,1)<=graynum
            gray(tree(k,1),2)=gray(tree(k,1),2)+codevalue;
            codelength=1;
            while(i<treeindex-1)
                codevalue=codevalue*2;
                for j=i:treeindex-1
                    if tree(j,1)==i+graynum
                        gray(tree(k,1),2)=gray(tree(k,1),2)+codevalue;
                        codelength=codelength+1;
                        i=j;    break;
                    elseif tree(j,2)==i+graynum
                        codelength=codelength+1;
                        i=j;    break;
                    end
                end
            end
            gray(tree(k,1),3)=codelength;
        end
        i=k;    codevalue=1;
        if tree(k,2)<=graynum
            codelength=1;
            while(i<treeindex-1)
                codevalue=codevalue*2;
                for j=i:treeindex-1
                    if tree(j,1)==i+graynum
                        gray(tree(k,2),2)=gray(tree(k,2),2)+codevalue;
                        codelength=codelength+1;
                        i=j;    break;
                    elseif tree(j,2)==i+graynum
                        codelength=codelength+1;
                        i=j;    break;
                    end
                end
            end
            gray(tree(k,2),3)=codelength;
        end
    end
end
%把gray数组的第二三列,即灰度的编码值及编码位数输出
for k=1:graynum
    A{k}=dec2bin(gray(k,2),gray(k,3));
```

```
end
disp('编码');
disp(A);
```

需要说明,可以给相加的两个概率制定为 0 或 1,所以上述过程编出的最佳码并不唯一,但其平均码长是一样的,所以不影响编码效率和数据压缩性能。

7.2.3 算术编码

算术编码是另一种变长无损编码方法,与霍夫曼编码不同,它无须为一个符号设定一个码字,即不存在源符号和码字间的一一对应关系。经算术编码后输出的码字对应整个符号序列,而每个码字本身确定了 0 和 1 之间的 1 个实数区间。

算术编码的基本原理为:将输入图像看作一个位于[0,1)区间的信息符号序列;将区间[0,1)划分为若干个子区间,各个子区间互不重叠,每个子区间有一个唯一的起始值或左端点;当对输入的符号序列编码时,依据符号出现概率来划分子区间宽度。符号序列越长,相应的子区间越窄,编码表示该子区间所需的位数就越多,码字越长。

在算术编码过程中,对输入的符号序列进行算术运算的迭代递推关系式为

$$\left.\begin{aligned} \text{Start}_N &= \text{Start}_B + \text{Left}_C \times L \\ \text{End}_N &= \text{Start}_B + \text{Right}_C \times L \end{aligned}\right\} \quad (7\text{-}11)$$

其中,Start_N、End_N 分别为新子区间的起始位置和终止位置;Start_B 为前子区间的起始位置;Left_C 和 Right_C 分别为当前符号的区间起始位置和终止位置;L 为前子区间的宽度。

【例 7-2】 设图像信源编码可用 a、b、c、d 这 4 个符号来表示,若图像信源字符集为{dacba},信源字符出现的概率分别如表 7.2 所示,采用算术编码对该图像信源字符集编码。

表 7.2 信源及其分布概率

信源字符	a	b	c	d
出现概率	0.4	0.2	0.2	0.2

首先,根据已知条件和数据可知,信源各字符在区间[0,1)内的子区间间隔分别如下:

a=[0.0,0.4)   b=[0.4,0.6)   c=[0.6,0.8)   d=[0.8,1.0)

然后分别对信源字符集进行编码,根据算数编码迭代公式,计算新区间。

(1) 第 1 个被压缩的字符为 d,其初始子区间为[0.8,1.0)。

(2) 第 2 个被压缩的字符为 a。

由于其前面的字符取值区间为[0.8,1.0),而字符 a 应在前一字符区间间隔[0.8,1.0)的[0.0,0.4)子区间内,可得

$$\text{Start}_N = 0.8 + 0.0 \times (1.0 - 0.8) = 0.8$$
$$\text{End}_N = 0.8 + 0.4 \times (1.0 - 0.8) = 0.88$$

字符串 da 的编码区间为[0.8,0.88),宽度为 0.08。

(3) 第 3 个被压缩的字符为 c,由于其前面的字符取值区间为 [0.8,0.88),因此,字符 c 应在前一字符区间间隔 [0.8,0.88) 的 [0.6,0.8) 子区间内,可得

$$\text{Start}_N = 0.8 + 0.6 \times (0.88 - 0.8) = 0.848$$
$$\text{End}_N = 0.8 + 0.8 \times (0.88 - 0.8) = 0.864$$

字符串 dac 的编码区间为 [0.848,0.864),宽度为 0.016。

(4) 第 4 个被压缩的字符为 b,由于其前面的字符取值区间为 [0.848,0.864),因此,字符 b 应在前一字符区间间隔 [0.848,0.864) 的 [0.4,0.6) 子区间内,可得

$$\text{Start}_N = 0.848 + 0.4 \times (0.864 - 0.848) = 0.8544$$
$$\text{End}_N = 0.848 + 0.6 \times (0.864 - 0.848) = 0.8576$$

字符串 dacb 的编码区间为 [0.8544,0.8576),宽度为 0.0064。

(5) 第 5 个被压缩的字符为 a,由于其前面的字符取值区间为 [0.8544,0.8),因此,字符 a 应在前一字符区间间隔 [0.8544,0.8576) 的 [0.0,0.4) 子区间内,可得

$$\text{Start}_N = 0.8544 + 0.0 \times (0.8576 - 0.8544) = 0.8544$$
$$\text{End}_N = 0.8544 + 0.4 \times (0.8576 - 0.86544) = 0.855\ 68$$

字符串 dacba 的编码区间为 [0.8544,0.855 68)。

经过上述计算,字符集 {dacba} 被描述在实数 [0.8544,0.855 68) 子区间内,即该区间内的任一实数值都唯一对应该符号序列 {dacba},因此,可以用 [0.8544,0.855 68) 内的一个实数表示字符集 {dacba}。

所以,[0.8544,0.855 68) 子区间的二进制表示形式为 [0.110 110 101 000 011 0,0.110 110 110 000 110 1)。在该区间内的最短二进制代码为 0.110 110 11,去掉小数点及其前的字符,从而得到该字符序列的算术编码为 11011011。编码 11011011 唯一代表字符序列 {dacba},因此,平均码字长度为

$$R = \frac{8}{5} = 1.6 \text{bit}/ \text{字符}$$

算术编码可以通过硬件电路实现,在上述乘法运算,可以通过右移来实现,因此在算术编码算法中只有加法和移位运算。

【例 7-3】 基于 MATLAB 实现算术编码。

解:MATLAB 代码如下所示:

```
clc;clear;
%load image
Image=[1 2 3 4 2];
[h w col]=size(Image);   pixelnum=h*w;
graynum=max(Image(:))+1;
for i=1:graynum
    gray(i)=i-1;
end
histgram=zeros(1,graynum);
for i=1:w
    for j=1:h
        pixel=uint8(Image(j,i)+1);
```

```
            histgram(pixel)=histgram(pixel)+1;
        end
end
histgram=histgram/pixelnum;%将各个灰度出现的频数统计在数组 histgram 中
disp('灰度级');disp(num2str(gray));
disp('概率');disp(num2str(histgram))
disp('每一行字符串及其左右编码:')
for j=1:h
    str=num2str(Image(j,:));     left=0;     right=0;
    intervallen=1;               len=length(str);
    for i=1:len
        if str(i)==' '
            continue;
        end
        m=str2num(str(i))+1;     pl=0;       pr=0;
        for j=1:m-1
            pl=pl+histgram(j);
        end
        for j=1:m
            pr=pr+histgram(j);
        end
        right=left+intervallen * pr; left=left+intervallen * pl;
        %间隔区间起始和终止端点
        intervallen=right-left; %间隔区间宽度
    end
    %输入图像信息数据
    disp(str);
    %编码输出间隔区间
    disp(num2str(left));  disp(num2str(right))
    temp=0;   a=1;
    while(1)
        left=2 * left;
        right=2 * right;
    if floor(left)~=floor(right)
        break;
    end
    temp=temp+floor(left) * 2^(-a);
    a=a+1;
    left=left-floor(left);
    right=right-floor(right);
    end
    temp=temp+2^(-a);
    ll=a;
    %寻找最后区间内的最短二进制小数和所需的比特位数
    disp(num2str(temp));   disp(ll);
```

```
%算术编码的编码码字输出
disp('算术编码的编码码字输出:');
%yy=DEC2bin(temp,ll)
%简单地将10进制转化为N为2进制小数
for ii= 1: ll
    temp1=temp * 2;
    yy(ii)=floor(temp1);
    temp=temp1-floor(temp1);
end
disp(num2str(yy));
end
```

7.2.4 游程编码

游程编码是一种比较简单的压缩算法,其基本思想是将重复且连续出现多次的字符使用(连续出现次数,某个字符)来描述。

如一个字符串:AAAAABBBBCCC。使用游程编码可以将其描述为:5A4B3C。其中,5A表示这个地方有5个连续的A,同理,4B表示有4个连续的B,3C表示有3个连续的C,其他情况以此类推。原字符串需要12个字符才能描述,而使用游程编码压缩之后只需要6个字符就可以表示,还原回去的时候只需要将字符重复n次即可,这是个原理非常简单的算法。

那么在不同情况下这个编码的效果如何呢,假如采用定长1字节来描述连续出现次数,并且一个字符占用1字节,那么描述(连续出现次数,某个字符)需要的空间是2字节,只要这个连续出现次数大于2就能够节省空间,例如,AAA占用3字节,编码为(3,A)占用2字节,能够节省1字节的空间,可以看出连续出现的次数越多压缩效果越好,节省的空间越大,对一个字符编码能够节省的空间等于连续出现次数减2。很容易推出连续出现次数等于2时占用空间不变,例如,AA占用2字节,编码为(2,A)仍然占用2字节,白白浪费了对其编码的资源却没有达到节省空间的效果,还有更差的情况,就是连续出现次数总是为1,这个时候会越压越大,例如,A占用1字节,编码为(1,A)占用2字节,比原来多了1字节,这种情况就很悲剧,一个1M的文件可能一下给压缩成了2M,这是能够出现的更糟糕的情况,相当于在文件的每一字节前面都插入了一个多余的字节0X01(这个字节表示连续出现次数为1),这种情况说明不适合使用游程编码,事实上,绝大多数数据的特征都属于第三种情况,不适合使用游程编码。

游程压缩对二值图像的压缩也是非常有效的。

【例7-4】 基于MATLAB采用游程编码压缩二值图像。

解:MATLAB代码如下所示:

```
close all;clear all;clc;
%MATLAB 游程编解码 二值图像
I1 = imread('lena.jpg');
I2 = I1(:);
```

```
I2length = length(I2);
I3 = im2bw(I1,0.5);                        %将原图像转换为二值图像,阈值为 0.5
X = I3(:);
L = length(X);
j = 1;
I4(1) = 1;
for z=1:1:(length(X)-1)
    if X(z) == X(z+1)
        I4(j) = I4(j) + 1;
    else
        data(j) = X(z);
        j = j+1;
        I4(j) = 1;
    end
end
data(j) = X(length(X));
I4length = length(I4);
CR = I2length/I4length;                    %压缩前与压缩后的比值
%游程编码解压
l = 1;
for m=1:I4length
    for n=1:1:I4(m)
        decode_image1(l) = data(m);
        l = l+1;
    end
end
decode_image = reshape(decode_image1,256,256);
figure,
x = 1:1:length(X);
subplot(131),plot(x,X(x));
y = 1:1:I4length;
subplot(132),plot(y,I4(y));
u = 1:1:length(decode_image1);
subplot(133),plot(u,decode_image1(u));
figure,
subplot(121),imshow(I3);
subplot(122);imshow(decode_image);
disp('压缩比:')
disp(CR);
disp('原图像数据的长度:')
disp(L);
disp('压缩后图像数据的长度:')
disp(I4length);
disp('解压后图像数据的长度:')
disp(length(decode_image1));
```

运行上述代码后,输出的压缩比为 20.5700,原图像数据的长度为 65 536,压缩后图像数据的长度为 3186,解压后图像数据的长度为 65 536。

7.2.5 LZW 编码

LZW 编码是一种基于字典的编码方法,能减少或消除图像中的像素间冗余。20 世纪 70 年代末,以色列技术人员 J. Ziv 和 A. Lenmplel 在 1977 年和 1978 年的两篇文章中提出了两种不同但又有联系的编码技术——LZ77 和 LZ78。这两种压缩完全不同于霍夫曼编码和算术编码的传统思路,和成语辞典的例子颇为相似。因此,人们将基于这一思路的编码方法称为"字典"式编码。1984 年,T. A. Welch 以"LZW 算法"为名给出了 LZ78 算法的实用修正形式,并立即成为 UNIX 等操作系统中的标准文件压缩命令。LZW 算法的显著特点是,算法逻辑简单、具有自适应性能、硬件廉价和运算速度快,已经被收入主流的图像文件格式中,如图形交换格式(GIF)、标记图像文件格式(TIF)和可移植文件格式(PDF)等。

LZW 编码的基本思想是:把数字图像看作一个一维字符串,在编码处理的开始阶段,先构造一个对图像信源符号进行编码的码本或"字典";在编码器压缩扫描图像的过程中动态更新字典;每当发现一个字典中没有出现过的字符序列,就由算法决定其出现的位置;下次再碰到相同字符序列,就用字典索引值代替字符序列。很明显,字典的大小是一个很重要的系统参数。如果字典太小,灰度级序列匹配会变得不太可能;如果太大,码本的尺寸反而会影响压缩性能。

LZW 编码算法的具体步骤如下。

(1) 建立初始化字典,包含图像信源中所有可能的单字符串,并且在初始化字典的末尾添加两个符号 LZW_CLEAR 和 LZW_EOI。LZW_CLEAR 为编码开始标识,LZW_EOI 为编码结束标志。

(2) 定义 R,S 为存放字符串的临时变量。取"当前识别字符序列"为 R,且初始化 R 为空。从图像信源数据流的第一个像素开始,每次读取一个像素并赋予 S。

(3) 判断生成的新连接字串 RS 是否在字典中:①若 RS 在字典中,则令 R=RS,且不生成输出代码;②若 RS 不在字典中,则把 RS 添加到字典中,且令 R=S,编码输出为 R 在字典中的位置。

(4) 依次读取图像信源数据流中的每个像素,判断图像信源数据流中是否还有码字要译。如果"是",则返回到步骤(2)。如果"否",则把当前识别字符序列 R 在字典中的位置作为编码输出,然后输出结束标志 LZW_EOI 的索引。

(5) 编码结束。

下面用一个实例来说明 LZW 编码的过程。

【例 7-5】 基于 MATLAB 实现图像 LZW 编码。

解:MATLAB 代码如下所示:

```
clc;clear;
Image=[30 30 30 30;110 110 110 110;
       30 30 30 30;110 110 110 110];
```

```
    [h w col]=size(Image);
    pixelnum=h*w;      graynum=256;
    %graynum=max(Image(:))+1;
    if col==1
        graystring=reshape(Image',1,pixelnum);%灰度图像从二维信号变为一维信号
        for tablenum=1:graynum
            table{tablenum}=num2str(tablenum-1);
        end
        len=length(graystring);    lzwstring(1)=graynum;
        R='';          stringnum=1;
        for i=1:len
            S=num2str(graystring(i));
            RS=[R,S];       flag=ismember(RS,table);
            if flag
                R=RS;
            else
                lzwstring(stringnum)=find(cellfun(@(x)strcmp(x,R),table))-1;
                stringnum=stringnum+1;    tablenum=tablenum+1;
                table{tablenum}=RS;       R=S;
            end
        end
        lzwstring(stringnum)=find(cellfun(@(x)strcmp(x,R),table))-1;
        disp('LZW 码串: ')
        disp(lzwstring)
    end
```

LZW 编码有如下性质。

(1) 自适应性。LZW 码从一个空的符号串表开始工作,然后在编码过程中逐步生成表中的内容。从这个意义上讲,算法是自适应性的。

(2) 前缀性。表中任何一个字符串的前缀字符串也在表中,即任何一个字符串 R 和某一个字符 S 组成一个字符串 RS,若 RS 在串表中,则 R 也在表中。编码前可以将其初始化以包含所有的单字符串,在压缩过程中,串表中不断产生正在压缩的信息的新字符串,存储新字符串时也保存新字符串 RS 的前缀 R 相对应的码字。

(3) 动态性。LZW 编码算法在编码过程中所建立的字符串表是动态生成的,因此,在压缩文件中不必保存字符串表。

7.3 图像的有损压缩编码

有损压缩编码是以牺牲重构的准确度为代价,换取更大的压缩能力为基础的编码方式。一般来说,无损压缩技术很难获取大于 10 倍的压缩能力,通常对于单色图像的无损压缩比都小于 3∶1。而有损压缩,即使是产生不易察觉的失真,压缩比都可以达到 100∶1。在对图像质量要求不高的情况下,还可以获取更大的压缩比。有损压缩与无损压缩方法

之间主要的区别在于是否存在量化环节。

对图像信源进行有损编码主要采用了两种基本方法：一种是预测编码，其原理是根据图像的相关性先进行预测，再对预测误差进行编码；另一种是变换编码，其原理是对图像信号进行去除相关性的处理，然后再对其作独立信源对待。

7.3.1 有损预测编码

在 7.2 节无损压缩中，介绍的预测编码并不直接传送图像样值本身，而是对实际样值与预测值之间的差值，即预测误差进行编码和传送。如果在压缩过程中，允许部分次要信息解压图像可以有一定的失真时，可以利用人的主观视觉特性，对预测误差再一次量化，减少符号量，然后再编码，从而获得更高的压缩比。但是不能直接对预测误差进行量化后直接编码得到压缩数据，这样会产生量化误差的累积。实际的有损预测编码系统如图 7.3 所示。量化器被放置于符号编码器和预测误差产生处之间，把原来无损编码器中的整数舍入模块吸收了进来。它将预测误差映射进有限个输出 $\widetilde{e}_n$ 中，$\widetilde{e}_n$ 确定了有损预测编码中的压缩比和失真度。

为了接纳量化器，使量化产生的误差只对解码结果产生一次的影响，需要将观测器放在 1 个反馈环中。这个反馈环的输入是过去预测和与其对应的量化误差的函数：

$$\widetilde{f}_n = \widetilde{e}_n + \hat{f}_n \tag{7-12}$$

这样一个闭环结构能防止在解码器的输出端产生误差。如图 7.4 所示，解码器与无损预测解码器相同，只是这里预测器直接进行了整数舍入操作。

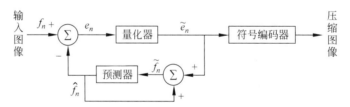

图 7.3　有损预测编码系统

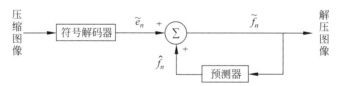

图 7.4　有损预测解码系统

下面以德尔塔调制（delta modulation，DM）来说明这种方法，德尔塔调制又称增量调制，是一种简单的有损预测编码方法，其预测器和量化器分别定义为

$$\hat{f}_n = a\widetilde{f}_{n-1} \tag{7-13}$$

$$\widetilde{e}_n = \begin{cases} +c, & e_n > 0 \\ -c, & 其他 \end{cases} \tag{7-14}$$

其中，a 是预测系数（一般小于或等于 1）；c 是正常数。可以看出，量化器的输出只有两个值，可以用 1bit 码来表示，即德尔塔调制得到的码率是 1bit/像素，如果对 1bit/像素再利用游程编码等方式进一步压缩，数据量还会进一步降低。

但是这种方法对灰度有突变的地方会有较大的预测误差，致使重建图像的边缘模糊，分辨率降低。而在对灰度变化缓慢区域，其差值信号接近零，但因其预测值偏大而使重构图像有颗粒噪声。因此，当采用预测编码时，应当对预测器和量化器进行必要的研究，选择那些预测误差小，量化效果优的方式。一般来说，视觉感受到的误差随预测器除数的增加而减少，非线性的预测器优于线性预测器。而量化级数高、具有自适应特性的量化器效果更优。

7.3.2 变换编码

变换编码的基本思想是将空间域里描述的图像经过某种变换（常用的是二维正交变换，如 DFT、DCT、DWT 等），在变换域中进行描述，将空间域图像像素集映射为变换域变换系数集，然后量化和编码这些系数。对大多数自然图像，其大部分系数的量级很小，可以进行粗略的量化（或完全丢弃），几乎不会产生多少图像失真。

图 7.5 展示了一个典型的变换编码系统。解码器执行步骤与编码器相反。编码器执行 4 种相对简单的操作：子块划分、正变换、量化和编码。一幅 $N \times N$ 大小的输入图像首先被划分为大小为 $n \times n$ 的子图像，这些子图像进而被正变换以生成多个子图像变换系数阵列。变换处理的目的是去除每幅子图像中像素间的相关性，使图像在变换域中的能量分布更为集中，更有利于对变换系数阵列的量化和熵编码，从而在保证一定图像质量的条件下使压缩比得到提高。当然，变换本身并不产生压缩，只是使能量集中于少数变换系数，而使多数系数只有很少的能量。在量化阶段，要有选择地消除或更粗略地量化带有最少信息的系数，因为这些系数对重构子图像质量的影响最小。

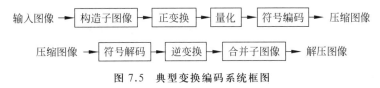

图 7.5 典型变换编码系统框图

变换编码的关键是：子图像分割尺寸的选择；对子图像进行变换的选择；对不同变换系数的取舍、量化和编码。通常将系数截取、量化和编码的整个过程称为比特分配。

1. 子块尺寸选择

子块尺寸是影响变换编码误差和计算复杂度的一个重要因素。划分子块需满足：① 相邻子块间的相关程度减少到某个可接受的水平；② 子块的长和宽通常为 2 的整数次幂。这样做的好处是：一方面可增加子块内灰度分布的均匀性，使正交变换后能量更加集中；另一方面可大大降低计算复杂度。一般图像典型的划分子块尺寸是 8×8 或 16×16。

2. 正交变换

对于一个给定的变换编码应用而言，正交变换的选择取决于可允许的重建误差和计算要求。一般认为，一个能把最多的信息集中到最少的系数上去的变换所产生的重建误差最小。

在理论上，K-L 变换是所有正交变换中信息集中能力最优的变换，但由于 K-L 变换是将原图像各子图像块的协方差矩阵的特征向量作为变换后的基向量，因此 K-L 变换的原图像对不同的子图像块是不同的，并且所需计算量非常大，所以 K-L 变换不太实用。

在实际应用中，通常采用的都是与输入图像无关且具有固定基图像的变换。而在这些变换中，DCT 变换要比 DFT 变换具有更接近于 K-L 变换的信息集中能力，且具有较弱的图像子块边缘效应。因此，DCT 变换是在实际的变换编码中用得最多的正交变换。

3. 比特分配

实用变换编码中，常用的两种思路为区域编码和阈值编码。

（1）区域编码。变换系数集中在低频区域，可对该区域的变换系数进行量化、编码和传输；对高频区域既不编码又不传输即可达到压缩目的。这种编码方法被称为变换区域编码，其压缩比可达到 5∶1，缺点是由于高频分量被丢弃导致的图像可视分辨率下降。

（2）阈值编码。为解决区域编码存在的问题，在变换编码中事先设定一个阈值，只对经正交变换且量化后的系数幅值大于此阈值的变换系数编码。这样，低频成分不仅能保留，而且某些高频成分也被选择编码。在重建图像时，品质得到改善。

由于这种编码方法不局限在图像数据的固定区域，是对大于阈值的变换系数的幅值量化、编码，且对其系数所处的位置也要编码，因而较区域编码法复杂。如果能根据子图像块的细节多少或子图像块的亮度分层分布来自动调整阈值，则阈值编码可做到自适应。

7.4 JPEG 编码压缩

联合图像专家组（Joint Photographic Experts Group，JPEG）负责制定静态数字图像数据压缩编码标准，其开发的算法称为 JPEG 算法，并且是国际上通用的标准，因此又称为 JPEG 标准。JPEG 标准是一个适用范围很广的静态图像数据压缩标准，既可用于灰度图像压缩又可用于彩色图像压缩。

JPEG 专家组开发了两种基本的压缩算法，一种是以离散余弦变换（discrete cosine transform，DCT）为基础的有损压缩算法；另一种是以预测技术为基础的无损压缩算法。当使用有损压缩算法时，在压缩比为 25∶1 的情况下，压缩后还原得到的图像与原始图像相比，对于非图像专家而言，很难找出它们之间的区别，因此，该压缩技术得到了广泛的应用。为了在保证图像质量的前提下进一步提高压缩比，近年来，JPEG 专家组又制定了 JPEG2000 标准，JPEG2000 与传统 JPEG 最大的不同在于：它放弃了传统 JPEG 所采用的以 DCT 为主的区块编码方式，而改用以小波变换为主的多解析编码方式。采用小波变换的主要目的是将图像的频率成分抽取出来。

JPEG 压缩标准实际上定义了 3 种编码系统。

（1）有损基本编码系统。该系统以 DCT 为基础并且足够应付大多数压缩方面的应用。

（2）扩展的编码系统。该系统面向的是更大规模的压缩、更高的精确性或逐渐递增的重构应用系统。

（3）面向可逆压缩的无损独立编码系统。所有符合JPEG标准的编解码器都必须支持基本系统，而其他系统则作为不同应用目的的选择项。

JPEG压缩标准允许4种编码模式。

（1）顺序式(sequential)DCT方式：从左到右、从上到下对图像顺序进行基于DCT的编码。DCT理论上是可逆的，但在计算时存在误差，因此基于DCT的编码模式是一种有损编码。

（2）渐进式(progressive)DCT方式：基于DCT变换，对图像分层次进行处理，从模糊到清晰地传输图像。其具体实现起来又分为频谱选择法和逐次逼近法两类方法，频谱选择法按Z形扫描的序号将DCT量化充数分成几个频段，每个频段对应一次扫描，每块均先传送低频扫描数据，得到原图低频分量，相对模糊的图像，随着高频数据的补充，图像逐渐变得更清晰；逐次逼近法每一次都需要扫描全部DCT量化序数，但每次的表示精度逐渐提高。

（3）无失真(lossless)方式：使用线性预测器，如差分脉冲编码调制(differential pulse code modulation, DPCM)，而不是基于DCT方式实现。

（4）分层(hierarchical)方式：在空间域将源图像以不同的分辨率表示，每个分辨率对应一次扫描，处理时可以基于DCT或预测编码，可以是渐进式，也可以是顺序式。

7.4.1 JPEG编码方法

下面通过DCT顺序式基本系统编码来说明JPEG的编码方法，其编解码流程框如图7.6所示。

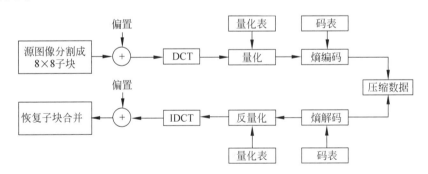

图7.6 JPEG编解码流程框图

1. 数据分块，构造8×8的子图像块

在JPEG系统中，通常将每个分量图像分割成不重叠的8×8像素块（如果原始图片的长宽不是8的倍数，则需要先补成8的倍数），每一个8×8像素块即为一个数据单元(DU)。

2. 零偏置转换

在进行DCT变换前，需要对每个8×8的子图像块进行零偏置转换处理。对于灰度级为2^n的8×8子图像块，通过减去2^{n-1}对64像素进行灰度层次移动。例如，对于灰度

级为 2^8 的图像块,需要将 $0\sim255$ 的值域通过减去 128 转换为值域在 $-128\sim127$ 的值。这样做的目的是大大减少像素绝对值出现 3 位十进制数的概率,提高计算效率。

3. DCT 处理

图像数据块被分割后,即以最小数据单元为单位顺序将 DU 进行二维离散余弦变换。对以无符号数表示的具有 P 位精度的输入数据,在 DCT 前要减去 2^{P-1},转换成有符号数,而在 IDCT 后应加上 2^{P-1},转换成无符号数。对每个 8×8 的数据块 DU 进行 DCT 后,得到的 64 个系数代表了该图像块的各频率分量,其中低频分量位于左上角,高频分量位于右下角。系数矩阵左上角的叫作直流(DC)系数,代表了该数据块的平均值,其余 63 个叫交流(AC)系数。

4. 系数量化

在 DCT 处理中得到的 64 个系数中,低频分量包含了图像亮度等主要信息。量化就是用 DCT 变换后的系数除以量化表中相对应的量化阶后四舍五入取整。

在从空间域到频率域的变换中,图像中的缓慢变化比快速变化更易引起人的察觉,所以在量化时,低频分量的重要性高于高频分量。在 JPEG 标准中,用具有 64 个独立元素的量化表来规定 DCT 域中相应的 64 个系数的量化精度,使得对某个系数的具体量化阶取决于人眼对该频率分量的视觉敏感程度。虽然理论上对不同空间分辨率、数据精度要求不同等情况,会有不同的合适的量化表。这张表依据心理视觉阈制作,对 8bit 的亮度和色度的图像的处理效果不错。图 7.7 和图 7.8 的量化表通常都可以取得较好的视觉效果。从图中可以看出,低频分量量化更细致些,其原因也是上面说的视觉对低频分量更敏感。

16	11	10	16	24	40	51	61
12	12	14	19	26	58	60	55
14	13	16	24	40	57	69	56
14	17	22	29	51	87	80	62
18	22	37	56	68	109	103	77
24	35	55	64	81	104	113	92
49	64	78	87	103	121	120	101
72	92	95	98	112	100	102	99

图 7.7 亮度量化表

17	18	24	47	99	99	99	99
18	21	26	66	99	99	99	99
24	26	56	99	99	99	99	99
47	66	99	99	99	99	99	99
99	99	99	99	99	99	99	99
99	99	99	99	99	99	99	99
99	99	99	99	99	99	99	99
99	99	99	99	99	99	99	99

图 7.8 色度量化表

5. Z 形排列量化结果

DCT 系数量化后,构成一个稀疏矩阵,用 Z(zigzag) 形扫描将其变成一维数列。Z 形扫描的顺序如图 7.9 所示。

6. DC 系数编码

DC 系数反映了一个数据块的平均亮度,一般与相邻块有较大的相关性。JPEG 利用前面介绍的预测编码的原理对 DC 系数作差分编码,即用前一数据块的同一分量的 DC 系数作为当前块的预测值,再对当前块的实际值与预测值的差值作霍夫曼编码。

0	1	5	6	14	15	27	28
2	4	7	13	16	26	29	42
3	8	12	17	25	30	41	43
9	11	18	24	31	40	44	53
10	19	23	32	39	45	52	54
20	22	33	38	46	51	55	60
21	34	37	47	50	56	59	61
35	36	48	49	57	58	62	63

图 7.9 Z 形扫描示意图

为了避免差值范围过大从而对应的码表过于庞大，JPEG 对码表进行了简化，采用前缀码加尾码来表示差值。前缀码指明了尾码的有效倍数 B，可以根据 DC 系数差值 DIFF 从表 7.3 中查出前缀码对应的霍夫曼编码。尾码的取值取决于 DC 系数的差值和前缀码。如果 DC 系数的差值 DIFF 大于或等于 0，则尾码的码字为 DIFF 的 B 位原码，否则取 B 位反码。

表 7.3　图像分量为 8bit 时 DC 系数差值的典型霍夫曼编码表

SSSS	DC 系数差值 DIFF	亮度码字	色度码字
0	0	00	00
1	−1,1	010	01
2	−3,−2,2,3	011	10
3	−7～−4,4～7	100	110
4	−15～−8,8～15	101	1110
5	−31～−16,16～31	110	11110
6	−63～−17,17～63	1110	111110
7	−127～−64,64～127	11110	1111110
8	−255～−128,128～255	111110	11111110
9	−511～−256,256～511	1111110	111111110
10	−1023～−512,512～1023	11111110	1111111110
11	−2047～−1023,1023～2047	111111110	11111111110

7. AC 系数

经 Z 形排列后的 AC 系数，更有可能出现连续 0 组成的字符串，从而为利用行程编码提供了可能。JPEG 将一个非零 DC 系数及其前面的 0 行程长度的组合称为一个事件。将每个事件编码表示为"NNNN/SSSS＋尾码"，其中，NNNN 为 0 行程的长度，SSSS 表示尾码的有效位数 B（即当前非 0 系数所占的比特数），如果非零 AC 系数大于或等于 0，则尾码的码字为该系数的 B 位原码，否则取 B 位反码。

由于仅利用 4 位来表示 0 行程的长度，当 0 行程长度大于 16 时，需要将每 16 个 0 以"F/0"表示，剩余的继续编码。

编码实现后，其解码的过程为上述过程的一个反过程。

JPEG 标准并没有规定文件的格式、图像分辨率或所用彩色空间模型，这样它就可以适用于不同应用场合。只要编/解码器满足 JPEG 标准基本系统的技术指标即可。

7.4.2　JPEG2000

JPEG2000 是 JPEG 工作组制定的新的静态图像压缩编码的国际标准，其克服了传统 JPEG 基本系统的抗干扰能力差和在高压缩比情况下可能出现严重方块效应的缺陷。这主要在于它放弃了 JPEG 所采用的以 DCT 为主的区块编码方式，而采用以 DWT 为主的多解析编码方式。

JPEG2000 编码器的结构框图如图 7.10 所示。

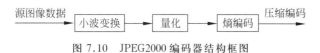

图 7.10　JPEG2000 编码器结构框图

整个 JPEG2000 的编码过程可概括如下：

(1) 把原图像分解成各个成分(亮度信号和色度信号)；

(2) 把图像和它的各个成分分解成矩形图像片，图像片是原始图像和重建图像的基本处理单元；

(3) 对每个图像片实施小波变换；

(4) 对分解后的小波系数进行量化并组成矩形的编码块(code-block)；

(5) 对在编码块中的系数进行"位平面"熵编码；

(6) 为使码流具有容错性，在码流中添加相应的标识符(maker)；

(7) 可选的文件格式用来描述图像和它的各个成分的意义。

在 JPEG2000 中，其核心算法是最佳截断嵌入码块编码(embedded block coding with optimized truncation of the embedded bitstreams，EBCOT)，它不仅能实现对图像的有效压缩，同时产生的码流具有分辨率可伸缩性、信噪比可伸缩性、随机访问和处理等非常好的特性。而这些特性正是 JPEG2000 标准所要实现的，所以联合图片专家组才以该算法作为 JPEG2000 的核心算法。

需要强调的是，JPEG2000 不仅提供了比 JPEG 基本系统更高的压缩效率，而且提供了一种对图像的新的描述方法，可以用单一码流提供适应多种应用的性能。

JPEG2000 与 JPEG 基本系统相比具有高压缩率、无损压缩和有损压缩、渐进传输、感兴趣区域压缩、码流的随机访问和处理、容错性、开放的框架结构、基于内容的描述等优点。

7.5　本章小结

本章主要介绍了图像编码的必要性、可能性、编码方法分类等基本理论，着重介绍了图像的霍夫曼编码、算术编码、游程编码等无损压缩编码方法和有损预测编码、变换编码等有损压缩编码方法。

习题

1. 图像压缩编码的目的是什么？图像为什么能进行压缩？

2. 图像数据中存在哪几种冗余？

3. 简述无损压缩编码与有损压缩编码的原理，讨论两者之间的差异和作用及各自应用的主要领域。

4. 已知信源及其出现概率如表 7.4 所示。

表 7.4 信源及其分布概率

信源	a	b	c	d	e	f	g	h
概率	0.28	0.19	0.11	0.13	0.07	0.12	0.08	0.02

请对其进行霍夫曼编码,并计算信源的熵、平均码长、编码效率。

5. 已知信源及其出现的概率如表 7.5 所示。

表 7.5 信源及其分布概率

信源	a	b	c	d
概率	0.4	0.2	0.1	0.3

试写出{b,c,a,b,d}的算术编码。

6. 简述预测编码的基本原理。

第 8 章　图像分割

在图像研究和应用中,人们往往只对图像中的某些局部区域或特征感兴趣,图像中这些特定的区域或特征被称为目标或对象,它们一般对应图像中特定的、具有独特性质的区域。为了辨识和分析目标,需要将这些有关区域分离提取出来,在此基础上才有可能对目标进一步利用,如进行特征提取和测量,这就是图像分割要研究的问题。图像分割(image segmentation)指把图像分成各具特性的区域并提取出感兴趣目标的技术和过程,这些特性可以是灰度、颜色、纹理或几何性质等,目标可以对应单个区域,也可以对应多个区域。

图像分割的研究开始于 20 世纪 60 年代,是图像处理的重要研究方向之一,在图像分析系统中占据着重要的地位。将整个图像分析过程分为图像处理、图像分析和图像理解三个层次,图像分割是从图像处理到图像分析的关键步骤,也是进一步图像理解的基础。

图像分割可以借助集合概念来定义,设 R 集合代表整个图像区域,图像分割问题就是决定子集 R,所有的子集 $R_1,R_2,\cdots,R_n$ 并集为整个图像。组成一个图像分割的子集需要满足以下条件:

(1) $\bigcup_{i=1}^{n} R_i = R$;

(2) 对所有的 i 和 $j(i \neq j)$,有 $R_i \cap R_j = \varnothing$;

(3) 对 $i=1,2,\cdots,n$,有 $P(R_i)=\text{true}$;

(4) 对 $i \neq j$,有 $P(R_i \cup R_j)=\text{false}$;

(5) 对 $i=1,2,\cdots,n$,R_i 是连通的区域。

其中,$P(R_i)$ 是对所有在集合 R_i 中元素的描述,代表所在集合 R_i 中元素的某种性质。条件(1)表示图像分割得到的子区域图像的并集即为原图像,这保证了图像中的每一部分都被处理。条件(2)说明分割的各个子区域图像互不重叠或者说 1 个像素不能同时属于 2 个区域。条件(3)表明,某种标准下每个子集内部像素之间是相似的 $P(R_i)=\text{true}$。条件(4)与条件(3)对应,表明当不同子集间的像素差异明显($i \neq j$)时,$P(R_i \cup R_j)=\text{false}$,在分割结果中各个不同子区域图像具有不同特性。条件(5)则要求分割结果中的同一个子区域图像内的像素是连通的。

综上所述,图像分割后的区域应具有以下特点。

(1) 分割出的图像区域具有均匀性和连通性。均匀性指该区域中所有像素点都满足基于灰度、纹理、色彩等特征的某种相似性准则;连通性指该区域内存在连接任意两点的路径。

(2) 相邻分割区域之间针对选定的某种差异具有显著性。

(3) 分割区域边界应该规整,同时保证边缘的空间定位准确。

同时满足所有这些要求是有困难的,如严格一致的区域中会有很多孔,边界也不光滑,人类视觉感觉均匀的区域,在分割所获得的低层特征上未必均匀;许多分割任务要求分出的区域是具体的目标,如交通图像中分割出车辆,而这些目标在低层特征上往往也是多变的。实际分割应用千差万别,还没有一种通用的方法能够兼顾这些要求,因此,实际的图像分割系统往往是针对具体应用的。本章主要讲解常用的图像分割技术,包括阈值分割方法、边缘检测分割法、数学形态学分割法、区域分割法等。

8.1 阈值分割法

阈值分割法是根据图像灰度值的分布特性确定某个阈值来进行图像分割的方法,主要是利用图像中要提取的目标和背景在灰度特性上的差异把图像视为具有不同灰度级的两类区域的组合。假设原始图像 $f(x,y)$ 以一定的准则在 $f(x,y)$ 中找出一个合适的灰度值,作为阈值 T,则分割后得到的图像为 $g(x,y)$ 可用式(8-1)表示:

$$g(x,y)=\begin{cases}H_1, & f(x,y) \geqslant T \\ H_2, & f(x,y) < T\end{cases} \quad (8\text{-}1)$$

式中,H_1 为目标灰度值;H_2 为背景灰度值;$g(x,y)$ 为结果二值图像。

从该方法可以看出,阈值分割法首先需确定一个处于图像灰度级范围内的灰度阈值 T,然后将图像中每个像素的灰度值都与这个阈值 T 比较,根据是否超过阈值 T 而将该像素归于两类中的一类,从而产生相应的二值图像。确定一个最优阈值是分割的关键,同时也是阈值分割的一个难题,阈值分割实质上就是按照某个准则求出最佳阈值的过程。若根据分割算法所具有的特征或准则,可划分为直方图双峰阈值法、最大类空间方差法、最大熵法、模糊集法、特征空间聚类法、基于过渡区的阈值选取法等。

8.1.1 直方图阈值选择法

20 世纪 60 年代中期,Prewitt 提出的直方图双峰阈值分割法,是通过对图像的灰度直方图进行各种分析来实现对图像分割的方法。图像的灰度直方图就是灰度级的像素数 n_k 与灰度级 k 的一个二维关系,它反映了一幅图像上灰度分布的统计特性,所以,直方图可以看作是像素灰度值概率分布密度函数的一个直观图。当灰度图像中图像比较简单且目标物的灰度分布比较有规律时,背景和目标对象在图像的灰度直方图上各自形成一个波峰,由于两个波峰间形成一个低谷,因而选择双峰间低谷处所对应的灰度值为阈值,可将两个区域分离。图像的灰度直方图若为双峰分布,如图 8.1(a)所示,选择阈值为两峰间的谷底点对应的灰度值即可把背景和目标分成两部分,这种方法可以保证错分概率最小。同理,若直方图呈现多峰分布,如图 8.1(b)所示,可以选择多个阈值,把图像分成不同的区域,即选择两个波谷对应灰度作为阈值,可以把原图分成 3 个区域或分为两个区域,灰度值介于小阈值和大阈值之间的像素作为一类,其余的作为另外一类。

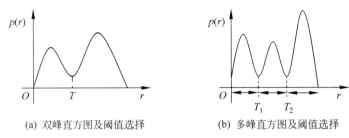

(a) 双峰直方图及阈值选择　　(b) 多峰直方图及阈值选择

图 8.1　基于灰度直方图阈值选择

【例 8-1】　编程实现基于双峰分布的图像分割。

解：MATLAB 代码如下所示：

```
clear all,clc,close all;
Image=rgb2gray(imread('plane0.jpg'));
figure,imshow(Image),title('原始图像');
imhist(Image);
hist1=imhist(Image);
hist2=hist1;
iter=0;
while 1
    [is,peak]=Bimodal(hist1);
    if is==0
        hist2(1)=(hist1(1) * 2+hist1(2))/3;
        for j=2:255
            hist2(j)=(hist1(j-1)+hist1(j)+hist1(j+1))/3;
        end
        hist2(256)=(hist1(255)+hist1(256) * 2)/3;
        hist1=hist2;
        iter=iter+1;
        if iter>1000
            break;
        end
    else
        break;
    end
end

[trough,pos]=min(hist1(peak(1):peak(2)));
thresh=pos+peak(1);
figure,stem(1:256,hist1,'Marker','none');
hold on
stem([thresh,thresh],[0,trough],'Linewidth',2);
hold off
result=zeros(size(Image));
```

```
result(Image>thresh)=1;
figure,imshow(result),title('双峰阈值分割图');

imwrite(result,'双峰阈值分割图.jpg');
function [is,peak]=Bimodal(histgram)
    count=0;
    for j=2:255
        if histgram(j-1)<histgram(j) && histgram(j+1)<histgram(j)
            count=count+1;
            peak(count)=j;
            if count>2
                is=0;
                return;
            end
        end
    end
    if count==2
        is=1;
    else
        is=0;
    end
end
```

程序运行结果如图 8.2 所示。

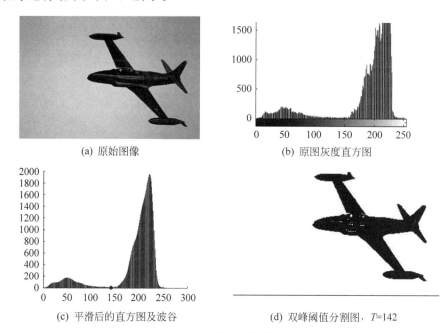

(a) 原始图像　　　　　　　　(b) 原图灰度直方图

(c) 平滑后的直方图及波谷　　(d) 双峰阈值分割图，T=142

图 8.2　双峰阈值图像分割

要注意，用灰度直方图双峰法来分割图像需要一定的图像先验知识，直方图双峰阈值分割法适用于图像中前景和背景差别明显且占一定比例的情况,不适用于直方图中双峰差别很大或者双峰中间谷底比较宽广而平坦的图像及单峰直方图的情况。若整幅图像的直方图不具有双峰或多峰特性,则可以考虑在局部范围内应用;若出现直方图波峰间的波谷平坦、各区域直方图的波形重叠等情况时,用直方图阈值法难以确定阈值,必须寻求其他方法来选择适合的阈值。

8.1.2 迭代阈值法

迭代阈值法选取的基本思路是:首先根据图像中物体的灰度分布情况,选取一个近似阈值作为初始阈值,一般情况是将图像的灰度均值作为初始阈值;然后通过分割图像和修改阈值的迭代过程获取合适的最佳阈值。迭代法的最佳阈值步骤如下。

(1) 选取一个初始阈值 T。

(2) 利用阈值 T 把给定图像分割成两个子区域,分别记为 R_1 和 R_2。

(3) 计算 R_1、R_2 的均值 μ_1 和 μ_2。

(4) 重新计算 $T = \dfrac{\mu_1 + \mu_2}{2}$,并将计算的 T 作为新的阈值。

(5) 重复步骤(2)至步骤(4),直至 R_1 和 R_2 的均值 μ_1 和 μ_2 不再变化为止。

【例 8-2】 迭代阈值法分割实例。

解:MATLAB 代码如下所示:

```
clear all;close all;clc
I=imread('plane0.jpg');
I=rgb2gray(I);
ZMax=max(max(I));
ZMin=min(min(I));
TK=(ZMax+ZMin)/2;  %初始阈值
flag=1;
[m,n]=size(I);
while(flag);
    fg=0;                               %目标前景像素技术
    bg=0;                               %背景像素计数
    fgsum=0;                            %目标前景像素值总和计数
    bgsum=0;                            %背景像素值总和计数
    for i=1:m
        for j=1:n
            tmp=I(i,j);
            if(tmp>=TK)
                fg=fg+1;
                fgsum=fgsum+double(tmp);
            else
                bg=bg+1;
                bgsum=bgsum+double(tmp);
            end
```

```
            end
        end
        u1=fgsum/fg;
        u2=bgsum/bg;
        TKTmp=uint8((u1+u2)/2);
        if(TKTmp==TK)
            flag=0;
        else
            TK=TKTmp;
        end
end
disp(strcat('迭代后的阈值:',num2str(TK)));
newI=im2bw(I,double(TK)/255);
subplot(121),imshow(I),title('原图');
subplot(122),imshow(newI),title('迭代阈值分割结果');
imwrite(newI,'迭代阈值分割结果.jpg');
```

程序运行结果如图 8.3 所示。

(a) 原图　　　　　　　　　　　　(b) 迭代阈值分割结果

图 8.3　迭代阈值法图像分割

8.1.3　全局阈值法

通常，在图像分割任务中常用的方法是使用一种能基于图像数据自动地选择阈值的算法，称为全局阈值法，其迭代过程如下。

(1) 为全局阈值选择一个初始估计值 T0。

(2) 使用 T 分割图像。这会产生两组像素：由所有灰度值大于 T 的像素组成的 G1；由所有灰度值小于或等于 T 的像素组成的 G2。

(3) 分别计算区域 G1 和 G2 中像素的平均灰度值 m1 和 m2。

(4) 计算一个新的阈值：$T=1/2(m1+m2)$。

(5) 重复步骤(2)到步骤(4)，直到后续迭代中 T 的差小于一个预定义的 ΔT 值为止。

(6) 使用函数 im2bw 分割图像：$g=im2bw(f,T/den)$。

其中，den 是一个整数(例如，对于一幅 8bit 图像，den 是 255)，它把比值 T/den 的最大值标定为1,就如函数im2bw所要求的那样。

【例8-3】 全局阈值分割。

解：MATLAB代码如下所示：

```
clear all,clc,close all;
f=rgb2gray(imread('chen.jpg'));
figure,imshow(f),%,title('原始图像');
count =0;
T =mean2(f);
done = false;
while ~done
    count=count+1;
    g=f>T;
    Tnext=0.5*(mean(f(g))+mean(f(~g)));
    done = abs(T-Tnext)<0.5;
    T=Tnext;
end
g=im2bw(f,T/255);
figure,imhist(f);
figure,imshow(g);
imwrite(f,'图像灰度直方图.jpg');
imwrite(g,'全局阈值.jpg');
```

程序运行结果如图8.4所示。

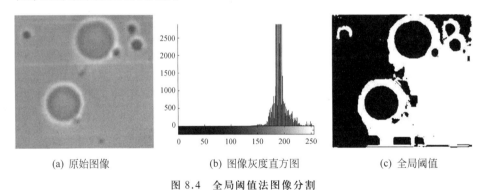

(a) 原始图像　　　　(b) 图像灰度直方图　　　　(c) 全局阈值

图8.4　全局阈值法图像分割

8.1.4　最大方差阈值法

最大方差阈值法也称OTSU法或大律法,是一种基于模式分类的使类间方差最大的自动确定阈值方法。按照模式分类的一般要求：类内数据尽量密集,类间数据尽量分离。按照这个思路,把所有的像素分为两组(类),属于"同一类别"的对象具有较大的一致性,"不同类别"的对象具有较大的差异性。该方法的关键在于如何衡量同类的一致性和类间的差异性,不同的衡量方法对应不同的分类结果。最大方差阈值法采用类内和类间方差来衡量,使类内方差最小或使类间方差最大的值为最佳阈值,是一种图像分割效果比较好的方法。

设一幅图像的目标前景像素数占该图像比例为 w_1，平均灰度为 μ_1；背景像素数占该图像比例为 $w_2(w_2=1-w_1)$，平均灰度为 μ_2，则整个图像的平均灰度值为

$$\mu = w_1 \times \mu_1 + w_2 \times \mu_2 \tag{8-2}$$

定义类间方差为

$$g = w_1(\mu_1 - \mu)^2 + w_2(\mu_2 - \mu)^2 = w_1 w_2 (\mu_1 - \mu_2)^2 \tag{8-3}$$

使得类内方差最小或类间方差最大或者类内和类间方差比值最小的阈值 T 即为最佳阈值。由于类间方差是灰度分布均匀性的一种度量，方差值越大，说明构成图像的两部分差别越大，当部分目标错分为背景或部分背景错分为目标都会导致两部分差别变小，因此使类间方差最大的分割意味着错分概率最小。

【例 8-4】 使用 OTSU 法分割图像。

解：MATLAB 代码如下所示：

```
LEVEL=graythresh(I);    %采用OTSU方法计算图像I的全局最佳阈值LEVEL
BW=im2bw(I,LEVEL);      %采用阈值LEVEL实现灰度图像I的二值化
BW=imbinarize(D);       %采用基于OTSU方法的全局阈值实现灰度图像I的二值化
BW=imbinarize(I,METHOD);
%采用METHOD指定的方法获取阈值实现灰度图像I的二值化。METHOD可选global
%和adaptive,前者指定OTSU方法,后者采用局部自适应阈值方法
clear all;close all;clc;
I=rgb2gray(imread('chen.jpg'));
imhist(I);
level=graythresh(I);%最佳阈值level
g=im2bw(I,level);
figure,imshow(I),title('原图像');
figure,imshow(g),title('OTSU法图像分割结果');
disp(strcat('graythresh 计算灰度阈值：',num2str(uint8(level * 255))))
imwrite(g,'最大类间方差分割结果.jpg');
```

程序运行结果如图 8.5 所示。

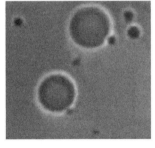 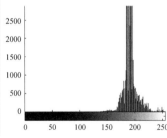 

(a) 原图像　　　　　　(b) 图像灰度直方图　　　　(c) OTSU法图像分割结果

图 8.5　OTSU 法图像分割

对比图 8.4 和图 8.5，可以发现最大方差阈值法选取出来的阈值非常理想，分割效果较为良好。虽然它很多情况下都不是最佳的分割法，但是分割质量通常都有一定的保

障，可以说是最稳定的分割方法之一。

8.2 边缘检测分割法

　　边缘指图像局部强度变化最显著的部分，能勾勒出目标物体的轮廓，主要存在于目标与目标、目标与背景、区域与区域之间。边缘在图像目标识别、形状提取等图像分析任务中十分重要。边缘检测即通过各种边缘检测算子从图像中抽取边缘线段，所需的各种边缘检测算子见 5.3 节。在此不再赘述，仅给出不同边缘检测算子的分割示例。

　　MATLAB 中的边缘检测算子函数是 edge( )，该函数支持 6 种边缘检测算子，即梯度算子、Roberts 算子、Sobel 算子、Prewitt 算子、Laplacian 算子和 Canny 算子。

【例 8-5】 6 种边缘检测算子边缘提取实例。

解：MATLAB 代码如下所示：

```
f=imread('lena.bmp');                    %读取图像
[width,height]=size(f);                  %图像矩阵的行数和列数
g=zeros(width,height);                   %新建与 f 行、列数相同的矩阵
h=zeros(width,height);
df=im2double(f);
wx=[-1 0;1 0];
wy=[-1 1;0 0];                           %梯度算子模型
for i=2:width-1
    for j=2:height -1
        gw=[df(i,j) df(i,j+1);df(i+1,j) df(i+1,j+1)];
        g(i,j)=sqrt((sum(sum(wx.* gw)))^2+(sum(sum(wy.* gw)))^2);
    end
end
T=0.1* max(g(:));                        %取阈值
h=g>=T;
subplot(421);imshow(f);title('原图像');    %显示图像
subplot(423);imshow(h);title('梯度算子检测结果');
imwrite(h, '梯度算子检测结果.bmp');

g1=edge(f,'roberts',0.035);%给定阈值门限位 0.035
subplot(424);imshow(g1);title('Roberts算子检测结果');
imwrite(g1, ' Roberts算子检测结果.bmp');
g2=edge(f,'sobel',0.035);
subplot(425);imshow(g2);title('Sobel算子检测结果');
imwrite(g2, 'Sobel算子检测结果.bmp');
g3=edge(f,'prewitt',0.035);%给定阈值门限位 0.035
subplot(426);imshow(g3);title('Prewitt算子检测结果');
imwrite(g2, 'Prewitt算子检测结果.bmp');
g4=edge(f,'log');
```

```
subplot(427);imshow(g4);title(' Laplacian算子检测结果');
imwrite(g2,'Laplacian算子检测结果.bmp');
g5=edge(f,'canny');
subplot(428);imshow(g5);title('Canny算子检测结果');
imwrite(g2,'Canny算子检测结果.bmp');
```

程序运行结果如图 8.6 所示。

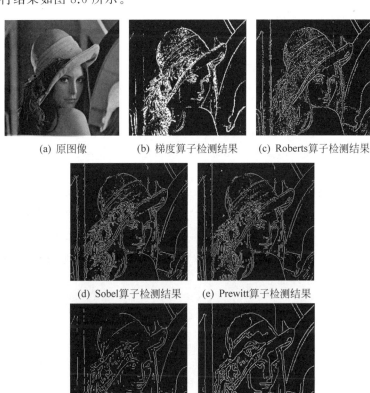

图 8.6 6 种边缘检测算子边缘提取示例

以上实验结果表明，Roberts 算子对噪声敏感，无法抑制噪声的影响，算子定位精度与噪声相关，对具有陡峭边缘的低噪声图像效果较好。这是因为 Roberts 算子是利用局部差分算子寻找边缘的算子，采用对角线方向相邻两像素之差近似梯度幅值检测边缘，因此，检测垂直边缘的效果好于斜向边缘。

Sobel 算子具有一定的噪声抑制能力，在检测渐变和噪声较多的图像时具有相对良好的效果，定位精度较好，检测阶跃边缘时可以得到至少两个像素的边缘宽度。

Prewitt 算子是在图像空间利用两个方向模板与图像进行邻域卷积来完成的，这两个方向模板一个检测水平边缘，一个检测垂直边缘，因此对噪声具有抑制作用，可去掉部分伪边缘，对灰度渐变和噪声较多的图像具有相对好的效果。

Laplacian 算子是二阶微分算子，该算子对孤立像素的响应比对边缘或线的响应更强烈，但由于二阶微分对噪声的放大作用，因此可能丢失边缘、产生边缘不连续性。对于存在一定强度噪声的图像,使用 Laplacian 算子检测边缘之前,一般先对其低通滤波进行去噪处理。

Canny 算子提取的边缘最为完整,而且边缘的连续性很好,效果优于以上其他算子,这主要是因为它进行了"非极大值抑制"和"形态学连接操作"的结果。

8.3 基于数学形态学的图像分割法

形态学(morphology)原是对动植物调查时采取的一种研究方法,数学形态学(mathematical morphology)是分析几何形状和结构的数学方法,它建立在集合代数的基础上,是用集合论方法定量描述集合结构的学科。1985 年之后,数学形态学逐渐成为分析图像几何特征的工具。形态学的理论基础是集合论,在图像处理中,形态学的集合代表着黑白和灰度图像的形状,如黑白图像中的以黑像素点组成了此图像的完全描述。通常选择对图像中感兴趣的目标图像区域进行形态学变换。

最初,数学形态学处理的是二值图像,被称为二值形态学(binary morphology),它将二值图像看成集合,运用最简单的集合和几何运算对原始图像进行探测。后来,人们提出了灰度形态学(gray morphology),并利用灰度形态学构造出了大量的算子,在灰度图像处理中获得了广泛的应用,并应用于图像增强、分割、恢复、纹理分析、颗粒分析、骨架提取、形状分析和细化等方面。

8.3.1 形态学基础

数学形态学的基本思想是用一个结构元素作为基本工具来探测和提取图像特征,看这个结构元素是否能够适当有效地放入图像内部。结构元素(structuring element)是一种收集图像信息的"探针",具有一定的几何形状,如圆形、正方形、十字形等,对于一个结构元素,要制定一个原点,它是结构元素参与形态学运算的参考点,该原点可以包含在结构元素中,也可以不在结构元素中。

不同的结构元素对处理结果有很大的影响,结构元素的选取原则有三个。

(1) 结构元素必须在几何上比原图像简单且有界。一般情况下,结构元素尺寸要明显小于目标图像尺寸。当选取性质相同或相似的结构元素时,以选取图像某些特征的极限情况为宜。

(2) 结构元素的形状最好具有某种凸性,如十字形、方形、菱形、圆形等,如图 8.7 所示。

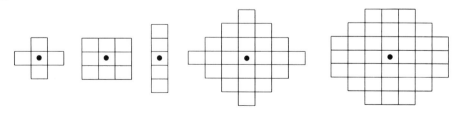

图 8.7 不同形状的结构元素

（3）对于每个结构元素来说，为了方便地参与形态学运算处理，还需指定一个参考原点，参考原点可包含在结构元素中，也可不包含在结构元素中，但运算结果会不同。

MATLAB 提供的函数 strel( )可以创建任意维数和形状的结构元素：

SE=strel(shape, parameters)

其中，shape 为形状参数，指定创建的结构元素 SE 的类型；parameters 为控制形状参数大小方向的参数。

【例 8-6】 八边形结构元素的创建。

解：MATLAB 代码如下所示：

```
SE = strel('octagon',6);
GN=getnhood(SE)%获取结构元素的邻域
figure,imshow(GN,[]);
imwrite(GN,'八边形结构元素.png');
```

程序运行结果如图 8.8 所示。

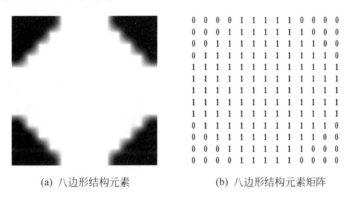

(a) 八边形结构元素　　　　(b) 八边形结构元素矩阵

图 8.8　八边形结构元素的创建

8.3.2　二值形态学基础

基本形态学算子是由一些相关的基础集合运算，如子集、并集、交集、补集、差集、位移、映射（反射）等构成的，是实现数学形态学运算的基础，用来处理目标图像集合，如形态过滤、形态细化等。本节主要介绍处理二值图像的两个基本形态学算子：膨胀运算（dilation）和腐蚀运算（erosion）及两个复合形态学算子：开启运算（opening）和闭合运算（closing）。

设集合 X 为二值图像目标集合，集合 S 为二值结构元素。数学形态学运算就是用 S 对 X 进行操作。为了清晰地表示物体与背景的区别，用"0"和白色表示背景像素，用"1"和深色阴影表示物体像素。

1. 膨胀运算

集合 X 用结构元素 S 来膨胀记为 $X \oplus S$，定义为

$$X \oplus S = \{x \mid [(\hat{S})_x \cap X] \neq \varnothing\} \tag{8-4}$$

其含义是对结构元素 S 做关于原点的映射 $\hat{S}$,所得的映射平移 x 形成新的集合 $(\hat{S})_x$,与集合 X 相交不为空集时结构元素 S 的参考点的集合即为 X 被 S 膨胀所得到的集合。

用 S 膨胀 X 实际上就是 $\hat{S}$ 的位移与 X 至少有一个非零元素相交时 S 的原点位置的集合。当 S 为 3×3 结构元时,广义膨胀就为一般意义上的膨胀,即将与物体边界接触的背景像素合并到物体中的过程。如果物体是圆形,进行一次膨胀后,它的直径会增大两个像素。如果两个物体在某处用少于三个像素分开,膨胀后这两个物体就会合并成为一个物体。

【例 8-7】 膨胀运算示例一。

解:按照膨胀运算定义,先作结构元素 S 关于原点的映射,得图 8.9(c)中深色"1"部分为 S,因 S 本身为对称性集合,所以 S 与 $\hat{S}$ 一致;将 $\hat{S}$ 在 X 上移动,当二者交集不为空时记录 $\hat{S}$ 原点(参考点)的位置,得图 8.9(d)所示深色部分。其中,浅灰色"1"部分表示集合 X;深灰色"1"部分表示为膨胀(扩大)部分;整个深色阴影部分合起来就为集合 $X \oplus S$。可以看出,目标集合 X 经过膨胀后面积扩大。

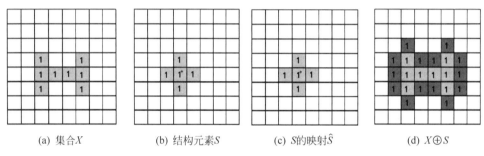

图 8.9 膨胀运算示例一

【例 8-8】 膨胀运算示例二。

解:方法同例 8-7 相同,将 S 映射为 $\hat{S}$,再将 $\hat{S}$ 在 X 上移动,记录交集不为空时结构元素 S 参考点的位置,图 8.10(d)所示深色阴影部分为膨胀后的结果。

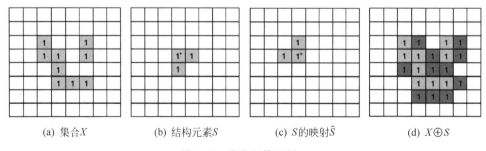

图 8.10 膨胀运算示例二

上面两例的区别在于例 8-7 中的结构元素为对称型结构元素,映射前后一致;而例 8-8 中的结构元素不是对称型结构,目标集合 X 经过膨胀后不仅面积扩大,而且相邻的两个孤立成分连接在一起。

MATLAB 提供的膨胀函数为：

IM2＝imdilate(IM,SE,SHAPE)：对灰度图像或二值图像进行膨胀操作,返回结果图像 IM2。函数的参数如下：

SE 为由 strel 函数生成的结构元素对象；

SHAPE 指定输出图像的大小,取值为 same(输出图像与输入图像大小相同)或 full(全膨胀,输出图像比输入图像大)。

【例 8-9】 分别用膨胀定义和 MATLAB 膨胀函数编程。

解：MATLAB 代码如下所示：

```
clear all;close all;clc;
BW=imread('blobs.png');              %读入二值图像
%%%%%%膨胀定义编程
[h w]=size(BW);                      %获取图像尺寸
result=zeros(h,w);                   %定义输出图像,初始化为 0
for x=2:w-1
    for y=2:h-1                      %扫描图像每一点,即结构元素移动到每一个位置
        for m=-1:1
            for n=-1:1                %当前点周围 3×3 范围,即结构元素为 3×3 大小
                if BW(y+n,x+m)        %结构元素所覆盖 3×3 范围内有像素点为 1,即交集不为空
                    result(y,x)=1;   %将参考点记录为前景点
                    break;
                end
            end
        end
    end
end
figure,imshow(result);title('定义图像膨胀');

%%%%%%膨胀函数编程
SE=strel('square',3);                %创建结构元素
result1=imdilate(BW,SE);             %膨胀运算
figure,imshow(result1);title('square 膨胀函数编程');
SE=strel('diamond',3);               %创建结构元素
result2=imdilate(BW,SE);             %膨胀运算
figure,imshow(result2);title('diamond 膨胀函数编程');
imwrite(result,'定义图像膨胀.png');
imwrite(result1,'square 膨胀函数编程.png');
imwrite(result2,'diamond 膨胀函数编程.png');
```

程序运行结果如图 8.11 所示。

由图 8.11 可以看出,膨胀结果跟结构元素类型的选择有很大关系。

2. 腐蚀运算

集合 X 用结构元素 S 腐蚀,记为 $X \ominus S$,定义为

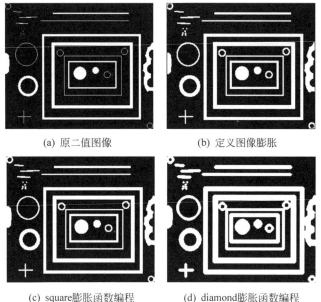

(a) 原二值图像　　(b) 定义图像膨胀

(c) square膨胀函数编程　　(d) diamond膨胀函数编程

图 8.11　二值图像膨胀结果

$$X \ominus S = \{x \mid (S)_x \subseteq X\} \tag{8-5}$$

其含义为，若结构元素 S 平移 x 后完全包括在集合 X 中，记录 S 的参考点位置，所得集合为 S 腐蚀 X 的结果。当 S 为 3×3 结构元时，广义腐蚀就为一般意义上的腐蚀。简单的腐蚀运算是将一个物体沿边界减小的过程，在物体的周边减少一个像素。如果物体是一个圆，则进行一次腐蚀运算后，它的直径减少 2；如果一个物体在某处用少于三个像素连接，腐蚀后这个物体就分裂成为两个物体了。

【例 8-10】　腐蚀运算，图 8.12(a)中深色"1"部分为集合 X，图 8.12(b)中深色"1"部分为结构元素 S，求 $X \ominus S$。

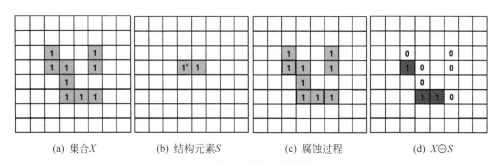

(a) 集合 X　　(b) 结构元素 S　　(c) 腐蚀过程　　(d) $X \ominus S$

图 8.12　腐蚀运算示例

解：按定义，将结构元素 S 在集合 X 中移动，当 S 的参考点位于图 8.12(c)中深灰色"1"部分时 $(S)_x \subseteq X$，则 $X \ominus S$ 为图 8.12(d)中深灰色"1"部分。白色并标记为"0"的部分表示腐蚀消失部分，其他空白像素位置的"0"略去，没有标记。

可以看出，目标集合 X 中比结构元素小的成分被腐蚀消失了，而大的成分面积缩小，并且其细连接处经过腐蚀后断裂。

MATLAB 提供的腐蚀函数为：

IM2=imerode(IM,SE,SHAPE)，对灰度图像或二值图像 IM 进行腐蚀操作，返回结果图像 IM2。其他参数的含义与 imdilate 函数的参数含义类似。

【例 8-11】 分别用腐蚀定义和 MATLAB 腐蚀函数编程。

解：MATLAB 代码如下所示：

```
clear all;close all;clc;
BW=imread('blobs.png');
%%%%%%腐蚀定义编程
[h w]=size(BW);                    %获取图像尺寸
result=ones(h,w);                  %定义输出图像,初始化为1
for x=2:w-1
    for y=2:h-1                    %扫描图像每一点,即结构元素移动到每一个位置
        for m=-1:1
            for n=-1:1              %当前点周围3×3范围,即3×3结构元素所覆盖范围
                if BW(y+n,x+m)==0   %该范围内有像素点为0,即该位置不能完全包含结构
                                    %元素
                    result(y,x)=0;  %将参考点记录为背景点,即腐蚀掉
                    break;
                end
            end
        end
    end
end
figure,imshow(result);title('二值图像腐蚀');


%%%%%%腐蚀函数编程
SE=strel('square',3);              %创建结构元素
result1=imerode(BW,SE);            %腐蚀运算
figure,imshow(result1);title('square腐蚀函数编程');
SE=strel('diamond',3);             %创建结构元素
result2=imerode(BW,SE);            %膨胀运算
figure,imshow(result2);title('diamond腐蚀函数编程');

imwrite(result,'定义图像腐蚀.png');
imwrite(result1,'square腐蚀函数编程.png');
imwrite(result2,'diamond腐蚀函数编程.png');
```

程序运行结果如图 8.13 所示。

3. 膨胀和腐蚀的向量定义

若将 X、S 均看作向量集合，则膨胀和腐蚀的向量表示为

$$X \oplus S = \{y \mid y = x + s, x \in X, s \in S\} \tag{8-6}$$

$$X \ominus S = \{x \mid (x+s) \in X, x \in X, s \in S\} \tag{8-7}$$

即膨胀为图像集合 X 中的每一点 x 按照结构元素 S 中的每一点进行平移的并集；

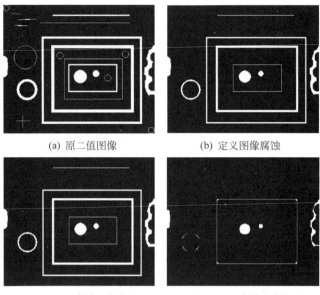

(a) 原二值图像　　(b) 定义图像腐蚀

(c) square腐蚀函数编程　　(d) diamond腐蚀函数编程

图 8.13　二值图像腐蚀结果

腐蚀为图像集合 X 中每一点 x 平移 s 后仍在图像 X 内部的参考点集合。因此，向量运算也称为位移运算。

【例 8-12】 用向量运算实现膨胀与腐蚀示例，图 8.14(a)中绿色部分表示图像集合 X，图 8.14(b)中绿色部分表示结构元素 S。

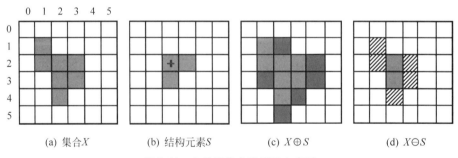

(a) 集合X　　(b) 结构元素S　　(c) $X \oplus S$　　(d) $X \ominus S$

图 8.14　向量运算实现膨胀与腐蚀

解：以像素坐标系将 X、S 中各点表示为向量。

$$X = \{(1,1),(1,2),(2,2),(3,2),(2,3),(3,3),(2,4)\}$$
$$S = \{(0,0),(1,0),(0,1)\}$$

向量运算膨胀结果为

$$\begin{aligned}X \oplus S &= \{(1,1),(1,2),(2,2),(3,2),(2,3),(3,3),(2,4);(2,1),(2,2),(3,2),\\&\quad (4,2),(3,3),(4,3),(3,4);(1,2),(1,3),(2,3),(3,3),(2,4),(3,4),(2,5)\}\\&= \{(1,1),(2,1),(1,2),(2,2),(3,2),(4,2),(1,3)(2,3),(3,3),(4,3)\\&\quad (2,4),(3,4),(2,5)\}\end{aligned}$$

向量运算腐蚀结果为

$$X \ominus S = \left\{ \begin{Bmatrix} (1,1)\\(2,1)\\(1,2) \end{Bmatrix}, \begin{Bmatrix} (1,2)\\(2,2)\\(1,3) \end{Bmatrix}, \begin{Bmatrix} (2,2)\\(3,2)\\(2,3) \end{Bmatrix}, \begin{Bmatrix} (3,2)\\(4,2)\\(3,3) \end{Bmatrix}, \begin{Bmatrix} (2,3)\\(3,3)\\(2,4) \end{Bmatrix}, \begin{Bmatrix} (3,3)\\(4,3)\\(3,4) \end{Bmatrix}, \begin{Bmatrix} (2,4)\\(3,4)\\(2,5) \end{Bmatrix} \right\}$$
$$= \{(2,2),(2,3)\}$$

4. 复合形态变换——开启（opening）和闭合（closing）运算

一般情况下，膨胀和腐蚀不是互为逆运算，而是关于集合补和映射的对偶关系。膨胀和腐蚀结合使用，即先腐蚀再膨胀或者先膨胀再腐蚀，可形成开启（opening）和闭合（closing）运算。

开启运算是先用结构元素对图像进行腐蚀之后，再进行膨胀。定义为

$$X \circ S = (X \ominus S) \oplus S \tag{8-8}$$

闭合运算是先用结构元素对图像进行膨胀之后，再进行腐蚀。定义为

$$X \cdot S = (X \oplus S) \ominus S \tag{8-9}$$

开启运算可产生的效果是平滑图像轮廓，去掉细长的突起、边缘、毛刺和孤点，删除小物体、将大物体拆分为小物体、平滑大物体边界而不明显改变它们的面积；闭合运算可产生的效果是填充物体的小洞、连接相近的物体、平滑物体的边界而不明显改变它们的面积。

【例 8-13】 用结构元素对图像区域进行开启、闭合运算。

解：运算过程如图 8.15 所示。

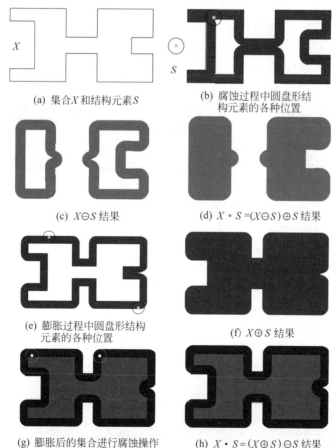

图 8.15 开、闭运算示例

图 8.15(a)显示了集合 X 和结构元素 S。图 8.15(b)显示了在腐蚀过程中的一块圆盘形结构元素的各种位置。当腐蚀完成时,得到图 8.15(c)中显示的连接图,注意,两个主要部分之间的桥接部分消失了。这部分的宽度与结构元素的直径相比较要细,也就是说,这部分集合不能完全包含结构元素,圆盘无法拟合的突出部分被消除掉了。在图 8.15(d)中显示了对腐蚀后的集合再进行膨胀操作的结果。同样,图 8.15(e)~图 8.15(h)显示了使用同样的结构元素对集合 X 进行闭操作的结果。可以看出,无论是开启运算还是闭合运算,处理的结果都不同于原图,也证实了膨胀与腐蚀不是互为逆运算。

8.3.3 二值形态学图像分割

图像中的边缘或棱线是信息量最为丰富的区域,提取边界或边缘是图像分割的重要组成部分。基于数学形态学提取边缘主要利用腐蚀运算的特性,即腐蚀运算可以缩小目标,原图像与缩小图像的差即为边界。

因此,提取物体的轮廓边缘的形态学变换有以下 3 种。

(1) 内边界。其公式如下:
$$Y = X - (X \ominus S) \tag{8-10}$$

(2) 外边界。其公式如下:
$$Y = (X \oplus S) - X \tag{8-11}$$

(3) 形态学梯度。其公式如下:
$$Y = (X \oplus S) - (X \ominus S) \tag{8-12}$$

【例 8-14】 图像内边缘提取示例。

解:运算过程如图 8.16 所示。

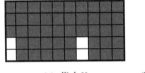 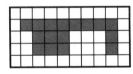 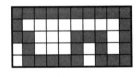

(a) 集合X　　　(b) 结构元素S　　　(c) $X\ominus S$　　　(d) $X-(X\ominus S)$

图 8.16 二值图像内边缘提取示例

MATLAB 提供的实现边缘提取的函数为:

IM2=bwperim(IM,CONN),对输入的二值图像 IM 进行边缘提取,返回结果为边界图像 IM2,参数 CONN 规定了连通性,CONN 可取值为 4 或 8,默认值为 4。

【例 8-15】 基于 MATLAB 对一幅二值图像分别根据定义编程和 bwperim 函数编程,实现边缘提取。

解:MATLAB 代码如下所示:

```
clear all;close all;clc;
BW=imread('blobs.png');
%%%%%%定义编程
SE=strel('square',3);
result1=BW-imerode(BW,SE);                      %内边界
```

```
result2=imdilate(BW,SE)-BW;                    %外边界
result3=imdilate(BW,SE)-imerode(BW,SE);        %形态学梯度
figure,imshow(result1),title('内边界');
figure,imshow(result2),title('外边界');
figure,imshow(result3),title('形态学梯度');
%%%%%%函数编程
result4=bwperim(BW);
result5=bwperim(BW,8);
figure,imshow(result4);title('二值图像的边缘提取 4');
figure,imshow(result5);title('二值图像的边缘提取 8');
imwrite(result1,'内边界.png');
imwrite(result2,'外边界.png');
imwrite(result3,'形态学梯度.png');
imwrite(result4,'4 邻域边缘提取.png');
imwrite(result5,'8 邻域边缘提取.png');
```

程序运行结果如图 8.17 所示。

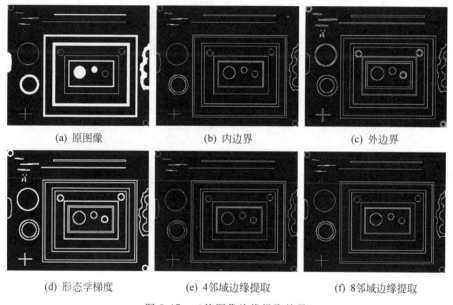

图 8.17 二值图像边缘提取结果

8.3.4 形态学分水岭图像分割

分水岭图像分割是一种基于地形学的图像分割方法,采用数学形态学的方法,应用较为广泛。在"地形学"中,一般考虑三类点: ①属于局部最小值的点(谷底); ②当一滴水放在某点的位置上的时候,水一定会下落到一个单一的最小值点(山坡); ③当水处在某个点的位置时,水会等概率地流向最小值点(山岭)。对于特定的区域最小值,满足条件②的点的集合称为这个最小值的"分水岭",满足③的点的集合组成地形表面的锋线,

称为"分水线"或"分割线"。

为了易于理解,用涨水法来分析。设水从谷底上涌,水位逐渐升高。若水位高过山岭,不同流域的水将会汇合。在不同流域中的水面将要汇合到一起时,在中间筑起一道堤坝,阻止水汇合,堤坝高度随着水面上升而增高。当所有山峰都被淹没时,露出水面的只剩下堤坝,且将整个平面分成了若干个区域,即实现了分割。堤坝对应着流域的分水岭,如果能够确定分水岭的位置,即确定了区域的边界曲线,分水岭分割实际上就是通过确定分水岭的位置而进行图像分割的方法。

假设图像中有多个物体,计算其梯度图像。在梯度图像中,物体边界部分对应高梯度值,为亮白线;区域内部对应低梯度值,为暗区域。即梯度图像是由包含了暗区域的白环组成,如图 8.18 所示。梯度图像中各区域内部对应极小区域,区域边界对应高灰度,即分水岭。

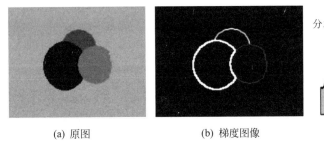

(a) 原图　　　　　　(b) 梯度图像　　　　　　(c) 分水岭示意图

图 8.18　图像与分水岭

下面介绍分水岭分割算法的过程。首先,进行相关定义:

梯度图像 $g(x,y)$;

梯度图像中的极小区域 $M_1,M_2,\cdots,M_r$;

流域 $C(M_i)$;

谷底和山峰 $\min g(x,y), \max g(x,y)$;

涨水从谷底开始,单灰值递加,第 n 步时水深为 n,定义:$T(n)=\{(x,y)|g(x,y)<n\}$;

当水深为 n 时,流域所对应水平面区域 $T(n)=\{(x,y)|g(x,y)<n\}$;

第 n 步流域溢流部分的并 $C(n)$。

具体步骤为:

(1) 计算梯度图像及梯度图像取值的最小值 min 和最大值 max;

(2) 初始化 $n=\min+1$,即 $C(\min+1)=T(\min+1)=\{g(x,y)<\min+1\}$,并标识出目前的极小区域;

(3) $n=n+1$,确定 $T(n)$ 中的连通成分 $D_i, i=1,2,\cdots$,求 $D_i \bigcap C(n-1)$,并判断属于上述哪种情况,确定 $C(n)$;

(4) 重复步骤(3),直到得到 $C(\max+1)$。

基于形态学分水岭的分割方法有很多,在此,着重介绍距离变换分水岭分割、梯度分水岭分割算法。

MATLAB 提供的函数如下。

（1）L＝watershed(A)，对矩阵 A 进行分水岭区域标识，生成标识矩阵 L。L 中的元素为大于或等于 0 的整数。0 表示不属于任何一个分水岭区域，称为分水岭像素；n 表示第 n 个分水岭区域，图像常采用 8 连通邻域。

（2）L＝watershed(A,CONN)，其中 CONN 为分水岭变换中采用的连通数，对于灰度图像可为 4、8，彩色图像可为 6、18、26。

1. 距离变换分水岭分割

距离变换与分水岭变换经常配合使用。二值图像的距离变换指每一个像素到最近非零值像素的距离。如图 8.19 所示为距离变换，其中，图 8.19(a) 为一个二值图像矩阵，相应的距离变换如图 8.19(b) 所示，值为 1 的像素的距离变换为 0。

```
1 1 0 0 0        0.00 0.00 1.00 2.00 3.00
1 1 0 0 0        0.00 0.00 1.00 2.00 3.00
0 0 0 0 0        1.00 1.00 1.41 2.00 2.24
0 0 0 0 0        1.41 1.00 1.00 1.00 1.41
0 1 1 1 0        1.00 0.00 0.00 0.00 1.00
  (a) 二值图像矩阵      (b) 相应的距离变换
```

图 8.19 距离变换示例

【例 8-16】 距离变换分水岭分割示例。

解：MATLAB 代码如下所示：

```
clear,clc,close all;
f=imread('gray_plane.jpg');
g=im2bw(f);
gc=~g;
D=bwdist(gc);
L=watershed(-D);
subplot(231),imshow(f),title('原图像');
subplot(232),imshow(g),title('二值化图像');
subplot(233),imshow(gc),title('求补后图像');
subplot(234),imshow(D),title('求补后图像距离变换');
subplot(235),imshow(L*255),title('分水岭脊图像');
w=L==0;
g2=g&~w;
subplot(236),imshow(g2),title('距离变换分水岭分割图像');
imwrite(g,'二值化图像.jpg');
imwrite(gc,'求补后图像.jpg');
imwrite(D,'求补后图像距离变换.jpg');
imwrite(L*255,'分水岭脊图像.jpg');
imwrite(g2,'距离变换分水岭分割图像.jpg');
```

程序运行结果如图 8.20 所示。

图 8.20 中原二值化图像图 8.20(b) 和图像 w 的补的逻辑与操作完成了图像分割，如图 8.20(f) 所示。值得注意的是，图 8.20(f) 中的一些对象并未正确地分离，这种现象称为过分割，它是基于分水岭分割方法的常见问题。

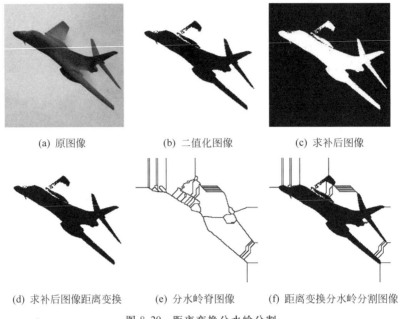

(a) 原图像　　　　　　(b) 二值化图像　　　　　(c) 求补后图像

(d) 求补后图像距离变换　(e) 分水岭脊图像　　　　(f) 距离变换分水岭分割图像

图 8.20　距离变换分水岭分割

2. 梯度分水岭分割

一般在使用分水岭分割变换前，通常要使用梯度幅度来预处理图像。梯度幅度图像在沿对象的边缘处有较高的像素值，而在其他地方则有较低的像素值。在理想情况下，分水岭变换会沿着对象边缘处产生分水岭脊线。

【**例 8-17**】　梯度分水岭分割示例。

解：MATLAB 代码如下所示：

```
clear,clc,close all;
I=imread('gray_plane.jpg');
subplot(231),imshow(I),title('原图像');                         %显示灰度图像
hy = fspecial('sobel');                                         %sobel算子
hx = hy';
Iy = imfilter(double(I), hy, 'replicate');                      %滤波求 y 方向边缘
Ix = imfilter(double(I), hx, 'replicate');                      %波求 x 方向边缘
gradmag = sqrt(Ix.^2 + Iy.^2);                                  %求梯度
subplot(232),imshow(gradmag,[]),title('梯度图像');              %显示梯度图像
L = watershed(gradmag);                                         %梯度分水岭算法
subplot(233),imshow(L),title('梯度分水岭分割');                 %显示分割结果
wr=L==0;
subplot(234),imshow(wr),title('分水岭脊线');                    %求分水岭脊线
I2=I & ~wr;
subplot(235),imshow(I2),title('原图像与 wr 的补的逻辑操作与图像');
                                                                %显示原图像与 wr 的补的逻辑与操作图像
I3=imclose(imopen(gradmag,ones(3,3)),ones(3,3));                %闭-开运算平滑梯度图像
L3=watershed(I3);
```

```
subplot(236),imshow(L3),title('平滑梯度分水岭分割');      %显示分水岭图像
```
程序运行结果如图 8.21 所示。

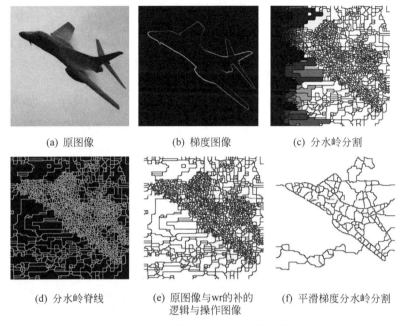

图 8.21　梯度分水岭分割图像对比

图 8.21 为梯度分水岭分割图像的对比结果,其中,梯度幅度是采用线性滤波和形态学梯度方法来计算;图 8.21(b)显示了梯度幅度图像;图 8.21(c)为直接运用梯度分水岭变换的分割结果;图 8.21(d)为分水岭脊线,可见图像中存在太多与人们感兴趣的对象不对应的分水岭脊线;图 8.21(e)为原图像与 wr 的补的逻辑与操作后的结果,呈现出过分割现象。解决此问题的一种方法是计算分水岭变换之前先采用闭合-开启运算进行梯度平滑处理,得到平滑梯度图像,再进行基于平滑梯度的分水岭分割,如图 8.21(f)所示,可见分割效果有所改善。

8.4　区域分割法

图像同一个区域内的像素点在灰度、颜色、纹理等方面具有某种相似性。区域分割是根据特定区域与其他背景区域特性上的不同来进行图像分割的技术,代表性的算法有区域生长、区域分裂、区域合并等方法。

8.4.1　区域生长

区域生长指从图像某个位置开始,使每块区域变大,直到被比较的像素与区域像素具有显著差异为止。具体实现时,在每个要分割的区域内确定一个种子点,判断种子像

素周围邻域是否有与种子像素相似的像素,若有,则将新的像素包含在区域内,并作为新的种子继续生长,直到没有满足条件的像素点时才停止生长。

区域生长实现分割有下列三个关键点,不同的算法主要区别就在于这三点的不同。

1. 种子点的选取

通常选择待提取区域的具有代表性的点,可以是单个像素,也可以是包括若干个像素的子区域。一般借助具体问题的特点选取,如选亮度最大的像素或接近聚类中心的像素等。

2. 生长准则的确定(相似性准则)

根据图像的特点,采用与种子点的距离度量(彩色、灰度、梯度等量之间的距离)。生长准则的确定不仅依赖具体问题本身,还依赖所用图像数据的种类。

3. 区域停止生长的条件

可以采用区域大小、迭代次数或区域饱和等条件。

区域生长具体步骤如下。

(1) 对图像进行逐行扫描,找出没有归属的像素。

(2) 以该像素为中心检查它的邻域像素,即将邻域中的各个像素逐个与之比较,如果灰度小于预先确定的阈值,则将其合并。

(3) 以新合并的像素为中心,返回步骤(2),检查新像素的邻域,直到区域不能进一步扩张。

(4) 返回到步骤(1),继续扫描直到不能发现没有归属的像素,结束整个生长过程。

【例 8-18】 一幅图像如图 8.22(a)所示,计算阈值 $T=3$、$T=1$、$T=6$ 时区域生长的分割结果。

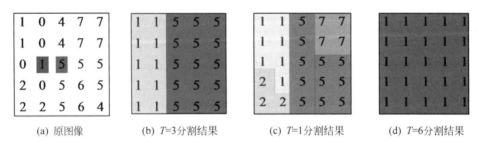

(a) 原图像　　(b) $T=3$分割结果　　(c) $T=1$分割结果　　(d) $T=6$分割结果

图 8.22　区域生长的分割结果

生长准则距离度量的不同会导致不同的分割结果,图 8.22(c)是因阈值过小导致的欠分割现象,图 8.22(d)是因阈值过大导致的过分割现象。

【例 8-19】 通过 MATLAB 编程,实现对图像进行区域生长。种子选取采用交互式方法,生长准则采用待测像素点与区域的平均灰度差小于 40、8 邻域范围生长,停止生长条件为区域饱和。

解:MATLAB 代码如下所示:

```
clear,clc,close all;
Image=im2double(imread('gray_plane0.jpg'));
[height,width]=size(Image);
figure,imshow(Image);
```

```
[seedx,seedy,button] = ginput(1);
seedx=round(seedx);
seedy=round(seedy);
region=zeros(height,width);
region(seedy,seedx)=1;
region_mean=Image(seedy,seedx);
region_num=1;
flag=zeros(height,width);
flag(seedy,seedx)=1;
neighbor=[-1 -1;-1 0;-1 1;0 -1;0 1;1 -1;1 0;1 1];
for k=1:8
    y=seedy+neighbor(k,1);
    x=seedx+neighbor(k,2);
    waiting(k,:)=[y,x];
    flag(y,x)=2;
end

pos=1;
len=length(waiting);
while pos<len
    len=length(waiting);
    current=waiting(pos,:);
    pos=pos+1;
    pixel=Image(current(1),current(2));
    pdist=abs(pixel-region_mean);
    if pdist<40/255
        region(current(1),current(2))=1;
        region_mean=region_mean * region_num+pixel;
        region_num=region_num+1;
        region_mean=region_mean/region_num;
        for k=1:8
            newpoint=current+neighbor(k,:);
             if newpoint(1)>0 && newpoint(1)<=height && newpoint(2)>0 && newpoint(2)<width && flag(newpoint(1),newpoint(2))==0
                waiting(end+1,:)=newpoint;
                flag(newpoint(1),newpoint(2))=2;
            end
        end
    end
end
figure,imshow(region),title('区域生长');
imwrite(region,'regiongrow.jpg');
```

程序运行结果如图 8.23 所示。

区域合并是一种自下而上的方法,某些区域一旦合并,即使与后来的区域相似性不好也无法去除。

(a) 原图像　　　　　　　　(b) 区域生长

图 8.23　图像的区域生长分割示例

8.4.2　区域分裂与合并

1. 区域分裂

可以使用区域分裂方法可以检验一个区域是否具有一致性。若不具有一致性,分裂为几个小区域;然后检测小区域的一致性,若仍不具有一致性再进一步分裂;重复这个过程直到每个区域都具有一致性。区域分裂方法一般从图像中的最大区域开始,甚至是整幅图像,自上而下,不同的区域可以采用不同的一致性衡量准则。区域分裂实现分割有以下两个关键技术。

(1) 一致性准则。与同区域生长中的相似性准则一样,一致性的衡量一般要根据图像的具体情况、分割的依据来确定。如某区域内灰度分布比较均匀,可以采用区域内灰度的方差来衡量。

(2) 分裂的方法。分裂方法即如何分裂区域为小区域,应尽可能使分裂后的子区域都具有一致性,但不易实现。一般采用把区域分裂成固定数量、小区域大小相等的方法,如一分为四,其分裂的过程可以采用四叉树(quadtree)表示。简单的区域分裂过程如图 8.24 所示。

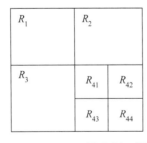 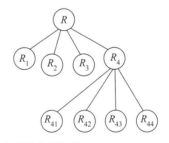

图 8.24　简单的区域分裂过程

MATLAB 提供的区域分裂函数如下所示:

S = qtdecomp(I);
S = qtdecomp(I,THRESHOLD);
S = qtdecomp(I,THRESHOLD,MINDIM);
S = qtdecomp(I,THRESHOLD,[MINDIM MAXDIM]);
S = qtdecomp(I,FUN)。

【例 8-20】 图像四叉树分解示例。

解：MATLAB 代码如下所示：

```
clear,clc,close all;
Image=imread('gray_plane.jpg');
S=qtdecomp(Image,0.27);
blocks=repmat(uint8(0),size(S));
for dim=[256 128 64 32 16 8 4 2 1]
    numblocks=length(find(S==dim));
    if(numblocks>0)
        values=repmat(uint8(1),[dim dim numblocks]);
        values(2:dim,2:dim,:)=0;
        blocks=qtsetblk(blocks,S,dim,values);
    end
end
blocks(end,1:end)=1;
blocks(1:end,end)=1;
imshow(Image);
figure,imshow(blocks,[]);
imwrite(blocks * 255,'四叉树分解.jpg');
```

程序运行结果如图 8.25 所示。

 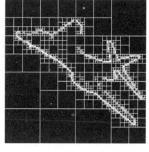

(a) 原图像　　　　　　　(b) 四叉树分解

图 8.25　图像四叉树分解示例

2. 区域合并

区域合并方法针对图像已经被分为若干个小区域的情况，合并具有相似性的相邻区域。其具体步骤如下。

（1）图像的初始区域分割。可以采用前面所学的方法对图像进行初始分割，极端情况下，也可以认为每个像素均为一个小区域。

（2）确定相似性准则。相邻区域的相似性可以基于相邻区域的灰度、颜色、纹理等参量来比较。若相邻区域内灰度分布均匀，可以比较区域间的灰度均值。若灰度均值差小于一定的阈值，则认为这两个区域相似，进行合并。相似性准则需要根据图像的具体情况、分割的依据来确定。

（3）判断图像中的相邻区域是否满足相似性准则，相似则合并，不断重复这一步骤，直到没有区域可以合并为止。

3. 区域分裂合并

区域分裂是一种自上而下的方法，一个区域一旦分裂，即使其中的部分小区域具有相似性，也只能被分割在不同的区域；而区域合并是一种自下而上的方法，某些区域一旦合并，即使与后来的区域相似性不好，也无法去除。鉴于区域分裂、合并两种算法各有不足，所以将两种方法结合在一起构建出一种新的算法，即区域分裂合并法，其算法的核心思想是将图像分成若干个子块，检测子块是否具有一致性，不具有相似性则分裂该子块；如果某些子块具有相似性，则合并这些子块。

区域分裂合并法的步骤如下。

(1) 将原图分为四个相等的子块，计算子块区域是否具有一致性。

(2) 判断是否需要分裂，如果子块不具有一致性，则分裂该子块。

(3) 判断是否需要合并，对不需要分裂的子块进行比较，具有相似性的子块合并。

(4) 重复上述过程，直到不再需要分裂或合并。

上述分裂合并可以同时进行，也可以采用先分裂后合并的方法。分裂合并法分割图像示例如图 8.26 所示。

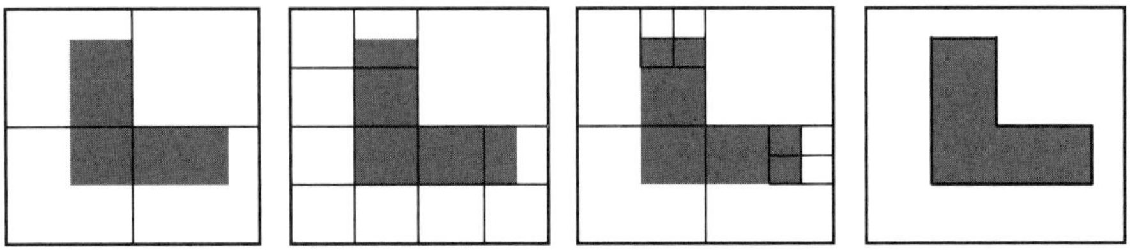

图 8.26　分裂合并法分割图像示例

8.5　本章小结

本章建立在之前章节的基础之上，主要讲解了图像分割的四种主流方法：阈值分割法、边缘检测分割法、基于数学形态学的图像分割方法和区域分割法。通过对各种方法的原理讲解和效果对比，可以清晰地看到各个方法的优缺点。图像分割具有重要意义和应用价值，在实际应用中可以根据具体的需求采用相应图像分割方法进行处理。

习题

1. 什么是图像分割？常用的图像分割方法可以分为哪几种类型？

2. 一幅图像为 $f = \begin{pmatrix} 10 & 5 & 25 & 10 & 20 & 20 \\ 1 & 25 & 10 & 10 & 9 & 20 \\ 9 & 10 & 25 & 9 & 10 & 20 \\ 5 & 15 & 10 & 15 & 1 & 10 \\ 1 & 15 & 15 & 9 & 10 & 20 \\ 9 & 10 & 10 & 5 & 1 & 10 \end{pmatrix}$，绘制其直方图，并用阈值分割法求

出其二值化阈值。

3. 利用边缘检测实现图像分割常常会出现一些短小且不连续的曲线，用什么样的处理方法可以消除这些干扰？

4. 边缘检测算子有哪些？它们各自有什么优缺点？并编程实现。

5. 数学形态学的基本运算腐蚀、膨胀、开启和闭合运算各有何性质？试比较其异同。

6. 根据二值腐蚀、膨胀运算的原理，写出编程实现的步骤。

7. 编写一个 MATLAB 程序，实现二值图像的腐蚀、膨胀及开启、闭合运算。

参考文献

[1] 陈天华. 数字图像处理及应用[M]. 北京：清华大学出版社，2018.
[2] 蒋爱平，王晓飞，杜宝祥，等. 数字图像处理[M]. 北京：科学出版社，2013.
[3] 张洪刚，陈光，郭军. 图像处理与识别[M]. 北京：北京邮电大学出版社，2006.
[4] 韦玉春，汤国安，汪闽，等. 遥感数字图像处理教程[M]. 北京：科学出版社，2013.
[5] 贾永红. 数字图像处理[M]. 2版. 武汉：武汉大学出版社，2003.
[6] 蔡利梅，王利娟. 数字图像处理：使用MATLAB分析与实现[M]. 北京：清华大学出版社，2019.
[7] 朱虹. 数字图像处理基础[M]. 北京：科学出版社，2011.
[8] GONZALEZ R C，WOODS R E，EDDINS S L. 数字图像处理（MATLAB版）[M]. 阮秋琦，等译. 北京：电子工业出版社，2014.
[9] 赵子江. 多媒体技术应用教程[M]. 7版. 北京：机械工业出版社，2013.
[10] 章毓晋. 图像分割[M]. 北京：科学出版社，2001.
[11] 黄进，李剑波. 数字图像处理：原理与实现[M]. 北京：清华大学出版社，2020.
[12] 韩晓军. 数字图像处理技术与应用[M]. 2版. 北京：电子工业出版社，2017.
[13] 姚敏. 数字图像处理[M]. 3版. 北京：机械工业出版社，2017.
[14] 张争，徐超，任淑霞. 数字图像处理与机器视觉：Visual C++与MATLAB实现[M]. 北京：人民邮电出版社，2014.
[15] 赵银娣. 遥感数字图像处理教程：IDL编程实现[M]. 北京：测绘出版社，2015.
[16] 孙正. 数字图像处理与识别[M]. 北京：机械工业出版社，2014.
[17] 程光权，成礼智，赵侠. 基于几何特征的图像处理与质量评价[M]. 北京：国防工业出版社，2013.
[18] 阮秋琦. 数字图像处理学[M]. 3版. 北京：电子工业出版社，2013.
[19] 赵荣椿，赵忠明，赵歆波. 数字图像处理与分析[M]. 北京：清华大学出版社，2013.
[20] 张铮，倪红霞，苑春苗，等. 精通MATLAB数字图像处理与识别[M]. 北京：人民邮电出版社，2013.
[21] 程正兴. 小波分析算法与应用[M]. 西安：西安交通大学出版社，2012.
[22] 何东健. 数字图像处理[M]. 西安：西安电子科技大学出版社，2012.
[23] 章毓晋. 图像工程（上册）图像处理[M]. 3版. 北京：清华大学出版社，2012.
[24] 孙即祥. 现代模式识别[M]. 2版. 北京：高等教育出版社，2008.
[25] 杨淑莹. 模式识别与智能计算：MATLAB技术实现[M]. 北京：电子工业出版社，2008.
[26] 高成，赖志国，陈继云，等. MATLAB图像处理与应用[M]. 2版. 北京：国防工业出版社，2007.
[27] 李俊山，李旭辉. 数字图像处理[M]. 北京：清华大学出版社，2007.
[28] 张弘. 数字图像处理与分析[M]. 北京：机械工业出版社，2007.
[29] 童庆禧，张兵，郑兰芬. 高光谱遥感：原理、技术与应用[M]. 北京：高等教育出版社，2006.
[30] 王慧琴. 数字图像处理基础[M]. 北京：北京邮电大学出版社，2006.
[31] 张春田，苏育挺，张静. 数字图像压缩编码[M]. 北京：清华大学出版社，2006.
[32] 章霄，董艳雪，赵文娟，等. 数字图像处理技术[M]. 北京：冶金工业出版社，2005.
[33] PRATTA W K. 数字图像图像处理[M]. 邓鲁华，张延恒，译. 北京：机械工业出版社，2005.
[34] 胡小锋，赵辉. Visual C++/MATLAB图像处理与识别实用案例精选[M]. 北京：人民邮电出版社，2004.
[35] 李在铭. 数字图像处理、压缩与识别技术[M]. 成都：电子科技大学出版社，2000.
[36] 朱文泉，林文鹏. 遥感数字图像处理：实践与操作[M]. 北京：高等教育出版社，2016.

图书资源支持

感谢您一直以来对清华版图书的支持和爱护。为了配合本书的使用,本书提供配套的资源,有需求的读者请扫描下方的"书圈"微信公众号二维码,在图书专区下载,也可以拨打电话或发送电子邮件咨询。

如果您在使用本书的过程中遇到了什么问题,或者有相关图书出版计划,也请您发邮件告诉我们,以便我们更好地为您服务。

我们的联系方式:

清华大学出版社计算机与信息分社网站:https://www.SHUIMUSHUHUI.com/

地　　址:北京市海淀区双清路学研大厦 A 座 714

邮　　编:100084

电　　话:010-83470236　010-83470237

客服邮箱:2301891038@qq.com

QQ:2301891038(请写明您的单位和姓名)

资源下载: 关注公众号"书圈"下载配套资源。

书圈

清华计算机学堂

观看课程直播